Viktória Malárics

Ermittlung der Betonzugfestigkeit aus dem Spaltzugversuch an zylindrischen Betonproben

Karlsruher Reihe

Massivbau
Baustofftechnologie
Materialprüfung

Heft 69

Institut für Massivbau und Baustofftechnologie
Materialprüfungs- und Forschungsanstalt, MPA Karlsruhe

Univ.-Prof. Dr.-Ing. Harald S. Müller
Univ.-Prof. Dr.-Ing. Lothar Stempniewski

Ermittlung der Betonzugfestigkeit aus dem Spaltzugversuch an zylindrischen Betonproben

von
Viktória Malárics

Dissertation

Karlsruher Institut für Technologie
Fakultät für Bauingenieur-, Geo- und Umweltwissenschaften
Tag der mündlichen Prüfung: 19. Juli 2010
Referent: Prof. Dr.-Ing. Harald S. Müller
Korreferenten: Prof. Dr.-Ing. György L. Balázs
                        Prof. Dr.-Ing. Wolfgang Brameshuber

Impressum

Karlsruher Institut für Technologie (KIT)
KIT Scientific Publishing
Straße am Forum 2
D-76131 Karlsruhe
www.ksp.kit.edu

KIT – Universität des Landes Baden-Württemberg und nationales
Forschungszentrum in der Helmholtz-Gemeinschaft

KIT Scientific Publishing 2011
Print on Demand

ISSN 1869-912X
ISBN 978-3-86644-735-6

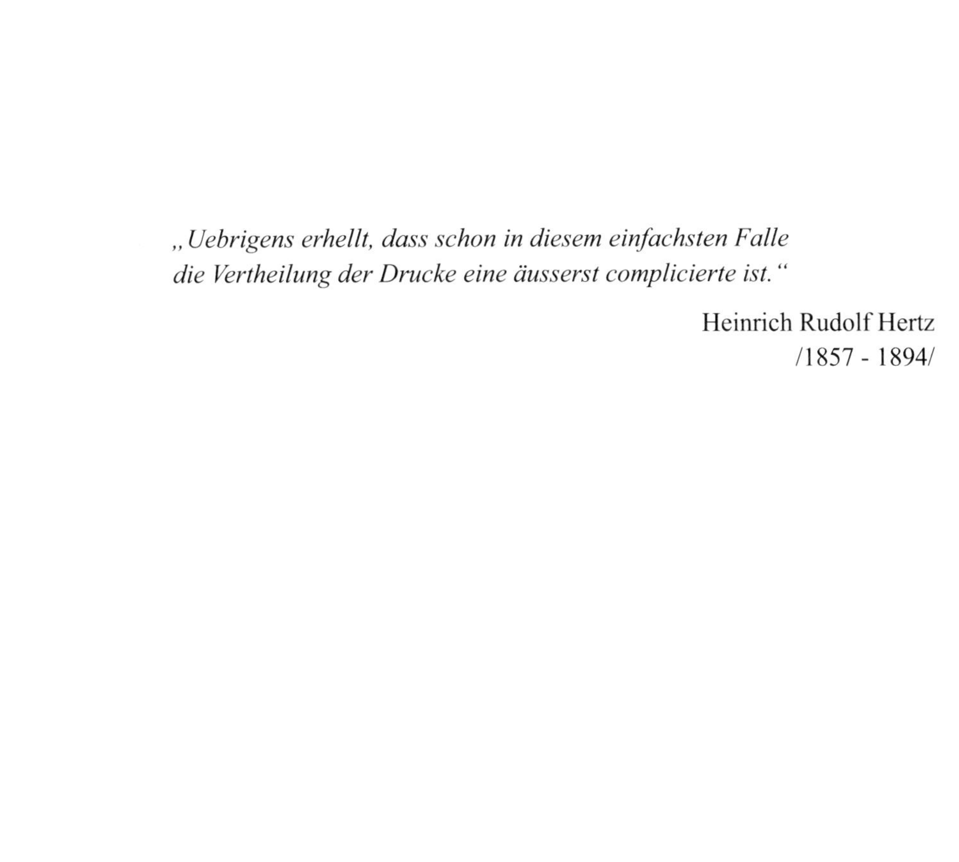

„Uebrigens erhellt, dass schon in diesem einfachsten Falle die Vertheilung der Drucke eine äusserst complicierte ist."

Heinrich Rudolf Hertz
/1857 - 1894/

Kurzfassung

Die Zugfestigkeit des Betons bildet einen wesentlichen Kennwert für die Bemessung von bewehrten oder unbewehrten Betonkonstruktionen. Insbesondere für die Begrenzung der Rissbreite, die Festlegung der Mindestbewehrungsmenge sowie die Bestimmung der Querkrafttragfähigkeit ist eine möglichst genaue Abschätzung der Zugfestigkeit von zentraler Bedeutung. Eine Fehleinschätzung dieses Festbetonkennwerts kann entweder zu unwirtschaftlichen Konstruktionen oder auch zu einer Minderung der Sicherheit führen.

Für die Ermittlung der Zugfestigkeit am Bauwerk kommt in der Regel nur der Spaltzugversuch an entnommenen Bohrkernen in Frage. Mit Hilfe von Umrechnungsfaktoren erfolgt schließlich die Abschätzung der einaxialen Zugfestigkeit f_{ct} aus der experimentell ermittelten Spaltzugfestigkeit $f_{ct,sp}$. Allerdings sind bisher die in den nationalen wie auch internationalen Normen verankerten Umrechnungsbeziehungen lediglich auf das Festigkeitsspektrum normalfester Betone (bis C55/67) beschränkt.

Ziel der vorliegenden Arbeit war es daher, die bestehenden Beziehungen im Hinblick auf ihre Gültigkeit für hochfeste Betone zu überprüfen und ggf. anzupassen. Die Grundlage hierfür bildeten umfangreiche experimentelle sowie numerische Untersuchungen.

Im Rahmen des Versuchsprogramms wurden insgesamt zehn Betone aus unterschiedlichen Festigkeitsklassen jeweils mit Kies und mit Splitt als Gesteinskörnung untersucht. Der Schwerpunkt der experimentellen Untersuchungen lag in den Spaltzugversuchen. Hierdurch wurde der Einfluss unterschiedlicher Parameter auf die Spaltzugfestigkeit sowie auf den Versagensmechanismus im Probekörper eingehend analysiert. Die weiteren untersuchten Einflussparameter resultierten aus geometrischen Gegebenheiten, aus der Art der Probekörpergewinnung sowie der Lasteinleitung.

Mit abnehmender Betondruckfestigkeit ergaben die experimentellen Untersuchungen zunehmend höhere Werte für die einaxiale Zugfestigkeit als für die Spaltzugfestigkeit, sofern die Spaltzugprüfkörper in Schalung hergestellt worden waren. Danach nimmt der Quotient A aus der einaxialen Zugfestigkeit und der Spaltzugfestigkeit mit steigender Betondruckfestigkeit ab, was u. a. der in der DIN 1045-1 verankerten Angabe von A=0,9 widerspricht. Den in dieser Arbeit gewonnenen Ergebnissen zufolge unterschätzt die DIN 1045-1 insbesondere für normalfeste Betone die einaxiale Zugfestigkeit. Wurde die Spaltzugfestigkeit allerdings an Bohrkernen ermittelt, so stiegen einaxiale Zug- und Spaltzugfestigkeitswerte gleichermaßen an und ergaben somit eine druckfestigkeitsunabhängige, konstante Beziehung. Unter Verwendung von an Bohrkernen mit D/L = 150/300 mm ermittelten Spaltzugfestigkeiten lassen die Versuchsergebnisse mit A = 1,14 deutlich höhere Zugfestigkeiten gegenüber der Vorhersage gemäß DIN 1045-1 berechnen.

Die Ergebnisse der Spaltzugversuche deuteten auf einen ausgeprägten Size Effect für ein Verhältnis von Probekörperdurchmesser zu Probekörperlänge von D/L < 1 hin. Bei gleichbleibendem Durchmesser von D = 150 mm, aber mit abnehmender Probekörperlänge von L < 150 mm (D/L > 1), strebten die ermittelten Spaltzugfestigkeiten allerdings gegen einen Endwert und zeigten somit keine Größenabhängigkeit mehr. Unter diesen Randbedingungen von D/L > 1 zeigte ferner auch die Wahl des Materials der verwendeten Zwischenstreifen keinen Einfluss auf die ermittelte Spaltzugfestigkeit.

Erstmalig konnte ein Einfluss der Probekörperabmessungen auf den Versagensmechanismus bzw. die Risssequenz im Spaltzugprobekörper dokumentiert werden. Danach bildeten sich die ersten Risse in schlanken Probekörpern mit D/L = 150/300 mm unterhalb der Lasteinleitung im oberen bzw. unteren Viertel der Probenquerschnittshöhe und weiteten sich in Richtung der Lasteinleitungsstellen aus. In gedrungenen Probekörpern mit D/L = 300/150 mm hingegen öffnete sich der Trennriss unmittelbar unter einer der Lasteinleitungsstellen und verlief in Richtung der gegenüber befindlichen Lasteinleitungsstelle. Diese Beobachtungen widersprechen den theoretischen Annahmen, die dem Spaltzugversuch zugrunde liegen. Nach elastizitätstheoretischen Überlegungen zum Spaltzugversuch sollten die ersten Risse in der Probekörpermitte initiiert werden. Die zweidimensionalen numerischen Untersuchungen unter Berücksichtigung der Heterogenität sowie des wirklichkeitsnahen Materialverhaltens des Betons bestätigten jedoch die oben genannten experimentellen Beobachtungen. Die Begründung liegt hierfür in den von der Realität abweichenden Annahmen der Elastizitätstheorie, wie z. B. Werkstoffeigenschaften, Aufbringung der Belastung etc.

Aufbauend auf den Ergebnissen der experimentellen, bruchmechanischen und numerischen Untersuchungen wurden schließlich empirische Modelle zur Beschreibung des Zusammenhangs zwischen der einaxialen Zugfestigkeit und der Spaltzugfestigkeit unter Berücksichtigung betontechnologischer sowie geometrischer Einflussfaktoren entwickelt.

Abstract

The uniaxial tensile strength of concrete represents an essential characteristic for designing concrete structures. An exact estimation of the uniaxial tensile strength plays a key role especially in limiting crack width, determination of the minimum quantity of reinforcement or when calculating shear bearing capacity. An erroneous estimation of this concrete characteristic can lead to uneconomic structures or can decrease their safety.

In order to estimate the tensile strength of concrete in existing structures, splitting tension tests on cores are generally the only feasible method. To calculate the uniaxial tensile strength f_{ct} from the splitting tensile strength $f_{ct,sp}$, conversion formulas are used. However, the relations used in national and international standards are valid primarily for normal strength concrete (up to C55/67).

Accordingly, this thesis aimed at deriving a formula for the conversion of splitting tensile strength into uniaxial tensile strength for normal as well as high strength concretes. To achieve this goal, extensive experimental and numerical investigations have been carried out.

The experimental programme included five different strength types of concrete. Each type was prepared of gravel and of crushed aggregate, respectively. Therefore, in total ten types of concrete were tested.

The focus of the experimental investigations was placed on the splitting tension tests. These were carried out to determine the effect of several parameters on the splitting tensile strength and on the failure mechanism. These parameters result from the concrete composition, the geometry and production, as well as from the load application.

The experimental investigations revealed higher values for the uniaxial tensile strength than for the splitting tensile strength when obtained on specimens manufactured in formwork, with decreasing compressive strength. Accordingly, the ratio A of the uniaxial tensile and the splitting tensile strength decrease with increasing compressive strength, which contradicts, among others, the german standard DIN 1045-1 with its ratio of A=0.9. According to the results of this work, the DIN 1045-1 underestimates the uniaxial tensile strength especially for normal strength concretes. However, when the splitting tensile strength was determined on cores, both the uniaxial tensile strength and the spittling tensile strength increased uniformly with increasing compressive strength, thus revealing a constant relationship. Using splitting tensile strength values to calculate the uniaxial tensile strength, which were obtained on cores with D/L = 150/300 mm, the conversion using A=1.14 leads to considerably higher values of the uniaxial tensile strength than DIN 1045-1.

The results of the splitting tension tests indicated a significant size effect for a ratio of sample diameter to sample length $D/L < 1$. However, the splitting tensile strength approached a final value for a constant diameter of $D = 150$ mm with decreasing length $L < 150$ ($D/L > 1$) and consequently showed no size effect any more. With this boundary condition of $D/L > 1$, the material of the load bearing strips also had no influence on the splitting tensile strength.

As an additional result, the influence of the sample dimensions on the failure mechanism and the crack sequence could be documented for the first time. Accordingly, for the samples with $D/L = 150/300$ mm the first cracks opened below the load application at the top and the bottom fourth of the height of the cross section, respectively. They widened towards the load application. In the samples with $D/L = 300/150$ mm, the crack opened directly below one load application point and ran towards the other. These findings are contrary to the assumptions of the theory of elasticity. According to this theory, the first cracks should be initiated in the middle of the sample cross section. The reason for this can be traced back to the assumptions of the theory of elasticity, which are different for example from the real material characteristics, loading conditions etc.

Two dimensional numerical investigations were carried out considering the heterogeneity of as well as realistic constitutive laws for concrete, which confirmed the experimental observations.

Based on the results of the experimental, fracture mechanical and numerical investigations, empirical models were derived to describe the relation of the uniaxial tensile strength and the splitting tensile strength considering concrete technological and geometrical parameters.

Vorwort

Die Arbeit entstand während meiner Tätigkeit als wissenschaftliche Mitarbeiterin am Institut für Massivbau und Baustofftechnologie des Karlsruher Instituts für Technologie (ehemals Universität Karlsruhe). Die Aufgabenstellung ergab sich aus der Bearbeitung des vom Bundesministerium für Wirtschaft und Arbeit geförderten Forschungsvorhabens „Ermittlung der Betonzugfestigkeit aus dem Spaltzugversuch bei festen und hochfesten Betonen".

Zu ganz besonders großem Dank bin ich Herrn Prof. Dr.-Ing. Harald S. Müller für die fachliche Betreuung der vorliegenden Dissertation verpflichtet. Durch seine wertvollen Ratschläge und kritischen Anmerkungen trug er wesentlich zum Gelingen dieser Arbeit bei. Herzlich danken möchte ich ihm aber auch für seine menschliche Unterstützung und wohlwollende Förderung, die ich während meiner Tätigkeit am Institut erfahren habe.

Herrn Prof. Dr.-Ing. György L. Balázs danke ich für die Übernahme eines Korreferats und der damit verbundenen Mühen sowie sein Interesse an meiner Arbeit. Die an der Technischen und Wirtschaftswissenschaftlichen Universität Budapest erfahrene Förderung und Ausbildung war richtungsweisend und ist weiterhin von fundamentaler Bedeutung für mich.

Herrn Prof. Dr.-Ing. Wolfgang Brameshuber möchte ich für die Übernahme eines weiteren Korreferats und der damit verbundenen Mühen sowie sein Interesse an meiner Arbeit danken.

Bei Herrn Prof. Dr.-Ing. Peter Vielsack bedanke ich mich herzlich für seine großzügige Hilfsbereitschaft. Seine Hinweise und Ratschläge waren mir eine sehr wertvolle Hilfe.

Frau Ass. Prof. Dr.-Ing. Zsuzsanna Józsa möchte ich Dank sagen für das mir entgegengebrachte Vertrauen sowie für ihr stetes Interesse an meiner Arbeit und meinem Werdegang.

Mein Dank und meine Anerkennung gebühren nicht zuletzt auch den Mitarbeitern in allen Bereichen des Instituts sowie meinen Kollegen für ihre Diskussionsbereitschaft und ihren fachlichen wie menschlichen Beistand.

Ganz besonders möchte ich mich bei Herrn Dipl.-Ing. Engin Kotan und Herrn Dr.-Ing. Ulf Guse bedanken, die mich an vielen Stellen meiner Tätigkeit am Institut kompetent und immer hilfsbereit unterstützten.

Frau Dipl.-Ing. Jennifer C. Scheydt verdanke ich vier tolle Jahre, die wir als „Mitbewohnerinnen" zusammen am Institut verbrachten.

Für den Erfolg dieser Arbeit war die sehr gute Zusammenarbeit mit meinen Diplomanden Frau Dipl.-Ing. Claudia Huber und Herrn Dipl.-Ing. Sven Wünschel sowie mit meinen Hilfsassistenten Patricia Sulzbach, Max Kumm, Jens Maltzan und Peter Rauh unerlässlich.

Besonders herzlich danke ich meinen Eltern für ihren Rückhalt und liebevolle Unterstützung sowie meinem Freund Thomas für seine immer während Aufmunterung, Nachsicht, Geduld und tatkräftige Unterstützung.

Karlsruhe, im Januar 2010

Malárics Viktória

Inhaltsverzeichnis

Notation

Lateinische Großbuchstaben

A	Fläche [mm²], Umrechnungsfaktor
B	Breite [mm], empirische Konstante (SEL), Parameter (HSV)
D	Durchmesser [mm]
E	Elastizitätsmodul des Betons [N/mm²]
E_{c0}	Elastizitätsmodul des Betons als Tangente im Ursprung der Spannungs-Dehnungslinie nach 28 Tagen [N/mm²]
F_n	Reibkraft [N]
F_t	Kontaktkraft [N]
G_F	Bruchenergie [N/m]
H	Höhe [mm]
H_0	Nullhypothese
I	Flächenträgheitsmoment [mm⁴], Stromstärke [A]
K_{Ic}	(Bruchzähigkeit,) kritischer Spannungsintensitätsfaktor [N/mm³/²]
K_{Ic}^S	kritischer Spannungsintensitätsfaktor nach dem Two Parameter Model [N/mm³/²]
L	Länge [mm]
P	Kraft [N], Parameter
P_{max}	Höchstlast [N]
Q	Sprödigkeitszahl eines Werkstoffes nach dem Two Parameter Model [mm]
R	Radius [mm], Regressionskoeffizient
R^2	Bestimmtheitsmaß [-]
$R_{f_{ctm}}(f_{cm,i})$	festigkeitsabhängige Regressionsbeziehung der einaxialen Zugfestigkeit, mit i = cube, cyl
$R_{f_{ctm,sp}}(f_{cm,i})$	festigkeitsabhängige Regressionsbeziehung der Spaltzugeftigkeit, mit i = cube, cyl
R_V	Vorwiderstand [Ω]
SA	Standardabweichung
T	Tiefe [mm]
U	elektrische Spannung [V]
X	Achse in einem kartesischen Koordinatensystem
Y	Achse in einem kartesischen Koordinatensystem
Z	Achse in einem kartesischen Koordinatensystem

Lateinische Kleinbuchstaben

a	Abstand von einem beliebigen Punkt, Kantenlänge, Parameter (HSV)
a_0	ursprüngliche Risslänge [mm]
a_c	kritische Länge des äquivalenten elastischen Risses, effektive kritische Risslänge [mm]
a_{pr}	angegebenes Querschnittsmaß [mm]
b	Lastverteilungsstreifenbreite [mm]
c	Formfunktion, Kohäsion
d	charakteristische Querschnittsabmessung [mm]
d_{max}	Größtkorndurchmesser [mm]
f_c	einaxiale Druckfestigkeit [N/mm^2]
$f_c{'}$	einaxiale Druckfestigkeit, ermittelt mit Belastungsbürsten [N/mm^2]
$f_{c,cube}$	einaxiale Druckfestigkeit, ermittelt an Würfeln [N/mm^2]
$f_{c,core}$	einaxiale Druckfestigkeit, ermittelt an Bohrkernen [N/mm^2]
$f_{c,cube,200}$	einaxiale Druckfestigkeit, ermittelt an Würfeln mit einer Kantenlänge von 200 mm [N/mm^2]
$f_{c,cyl}$	einaxiale Druckfestigkeit, ermittelt an Zylindern [N/mm^2]
f_{ck}	charakteristische Zylinderdruckfestigkeit des Betons nach 28 Tagen [N/mm^2]
f_{cm}	Mittelwert der Zylinderdruckfestigkeit des Betons [N/mm^2]
f_{ct}	einaxiale (zentrische) Zugfestigkeit [N/mm^2]
$f_{ct,core}$	einaxiale Zugfestigkeit, ermittelt an Bohrkernen [N/mm^2]
$f_{ct,n}$	einaxiale Nettozugfestigkeit [N/mm^2]
$f_{ctm,n}$	mittlere einaxiale Nettozugfestigkeit [N/mm^2]
f_{ctm}	mittlere Zugfestigkeit [N/mm^2]
$f_{ctm,sp}$	mittlere Spaltzugfestigkeit [N/mm^2]
$f_{ct,fl}$	Biegezugfestigkeit [N/mm^2]
$f_{ct,sp}$	Spaltzugfestigkeit [N/mm^2]
$f_{ct,sp,cal}$	rechnerisch ermittelte Spaltzugfestigkeit [N/mm^2]
$f_{ct,sp,cube,normal}$	Spaltzugfestigkeit an würfelförmigen Probekörpern [N/mm^2]
$f_{ct,sp,cube,diagonal}$	Spaltzugfestigkeit an würfelförmigen Probekörpern, bei denen die Lasteintragung diagonal auf den Kanten erfolgt [N/mm^2]
$f_{ct,sp,cyl}$	Spaltzugfestigkeit, ermittelt an zylindrischem Probekörper [N/mm^2]
$f_{ct,sp,pr,normal}$	Spaltzugfestigkeit, ermittelt an anliegend in die Prüfmaschine eingesetztem Prisma [N/mm^2]
f_{ct}^{∞}	Zugfestigkeit eines unendlich großen Probekörpers nach dem Multifractal Scaling Law [N/mm^2]
k	Konstante [-]
k_{AN}	Umrechnungsfaktor [-], zur Berücksichtigung der Art der Nachbehandlung
k_{GP}	Umrechnungsfaktor [-], zur Berücksichtigung der Größe der Probe
k_{FP}	Umrechnungsfaktor [-], zur Berücksichtigung der Form der Probe
l_{ch}	charakteristische Länge [m]

l_{ch}^{MFSL}	mikrostrukturabhängige charakteristische Länge nach dem Multifractal Scaling Law [mm]
l_{el}	Elementlänge [mm]
n	Anzahl von Datenpaaren [-]
p	Linienlast [N/mm], Konstante
r	Entfernung von der Probekörpermitte [mm]
$s_{y,x}$	Standardschätzfehler
t	Dicke der Lastverteilungsstreifen [mm]
u	Verschiebung [mm]
w	Rissöffnung [mm]
w_{cr}	kritische Rissöffnung/Rissbreite [mm]
w/z	Wasserzementwert [-]
x	Entfernung von Achsenschnittpunkt parallel zur X-Achse
y	Entfernung von Achsenschnittpunkt parallel zur Y-Achse
y_i	der i-te beobachtete Wert der abhängigen Variablen
$\hat{y}_i$	der i-te aus der Regressionsgleichung berechnete Wert der abhängigen Variablen
z	Zahl der verwendeten Regressionsparameter

Griechische Buchstaben

α	Winkel unter den Lastverteilungsstreifen [°]
$\dot{\delta}$	Verformungsgeschwindigkeit [mm/s]
ε	Dehnung [‰]
$\dot{\varepsilon}$	Dehnungsrate [1/s]
ε_c	Dehnung beim Erreichen der Zugfestigkeit [‰]
ε_{cr}	kritische Rissdehnung [‰]
λ_0	empirische Konstante
ν	Querdehnzahl [-]
ρ	Rohdichte [kg/m³]
σ	Normalspannung; Spannung [N/mm²]
σ_{si}	von der Probekörpergröße unabhängige Festigkeit (modifiziertes SEL) [N/mm²]
σ_N	nominale Festigkeit [N/mm²]
σ_0	gleichmäßige äußere Spannung [N/mm²]
τ	Schubspannung [N/mm²]
φ	Winkel, Reibungswinkel [°]

Indizes

h	horizontale Richtung
i	index
r	radiale Richtung

v	vertikale Richtung
θ	tangentiale Richtung

Abkürzungen

CBM	Crack Band Model
CTOD	Rissspitzenöffnungsverschiebung (Crack Tip Opening Displacement)
FCM	Fictitious Crack Model
FE	Finite Elemente
FEM	Finite Elemente Methode
HB	harte Platten, Hartfaserplatte mit einer Dichte ≥ 900 kg/m^3
HFB	hochfester Beton
HK	hochfester Kiesbeton
HS	hochfester Splittbeton
HSV	Highly Stressed Volume
LB	Leichtbeton
LEBM	linear elastische Bruchmechanik
MFSL	Multifractal Scaling Law
NB	normalfester Beton
NK	normalfester Kiesbeton
NLBM	nichtlinear elastische Bruchmechanik
NS	normalfester Splittbeton
SEL	Size Effect Law

Kapitel 1
Einführung

1.1   Problemstellung

Die Zugfestigkeit des Betons bildet einen wesentlichen Kennwert für die Bemessung von bewehrten oder unbewehrten Betonkonstruktionen. Insbesondere für die Begrenzung der Rissbreite, die Festlegung der Mindestbewehrungsmenge sowie die Bestimmung der Querkrafttragfähigkeit ist eine möglichst genaue Abschätzung der Zugfestigkeit von zentraler Bedeutung (siehe DIN 1045-1). Eine Fehleinschätzung dieser Festigkeit kann entweder zu unwirtschaftlichen Konstruktionen oder auch zu einer Minderung der Sicherheit führen. Des Weiteren dient die Zugfestigkeit nach [100] zur Abschätzung des Tragverhaltens im Verankerungsbereich und bei Zwangsbeanspruchung von Stahl- und Spannbetonkonstruktionen.

Für die Ermittlung der Zugfestigkeit eines Bauwerksbetons kommt in der Regel nur der Spaltzugversuch an entnommenen Bohrkernen in Frage. Aber auch die Zugfestigkeit von neu zu errichtenden Konstruktionen wird häufig indirekt mit Hilfe von Spaltzugversuchen ermittelt, da die hohen Anforderungen, die an die Versuchsdurchführung von einaxialen Zugprüfungen gestellt werden, in vielen Prüfstellen nicht erfüllt werden können.

Um aus der ermittelten Spaltzugfestigkeit $f_{ct,sp}$ auf die einaxiale Zugfestigkeit f_{ct} schließen zu können, werden Umrechnungsfaktoren verwendet. Danach beträgt gemäß DIN 1045-1 die einaxiale Zugfestigkeit das 0,9-fache der Spaltzugfestigkeit. Dieser festigkeitsunabhängige Umrechnungsfaktor stammt aus den 1960er Jahren und wurde auf der Grundlage von Versuchen an den damals üblichen normalfesten Betonen der Festigkeitsklassen bis C55/67 hergeleitet [60].

Beim Spaltzugversuch wird im Probekörper ein komplexer Spannungszustand erzeugt. In Richtung der Linienbelastung herrschen Druck-, senkrecht zur Belastung überwiegend Zugspannungen. Beton reagiert mit steigender Druckfestigkeit zunehmend empfindlich auf einen derartigen Spannungszustand, was zu einem vorzeitigen Versagen führt. Inwieweit dieser Sachverhalt das Spaltzugverhalten hochfester Betone und somit eine Umrechnung der Spaltzugfestigkeit in die einaxiale Zugfestigkeit beeinflusst, ist Gegenstand der vorliegenden Arbeit.

1.2 Zielsetzung und Vorgehensweise

Das vorrangige Ziel dieser Arbeit besteht in der Herleitung einer Umrechnungsfunktion zwischen der einaxialen Zugfestigkeit und der Spaltzugfestigkeit für das gesamte Festigkeitsspektrum der heute eingesetzten Betone.

Die Grundlage hierfür bildet eine Datenbank, die im Rahmen experimenteller Untersuchungen erstellt wird. Das Versuchsprogramm sieht fünf Festigkeitsklassen vor. Da sämtliche Betone unter Verwendung von sowohl Kies als auch von Splitt als Gesteinskörnung hergestellt werden sollen, finden insgesamt zehn unterschiedliche Betone in die Untersuchungen Eingang.

Das Hauptaugenmerk bei den experimentellen Untersuchungen wird auf die Spaltzugversuche gerichtet. Diese sollen den Einfluss unterschiedlicher Faktoren auf das Spaltzugverhalten – die Spaltzugfestigkeit selbst, aber auch den Versagensmechanismus im Probekörper beim Spaltzugversuch – aufzeigen. Diese Einflussfaktoren resultieren neben der Betonart und -festigkeit aus den Abmessungen sowie der Art der Probekörpergewinnung. Weiterhin werden neben den Standardprobekörpern mit D/L = 150/300 mm, deren Herstellung in Schalungen erfolgt, zusätzlich Bohrkerne selber Geometrie und mit D/L = 75/150 mm untersucht.

Ergänzende Spaltzugversuche an exemplarisch ausgewählten Betonen sollen den Einfluss des Materials der Lasteinleitungsstreifen auf die Spaltzugfestigkeit klären. Des Weiteren wird mit Hilfe eines speziellen Versuchsaufbaus die Rissentwicklung im Probekörper infolge einer Spaltzugbeanspruchung verfolgt. Hierzu werden Probekörper mit den Abmessungen D/L = 150/300 mm, D/L = 150/75 mm und D/L = 300/150 mm untersucht.

Die Ermittlung der einaxialen Zugfestigkeit erfolgt in einaxialen, zentrischen Zugversuchen an eingeschnürten Probekörpern. Ferner sollen die durchgeführten bruchmechanischen Untersuchungen an eingekerbten Zugprobekörpern die Basis zur Beschreibung des Nachbruchverhaltens der verwendeten Betone liefern und somit eine wirklichkeitsnahe, numerische Modellierung der durchgeführten Spaltzugversuche sicherstellen.

Simulationen der Spaltzugversuche erlauben nicht nur eine umfassende Untersuchung des Werkstoffverhaltens, wie z. B. Rissentwicklung, Spannungsverteilung etc., sie ermöglichen auch die Durchführung umfangreicher Parameterstudien. Diese Parameterstudien tragen zur Klärung des Einflusses verschiedener Parameter bei. Neben dem Einfluss der Breite der Lastverteilungsstreifen ist z. B. die Auswirkung des angenommenen Spannungszustandes zu untersuchen.

Die vorliegende Arbeit schließt mit der Modellbildung. Das Ziel dieser Modelle ist die Herleitung einer Umrechnungsbeziehung zwischen der einaxialen Zugfestigkeit und der Spaltzugfestigkeit auf Grundlage der experimentellen und numerischen Untersuchungsergebnisse, welche für die heute eingesetzten Festigkeitsklassen Gültigkeit besitzt.

1.3 Gliederung der Arbeit

Die vorliegende Arbeit ist in sechs Kapitel unterteilt. In Kapitel 1 werden Problemstellung und Zielsetzung dieser Arbeit umrissen. Des Weiteren ist hier der Aufbau der Arbeit zusammenfassend wiedergegeben.

Kapitel 2 beinhaltet die Grundlagen zum Spaltzugversuch. Nach einer übersichtlichen Darlegung der mechanischen Zusammenhänge werden verschiedene Parameter genannt, die die Spaltzugfestigkeit beeinflussen. Anschließend werden analytische sowie numerische Methoden zur Modellierung des Betonverhaltens im Spaltzugversuch vorgestellt. Die Literatursichtung schließt mit der Erstellung einer Datenbank auf Grundlage der Angaben aus der Fachliteratur zu Spaltzug- bzw. einaxialen Zugfestigkeiten.

Kapitel 3 widmet sich dem experimentellen Versuchsprogramm. Den bei der Durchführung des Hauptversuchsprogramms aufgeworfenen Fragestellungen soll an exemplarisch ausgewählten Betonen im Rahmen zusätzlicher Versuche nachgegangen werden. Danach sollen der Einfluss des Materials der verwendeten Zwischenstreifen auf die Spaltzugfestigkeit sowie der Einfluss der Geometrie bzw. der Betongüte des Probekörpers auf den Versagensmechanismus infolge der Spaltzugbeanspruchung untersucht werden.

Die numerischen Untersuchungen sind in Kapitel 4 beschrieben. Zunächst soll das numerische Modell zur Simulation von Spaltzugversuchen vorgestellt werden. Hierbei sind die zugrunde liegenden Materialkennwerte, die verwendeten Materialgesetze sowie weitere Besonderheiten der Finiten Element Berechnungen zu nennen. Nach der Verifizierung anhand experimenteller Versuchsergebnisse kann das numerische Versuchsprogramm – die Parameterstudie – durchgeführt werden.

Gegenstand des Kapitels 5 ist die Modellbildung. Die auf Basis der experimentellen und numerischen Untersuchungen hergeleiteten empirischen Beziehungsfunktionen ermöglichen die Umrechnung der einaxialen Zugfestigkeit aus der Spaltzugfestigkeit für Betone mit einer Druckfestigkeit bis zu 120 N/mm^2.

In Kapitel 6 wird ein Resümee gezogen und auf weiterhin bestehende oder neu aufgeworfene Kenntnislücken als Ausblick aufmerksam gemacht.

Kapitel 2
Literatursichtung

2.1 Historischer Hintergrund des Spaltzugversuchs

Der Spaltzugversuch, auch „Brazilian Test" genannt, wurde erstmalig von CARNEIRO auf der fünften Konferenz der Brasilianischen Gesellschaft für Technische Normung (ABNT, Associação Brasileira de Normas Técnicas) am 16. September 1943 vorgestellt [22]. Hiervon unabhängig hat der Japaner AKAZAWA nahezu zeitgleich den Spaltzugversuch, auch Akazawa-Methode genannt, im Rahmen seiner Dissertation in Japan im November 1943 präsentiert [3, 4]. Die Motivation von CARNEIRO sowie AKAZAWA zur Durchführung des Spaltzugversuchs ist in Anhang A1.1 kurz dargelegt.

Sehr bald nach der Veröffentlichung des Spaltzugversuchs, zunächst nur für zylindrische Betonproben (siehe Abbildung 2-1, a), fand dieser weltweit Eingang in die nationalen Normen, z. B. ASTM C496/C496M-04e1, DIN EN 12390-6, JIS A 1113.

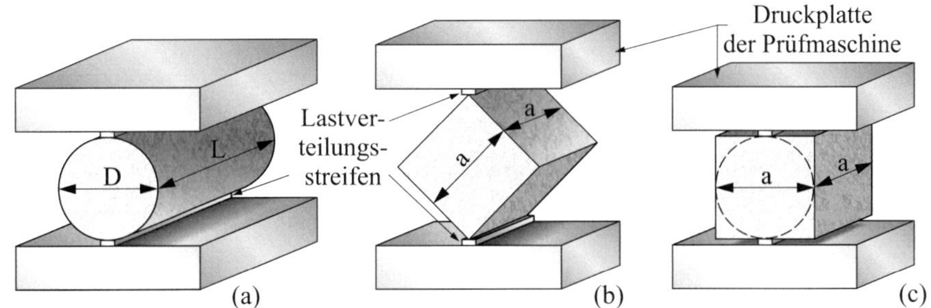

Abb. 2-1: Versuchsaufbau im Spaltzugversuch für (a) zylindrische und (b) diagonal bzw. (c) anliegend eingebaute prismatische Probekörper

Die Prüfung prismatischer Probekörper im Spaltzugversuch wurde erstmals von Forsell in Schweden durchgeführt [105]. Sein Ziel war es, den Einfluss partieller Belastung auf die Betonfestigkeit zu untersuchen. Hierzu kamen in die Prüfmaschine anliegend eingebaute, auf Druck belastete Würfel zum Einsatz (siehe Abbildung 2-1, c).

Der Spaltzugversuch an diagonal eingesetzten prismatischen Probekörpern wurde von Waitzmann im Jahr 1952 vorgeschlagen [138] (siehe Abbildung 2-1, b). Im Rahmen experimenteller Untersuchungen zum Verformungsverhalten zylindrischer und prismatischer Probekörper im Spaltzugversuch konnte NILSSON [105] die Spaltzugfestigkeit $f_{ct,sp}$ an Würfeln mit gleicher Genauigkeit bestimmen wie an zylindrischen Probekörpern (vgl. auch [34, 138]).

2.2 Grundlagen zum Spaltzugversuch

2.2.1 Spannungsverhältnisse im Spaltzugversuch

Das Hauptaugenmerk der vorliegenden Arbeit ist auf das Materialverhalten zylindrischer Probekörper, insbesondere Bohrkerne sowie geschalt hergestellter Proben, im Spaltzugversuch gerichtet. Aus diesem Grund werden hier lediglich die sich infolge diametraler Belastung einstellenden Spannungszustände in zylindrischen Probekörpern beschrieben.

An dieser Stelle soll dennoch auf Literaturquellen, u. a. [34, 43, 44, 48, 105, 138], hingewiesen werden, welche sich mit Spaltzugversuchen an prismatischen Probekörpern befasst haben.

2.2.1.1 Belastung durch eine Einzellast

Die theoretischen Grundlagen zur Beschreibung der Spannungsverhältnisse im Spaltzugversuch wurden erstmals von HERTZ [63] hergeleitet und in einem Aufsatz im Jahre 1883 veröffentlicht. HERTZ untersuchte eine senkrecht zu seiner Achse von zwei ebenen parallelen Wänden auf Druck beanspruchte Scheibe aus linear elastischem, homogenem Material (siehe Abbildung 2-2). Für seine zweidimensionale, auf der Elastizitätstheorie basierende Herleitung setzte HERTZ voraus, dass die äußere Belastung auf der Scheibe durch eine Resultierende ersetzt werden kann. Da diese Voraussetzung nur ab einer bestimmten Entfernung vom Lastangriff gültig ist, in der die Belastung als eine Resultierende aufgefasst werden kann, ohne dabei den gegebenen Spannungszustand zu ändern, kann die Lösung von HERTZ nur zur Ermittlung der im Zylinderinneren vorherrschenden Spannungen herangezogen werden.

Im Jahre 1900 griff MICHELL [95] die Arbeit von HERTZ auf und erweiterte die Herleitung der auftretenden Spannungen auf den ganzen Zylinder. Allerdings zeigt die Lösung von MICHELL folgende Schwäche. Im Bereich des Probekörperrandes weichen mit abnehmender Entfernung von der Lasteinleitungsstelle die Spannungstrajektorien nach seiner Lösung zunehmend von der Richtung der horizontalen Hauptspannungen ab. Diese Differenzen können zu unproportional großen Schubspannungen in der Umgebung der Lasteinleitungsstelle führen [114].

Eine Abhandlung über die Spannungsverteilung in einer Walze von FÖPPL und FÖPPL erschien 1920 in „Drang und Zwang" [41]. Neben der Herleitung der Spannungsfunktionen für einen beliebigen Punkt im Inneren der Walze geben FÖPPL und FÖPPL eine Lösung für die Spannungsfunktionen in der unmittelbaren Nähe der Lasteinleitungsstelle an.

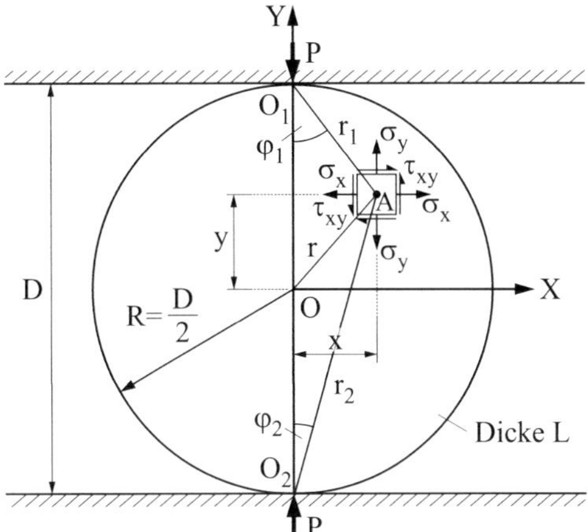

Abb. 2-2: Spannungen im zylindrischen Probekörper infolge gegenüberliegender, diametral angreifender Einzellasten in Anlehnung an [44]

THIMOSHENKO und GOODIER [145] legten ihren Überlegungen eine Scheibe in einer unendlichen Halbebene und mit einer einheitlichen Dicke $L=1$ zu Grunde (siehe Abbildung 2-3). Infolge einer Druckbeanspruchung durch eine Punktlast P am horizontalen Rand AB der Scheibe (siehe Abbildung 2-3) wird in einem beliebigen Element C, das sich in einem Abstand r_1 vom Lasteinleitungspunkt O befindet, eine radiale Spannung σ_r nach Gleichung 2-1 erzeugt.

$$\sigma_r = -\frac{2P}{\pi} \cdot \frac{\cos\varphi}{r_1} \tag{2-1}$$

Durch die Gleichgewichtsbedingungen am Rand sind die Tangentialspannung σ_θ und die Schubspannung $\tau_{r\theta}$ gleich null.

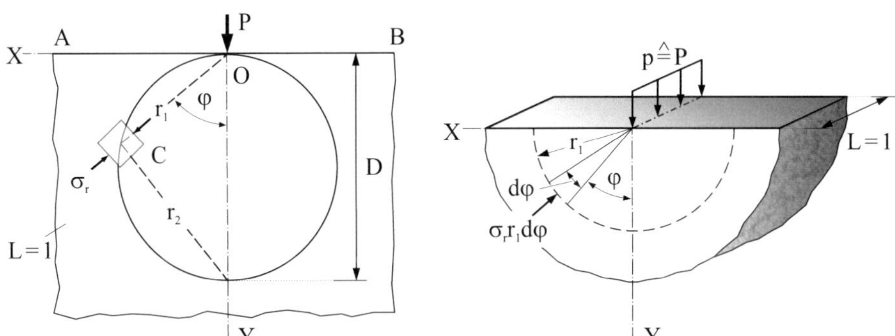

Abb. 2-3: Spannung infolge einer Punktbelastung P auf einer horizontalen Ebene nach THIMOSHENKO und GOODIER [145]

Durch die auf eine unendlich kleine Fläche angreifende Einzellast P müssten – theoretisch betrachtet – unendlich große Spannungen $\sigma_r(r_1 \rightarrow 0) \rightarrow \infty$ auftreten. Da aber der

Angriff einer konzentrierten Einzellast im Material unter der Lastangriffsstelle plastisches Fließen hervorrufen würde, wird die Last letztendlich auf eine endliche Fläche verteilt [145]. Außerhalb des plastisch verformten Bereichs können für den Restquerschnitt der Scheibe die Beziehungen nach der Elastizitätstheorie angewendet werden.

FROCHT [44] gibt eine ausführliche Herleitung der Spannungsfunktionen im Spaltzugversuch. Die wesentlichen Schritte sind in Anhang A1.2 wiedergegeben. Darauf aufbauend werden aus Gründen der Übersichtlichkeit in der vorliegenden Arbeit zusätzlich die Formfunktionen c_{hx} und c_{hy} eingeführt. Mit Hilfe dieser Formfunktionen lassen sich die horizontalen (σ_x) und vertikalen (σ_y) Spannungen unmittelbar berechnen (siehe Gleichungen 2-2 und 2-3).

$$\sigma_x = \frac{2P}{\pi LD} c_{hx}, \text{ mit } c_{hx} = \left[\frac{(D^2 - 4x^2)}{(D^2 + 4x^2)}\right]^2 \tag{2-2}$$

$$\sigma_y = \frac{2P}{\pi LD} c_{hy}, \text{ mit } c_{hy} = -\left[\frac{4D^4}{(D^2 + 4x^2)^2} - 1\right] \tag{2-3}$$

Die horizontalen Normalspannungen σ_x nehmen durchgehend positive (Zugspannungen) und die vertikalen Normalspannungen σ_y negative Werte (Druckspannungen) an. Beide Spannungskomponenten sind null für $x = D/2$ (vgl. [44]).

Wie in Abbildung 2-4 veranschaulicht, ergeben sich die größten Normalspannungen im Mittelpunkt ($x = 0$, $y = 0$) des Zylinders.

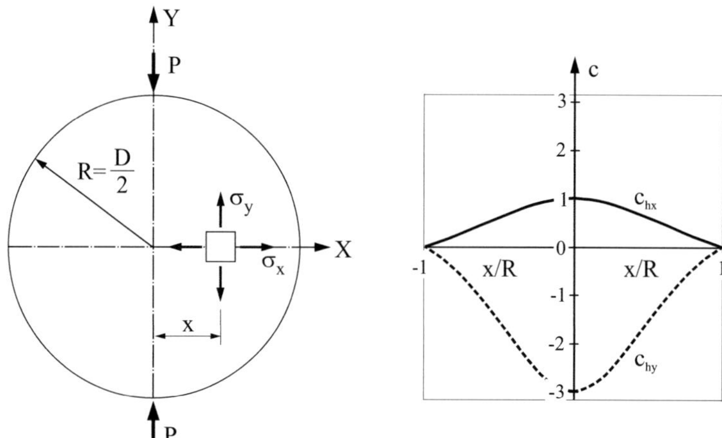

Abb. 2-4: Verlauf der Formfunktionen c_{hx} und c_{hy} auf der horizontalen Symmetrieachse (X-Achse) der durch diametral mit Einzellasten P auf Druck beanspruchten Kreisscheibe

Durch die Einführung weiterer Formfunktionen c_{vx} und c_{vy} können die Spannungsfunktionen σ_x und σ_y auf der vertikalen Achse des Zylinders ($x = 0$) wie folgt nach den Gleichungen 2-4 und 2-5 angegeben werden.

$$\sigma_x = \frac{2P}{\pi LD} c_{vx}, \text{ mit } c_{vx} = 1 \qquad \text{(2-4)}$$

$$\sigma_y = \frac{2P}{\pi LD} c_{vy}, \text{ mit } c_{vy} = -\left[\frac{2D}{D-2y} + \frac{2D}{D+2y} - 1\right] \qquad \text{(2-5)}$$

Wie in Abbildung 2-5 dargestellt, stellen sich entlang der Y-Achse ($x = 0$) für alle Punkte Zugspannungen σ_x ein, deren Größe konstant bleibt. Die kleinsten Druckspannungen σ_y treten im Mittelpunkt ($x = 0$, $y = 0$) auf, deren Größe von $\sigma_y = -6P/(\pi LD)$ bis zu den Lastangriffspunkten auf dem Umfang des Zylinders ($x = 0$, $y = R$) auf $\sigma_y \rightarrow -\infty$ abfällt.

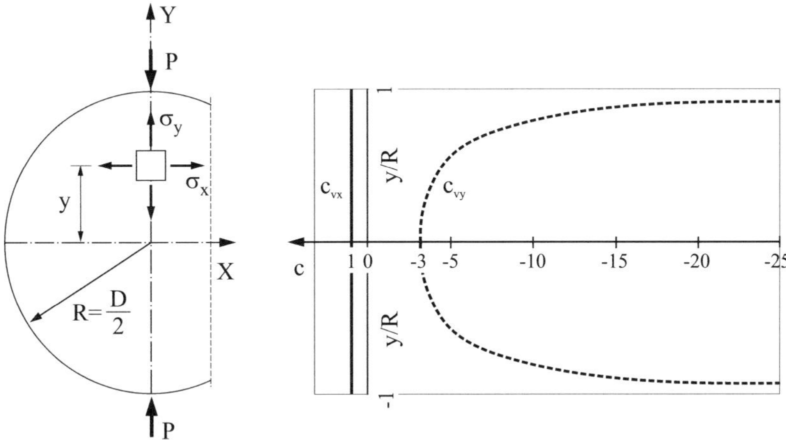

Abb. 2-5: Verlauf der Formfunktionen c_{vx} und c_{vy} auf der vertikalen Symmetrieachse (Y-Achse) der durch diametral mit Einzellasten P auf Druck beanspruchten Kreisscheibe

Neben den analytischen Untersuchungen zur Spannungsverteilung im Spaltzugversuch verifizierte FROCHT seine Lösungen im Rahmen spannungsoptischer Experimente [44]. Hierbei wurden Scheiben auf den gegenüberliegenden Mantelflächen durch eine ebene Wand bzw. durch einen Dorn auf Druck belastet. Die Ergebnisse aus der Beanspruchung durch die ebene Wand deuteten darauf hin, dass diese Belastung nicht als Punktlast betrachtet werden kann. Hiernach wurden die hohen Druckspannungen σ_y an der Lasteinleitungsstelle im Vergleich zur Beanspruchung durch einen Dorn (Punktlast) abgebaut. Im Probekörperinneren, auf über 90 % des Probekörperquerschnitts, stimmten dennoch die Spannungsverteilungen für beide Beanspruchungsfälle überein.

2.2.1.2 Belastung durch eine Linienlast

In der Praxis wird die Last zur Vermeidung hoher Druckspannungen unmittelbar im Bereich der Lasteinleitungsstelle mittels Lastverteilungs- bzw. Zwischenstreifen zwischen Probekörper und Druckplatten in den Probekörper eingeleitet. Folglich wird die Belastung in Form einer Linienbelastung auf den Probekörper gebracht. Auf die Geometrie bzw. das Material dieser Lastverteilungsstreifen wird ausführlich in Abschnitt 2.3.2.3 eingegangen. An dieser Stelle soll lediglich der Einfluss der Lastverteilungsstreifengeometrie auf den Spannungszustand im Probekörper erläutert werden.

In Abbildung 2-6 werden unterschiedliche Alternativen zur Einleitung einer Linienlast in den Probekörper [134] dargestellt. Danach greift z. B. der von HERTZ ursprünglich als Einzellast betrachtete Belastungsfall, also eine Druckbelastung durch gegenüberliegende ebene Wände, in der Realität als parabelförmige Linienlast an (siehe Abbildung 2-6, a).

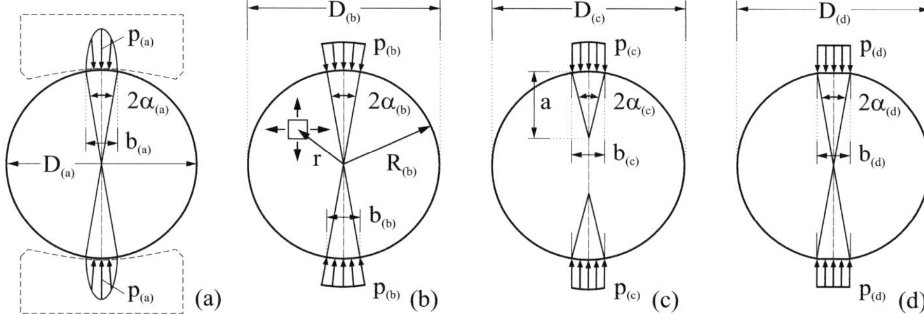

Abb. 2-6:   Belastungsschemata bei diametraler Druckbeanspruchung durch eine Linienlast (in Anlehnung an [134]): (a) Lasteinleitung nach HERTZ laut [134], (b) Belastung durch radial ausgerichtete Linienlast (siehe HONDROS [67]), (c) Belastung durch gleichmäßig verteilte vertikale Linienlast, (d) Belastung durch auf eine flache Ebene gleichmäßig wirkende Linienlast; in (a) sind die Lasteinleitungsplatten mit gestrichelter Linie exemplarisch dargestellt

AWAJI und SATO setzten sich mit dem eben erwähnten Belastungsfall nach HERTZ in [6] auseinander, wobei sie die Einleitung der Last nicht durch ebene Wände, sondern anhand konkaver Lasteinleitungsplatten betrachteten (siehe Abbildung 2-6, a). Dieser Annahme zufolge greift die Linienlast nach AWAJI und SATO an der Mantelfläche des zylindrischen Probekörpers nicht vertikal – Belastung durch ebene Wand [63] – sondern radial ausgerichtet an (siehe auch Anhang A1.3).

Das den Untersuchungen von HONDROS [67] zugrunde liegende Lasteinleitungsschema ist in Abbildung 2-6, b wiedergegeben. Seine Lösungen zur Berechnung der Spannungsfunktionen σ_x und σ_y sind in Anhang A1.3 aufgeführt.

Die analytische Herleitung für die Spannungsfunktionen σ_x und σ_y im Spaltzugversuch, basierend auf der in Abbildung 2-6, c dargestellten Lasteinleitung, gibt u. a. CARNEIRO [22] (vgl. auch [16, 156, 161]) an. Unter Berücksichtigung der Formfunktionen $c_{vx,i}$ und $c_{vy,i}$ können diese Spannungsfunktionen σ_x und σ_y wie folgt entsprechend den Gleichungen 2-6 und 2-7 formuliert werden, wobei $P = pb$.

$$\sigma_x = \frac{2P}{\pi LD} c_{vx,i}, \text{ mit } c_{vx,i} = 1 - \frac{D}{2b}(2\alpha - \sin 2\alpha), \text{ i} = \frac{b}{D} \qquad \textbf{(2-6)}$$

$$\sigma_y = \frac{2P}{\pi LD} c_{vy,i}, \text{ mit } c_{vy,i} = -\left[\frac{D}{2b}(2\alpha + \sin 2\alpha) + \frac{D}{D-a} - 1\right], \text{ i} = \frac{b}{D} \qquad \textbf{(2-7)}$$

Der Index i steht für das Verhältnis der Breite b der Lastverteilungsstreifen zu dem Zylinderdurchmesser D. Danach gibt z. B. die Bezeichnung $c_{vx,0,1}$ die Formfunktion wieder, über die entlang der vertikalen Symmetrieachse des Zylinders (Index: v) die horizontalen Normalspannungen (Index: x) für den Lasteinleitungsfall mit $b = 0{,}1D$ berechnet werden können.

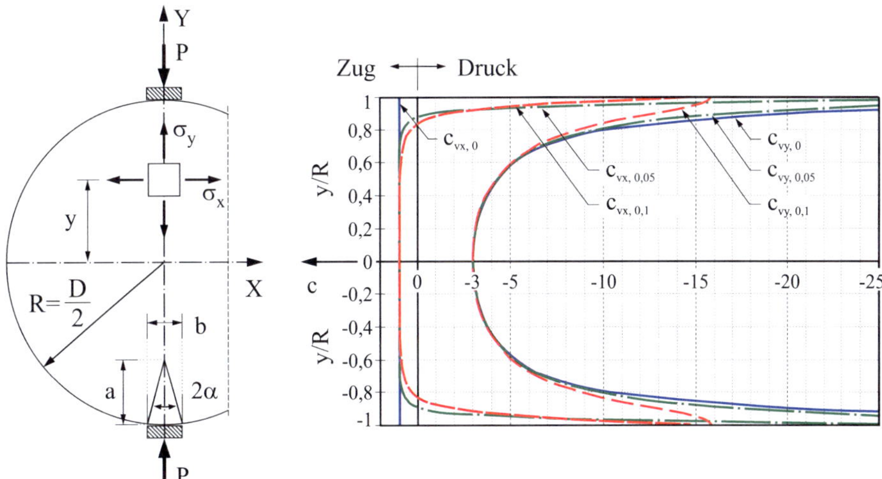

Abb. 2-7: Verteilung der Formfunktionen $c_{vx,i}$ und $c_{vy,i}$, mit $i = b/D = 0$; 0,05 und 0,1 in der Lastebene der durch diametral auf Druck beanspruchten Kreisscheibe

Der Einfluss der Lastverteilungsstreifenbreite auf die Spannungsverteilung in der Lastebene ist in Abbildung 2-7 dargestellt. Durch die Formfunktionen c_{vx} und c_{vy} lassen sich die Spannungsverteilungen für eine Belastung durch eine Einzellast errechnen (vgl. Abbildung 2-5). Danach nehmen die horizontalen Normalspannungen σ_x im Probekörperinneren bei einer Lastverteilungsstreifenbreite $b = 0{,}1D$ ca. in einem Bereich von 60 % des Durchmessers einen konstanten Wert an (vgl. [16, 22, 156, 161]).

Mit schmaleren Lastverteilungsstreifen nimmt der Bereich der annähernd konstanten Zugspannungen auf ca. 80 % des Durchmessers zu (siehe Abbildung 2-7 sowie vgl. Abbildung A1-1). Folglich nimmt mit zunehmender Lastverteilungsstreifenbreite die Größe der Druckzone – unter den Lasteinleitungsstellen herrschen nur Druckspannungen vor – zu. Bei ebenem Spannungszustand tritt ein Druck-Druckspannungszustand und bei ebenem Dehnungszustand ein dreiachsiger Druckspannungszustand im unmittelbaren Bereich der Lasteinleitungsstellen ein. Gleichzeitig bauen sich die hohen vertikalen Druckspannungen σ_y am Rand ab.

Gemäß den oben erwähnten Beziehungen (siehe Gleichungen 2-4 bis 2-7 und A1-19) ergibt sich im Mittelpunkt des Probekörperquerschnitts unabhängig von der Breite der Lastverteilungsstreifen ein Verhältnis von Zug- zu Druckspannungen von $\sigma_x / \sigma_y = 1 / -3$ (siehe Abbildung 2-7).

2.2.2 Berechnungsansatz zur Ermittlung der Spaltzugfestigkeit

Zur Ermittlung der Spaltzugfestigkeit $f_{ct,sp}$ wird der bereits von AKAZAWA [4] und CARNEIRO [22] angewendete Ansatz herangezogen (siehe Gleichung 2-8). Diese Beziehung drückt die im Mittelpunkt des zylindrischen Probekörpers herrschende horizontale (Zug-)Normalspannung aus.

$$f_{ct,sp} = \frac{2P_{max}}{\pi LD} \tag{2-8}$$

Hierin sind P_{max} die im Versuch gemessene Höchstlast, L die Länge und D der Durchmesser des zylindrischen Probekörpers.

AKAZAWA [3] kam anhand der Arbeiten von Prescott und Thimoshenko auf die oben genannte Formulierung (siehe Gleichung 2-8). Dabei wurde die Lasteinleitung als Einzellast betrachtet.

CARNEIRO [22] waren neben der Lösung nach Thimoshenko auch die Werke von Föppl und Frocht bekannt. Bei seiner Formulierung eines Ansatzes zur Ermittlung der Spaltzugfestigkeit $f_{ct,sp}$ fand der Einfluss unterschiedlicher Lastverteilungsstreifenbreiten auf die Spannungsverteilungen in zylindrischen Spaltzugprobekörpern Berücksichtigung. Aus den horizontalen Spannungsverteilungen in der Lastebene folgerte er (vgl. $c_{vx,0,1}$ in Abbildungen 2-7 und A1-1), dass Lastverteilungsstreifen mit einer Breite von $b \leq 0,1D$ genügen, um die Spaltzugfestigkeit $f_{ct,sp}$ hinreichend gut anhand der Gleichung 2-8 zu ermitteln.

Zur Untersuchung des Einflusses der Breite der Lasteinleitung auf die Spannungsverteilung im zylindrischen Spaltzugprobekörper zog TANG die Finite Elemente Methode heran [142]. Die mit isoparametrischen finiten Elementen durchgeführten Simulationen untermauerten die oben genannten Erkenntnisse. Mit steigendem b/D-Verhältnis konnte eine Reduktion des Quotienten $\sigma_{vx,i}/f_{ct,sp}$ festgestellt werden. Um dem Einfluss der Breite der Lasteinleitung bei der Ermittlung der im Mittelpunkt des Probekörpers vorherrschenden horizontalen Spannung – der Spaltzugfestigkeit $f_{ct,sp}$ – Rechnung zu tragen, schlug TANG folgenden Ansatz nach Gleichung 2-9 vor.

$$f_{ct,sp,Tang} = \sigma_{vx,Tang} = \frac{2P_{max}}{\pi LD}\left[1 - \left(\frac{b}{D}\right)^2\right]^{\frac{3}{2}} \tag{2-9}$$

Hierbei sind P_{max} die gemessene Höchstlast, L die Länge bzw. D der Durchmesser des Zylinders und b die Breite der Lasteinleitung (siehe Abbildung 2-6, d). TANGs Ergebnissen zufolge erfährt der Probekörper im Spaltzugversuch eine geringere horizontale Zugspannung in der Probenmitte im Vergleich zu den theoretisch errechneten Werten. Danach gilt im Mittelpunkt des zylindrischen Probekörpers z. B. für den Fall $b = 0{,}2D$ ein Verhältniswert von $\sigma_{vx,0,2,Tang}/f_{ct,sp} = 0{,}94$, während sich gemäß der Lösung nach der Elastizitätstheorie (siehe Gleichung 2-6) ein Quotient von $\sigma_{vx,0,1}/f_{ct,sp} = 0{,}97$ ergibt (vgl. $c_{vx,0,1}$ in Abbildungen 2-7 und A1-1).

Ansätze zur Berechnung der Spaltzugfestigkeit an prismatischen Probekörpern sind in Anhang A1.4 zusammengefasst.

2.2.3 Materialverhalten des Betons im Spaltzugversuch

Wie in Kapitel 2.2.1 dargelegt, stellt sich beim Spaltzugversuch im Probekörper eine ausgeprägt nichtlineare Spannungsverteilung ein, die einem komplexen Spannungszustand entspricht. Unter der Lasteinleitung herrscht in kurzen Probekörpern – Probekörperlänge viel kleiner als Probekörperdurchmesser ($L \ll D$) – ein zweiaxialer Druckspannungszustand und in langen Probekörpern ($L > D$) ein dreiaxialer Druckspannungszustand ausgenommen an den Probekörperenden (Stirnflächen) vor. Im Inneren des Probekörpers ist hingegen ein zweiaxialer Druck-Zugspannungszustand zu verzeichnen. Das Versagen im Spaltzugversuch tritt nach elastizitätstheoretischen Überlegungen im Mittelpunkt des Probekörpers mit einem Spannungsverhältnis von $\sigma_x/\sigma_y = 1/-3$ ein (vgl. Abbildung 2-7).

Nach KUPFER [84, 85] beträgt die Druck-Zugfestigkeit bei einem Spannungsverhältnis von $\sigma_2/\sigma_1 = 1/-3$ zwischen ca. 85 % der einaxialen Zugfestigkeit f_{ct} für niederfeste Betone und 80 % für normalfeste Betone (siehe Abbildung 2-8). Danach erfährt der Beton eine Abminderung seiner Zugtragfähigkeit von $\Delta = 20$ bis 25 %. Für alle Messserien ist eine Abnahme der Druck-Zugfestigkeit mit steigendem Verhältnis von Zug- zu Druckspannung zu beobachten. Ferner nimmt die Fläche unter den jeweiligen Kurven mit steigender Betondruckfestigkeit ab.

CURBACH und HAMPEL [33, 52, 53] berichteten über einen noch stärkeren Abfall der Zugspannungen σ_2 bei hochfesten Betonen unter zweiachsiger Druck-Zugbeanspruchung (siehe Abbildung 2-8). Danach betrug bei einem Spannungsverhältnis $\sigma_2/\sigma_1 = 1/-2$ die Druck-Zugfestigkeit ca. 60 % der einaxialen Zugfestigkeit, bei einem Spannungsverhältnis $\sigma_2/\sigma_1 = 1/-5$ noch ca. 55 %. Die Zugtragfähigkeit der Betone ging danach bis ca. 40 % zurück. Des Weiteren konnte gezeigt werden, dass die Verläufe der in Abbildung 2-8 dargestellten Beziehungen generell zwischen den Spannungsverhältnissen $\sigma_2/\sigma_1 = 0/-1$ und $\sigma_2/\sigma_1 = 1/-5$ einen nahezu linearen Verlauf aufwiesen, der sich in einem s-förmigen Verlauf zur einaxialen Zugfestigkeit fortsetzt. Für alle untersuchten Betone war bei einem Spannungsverhältnis von $\sigma_2/\sigma_1 = 1/-2$ ein größeres Festigkeitsdefizit gegenüber den benachbarten Spannungsverhältnissen festzustellen.

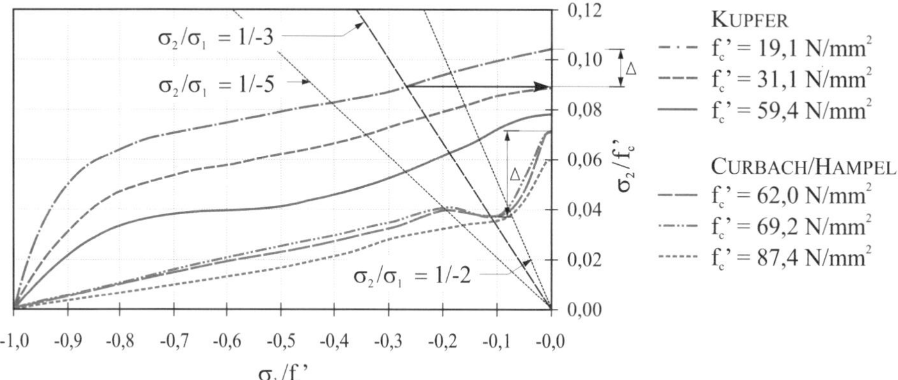

Abb. 2-8: Betonfestigkeit unter zweiaxialer Druck-Zugbeanspruchung für normalfeste Betone nach KUPFER [85] sowie für hochfeste Betone nach CURBACH bzw. HAMPEL [33] (in Anlehnung an [53, 139]); Differenz Δ: Abminderung der Zugtragfähigkeit aufgrund der Druck-Zugbeanspruchung im Spaltzugversuch

KUPFER sowie CURBACH und HAMPEL ermittelten die ein- bzw. mehraxiale Festigkeit an rechteckigen Scheiben mit den Abmessungen H/B/L = 200/200/50 mm mit einer Krafteinleitung durch Belastungsbürsten. Bei einer Lasteinleitung mittels Belastungsbürsten können sich die der Belastung unterworfenen Stirnseiten des Probekörpers unbehindert frei verformen. Der Probekörper befindet sich somit über die gesamte Länge in einem zweiaxialen Spannungszustand.

Im Allgemeinen stellt die Auswertung der Messergebnisse der Druck-Zugversuche eine schwierige Aufgabe dar, da die Versuchswerte mit großen Streuungen behaftet sind (siehe Versuchswerte u. a. in [20, 47, 53]). Dadurch kann ein direkter Vergleich der in der Fachliteratur angegebenen Beziehungen für das Druck-Zugfestigkeitsverhalten des Betons nur selten vorgenommen werden [53, 128, 139].

Abbildung 2-9 gibt eine Gegenüberstellung der Vorhersage zur Druck-Zugfestigkeit des Betons gemäß Model Code 1990 (im Folgenden MC 90) [27] und zahlreicher Versuchsergebnisse aus der Fachliteratur wieder. Danach beträgt die Druck-Zugfestigkeit bei einem Spannungsverhältnis $\sigma_2/\sigma_1 = 1/-3$ 90 % der einaxialen Zugfestigkeit.

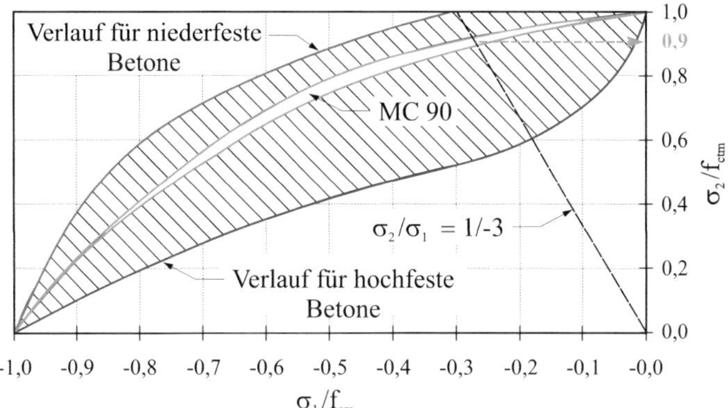

Abb. 2-9:   Betonfestigkeit unter zweiaxialer Druck-Zugbeanspruchung für normal- und hochfeste Betone nach Model Code 1990 in Anlehnung an [98]

Gleichzeitig kann nach Abbildung 2-9 festgestellt werden, dass im Spaltzugversuch, bei einem Spannungsverhältnis von $\sigma_2/\sigma_1 = 1/-3$, die Druck-Zugfestigkeit zwischen 60 % der einaxialen Zugfestigkeit für hochfeste Betone und bis zu 100 % der einaxialen Zugfestigkeit für niederfeste Betone betragen kann.

2.2.4   Versagensmechanismus im Spaltzugversuch

Nach MITCHELL [96] kann der Bruch im Spaltzugversuch in Abhängigkeit von der Länge der Lastverteilungsstreifen nach drei möglichen Erscheinungsformen kategorisiert werden (siehe Abbildung 2-10). Danach tritt bei einer Versuchsdurchführung ohne Lastverteilungsstreifen infolge hoher Druckspannungen im Bereich der Lasteinleitungsstelle ein Druckbruch ein (siehe Abbildung 2-10, a). Die Verwendung schmaler Lastverteilungsstreifen führt zu einem vertikal verlaufenden Trennriss, da die großen Druckspannungsspitzen durch die Belastung mit Hilfe der Lastverteilungsstreifen abgebaut werden können und der Bruch demzufolge durch Zugspannungen ausgelöst wird (siehe Abbildung 2-10, b). Breite Lastverteilungsstreifen bewirken infolge Schubspannungen unter der breiten Lasteinleitung einen Schubbruch, der sich durch einen keilförmigen Ausbruch unter der Lasteinleitung auszeichnet (siehe Abbildung 2-10, c). Es konnte u. a. gezeigt werden, dass das Versagen im Spaltzugversuch mit zunehmendem Verhältnis der Druck- zur Zugfestigkeit verstärkt als Zugbruch zu betrachten ist, während bei einem geringeren Druck- zu Zugfestigkeitsverhältnis der Schubbruch dominiert.

Untersuchungen von ROCCO et al. [125] zeigten, dass sich der Trennriss im mittleren Bereich des Probekörpers bildet und in Richtung der Lasteinleitung über den gesamten

Querschnitt ausbreitet. Ausgehend von der Kante der Lastverteilungsstreifen kommt es anschließend zu einer sekundären Rissbildung. Es wurde dargelegt, dass mit abnehmender Probekörpergröße die zur Bildung der sekundären Risse benötigte Kraft größer wird. Im Falle kleinerer Probengeometrien kann also die zur Bildung des Trennrisses führende Last geringer ausfallen als die für die sekundäre Rissbildung verantwortliche Kraft. Die Ermittlung der Spaltzugfestigkeit unter Einbeziehung der gemessenen Höchstlast P_{max} nach Gleichung 2-8 führt demzufolge zu einer Überschätzung der tatsächlichen Spaltzugfestigkeit. Dieser Effekt kann durch die Verwendung von Lastverteilungsstreifen geringerer Breite (b/D = 0,04) vermieden werden.

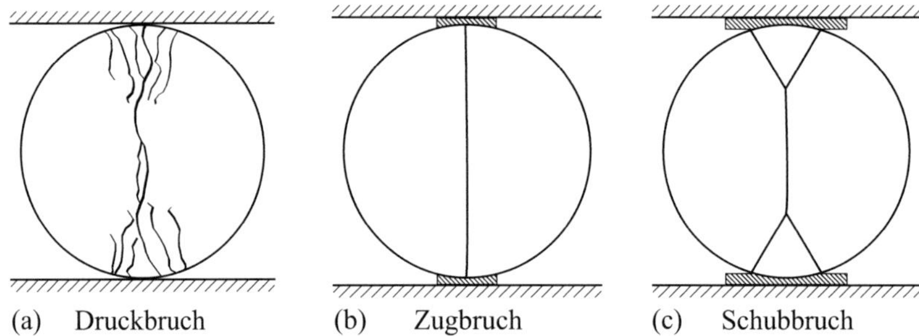

(a)   Druckbruch   (b)   Zugbruch   (c)   Schubbruch

Abb. 2-10:   Mögliche Bruchbilder bei der Spaltzugprüfung nach MITCHELL [96]

Zur Untersuchung des Versagensmechanismus im Spaltzugversuch zogen CASTRO-MONTERO et al. [26] das Verfahren der laserholographischen Interferometrie heran. Danach konnte eine Rissbildung im unteren Drittel der Probe beim Erreichen von ungefähr 70 % der Höchstlast beobachtet werden (siehe Abbildung 2-11).

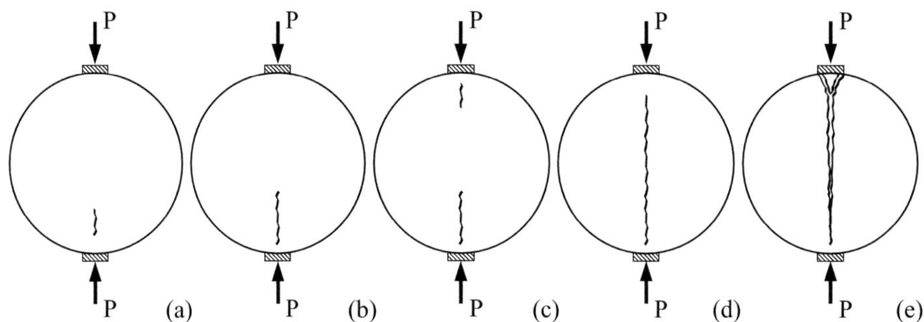

Abb. 2-11:   Rissbildung und -entwicklung im Spaltzugversuch nach CASTRO-MONTERO et al. [26]

Der keilförmige Ausbruch unter der Lasteinleitung (siehe Abbildung 2-11, e) wurde durch einen sekundären Versagensvorgang ausgelöst, nachdem sich der Trennriss im gesamten Probekörper ausgebreitet hatte. Daraus folgerten CASTRO-MONTERO et al. [26], dass die Beziehung zwischen der Spaltzugfestigkeit und der Höchstlast von derjenigen nach Gleichung 2-8 abweichen könne. Ferner konnte ein starker Einfluss der

Größe des Probekörpers bzw. der Versuchsanordnung auf den Bruchvorgang festgestellt werden.

Der oben beschriebene Versagensmechanismus findet sich u. a. in den Arbeiten von TEDESCO et al. [143] sowie bei HANNANT et al. [54] wieder. Um die Auswirkung des biaxialen Druckbereichs auf die Größe der Spaltzugfestigkeit zu untersuchen, prüften HANNANT et al. [54] zylindrische Probekörper, bestehend aus zwei separat hergestellten halben Zylindern, im Spaltzugversuch. Dadurch konnten die Zugspannungen entlang der vertikalen Symmetrieachse, in der Berührungsebene der zwei halben Zylinder, auf Null gesetzt werden. Die Bruchbilder der Zylinder bestehend aus zwei Zylinderhälften und die der ganzen Zylinder zeigten keinen nennenswerten Unterschied. Die an aus zwei halben Zylindern bestehenden Probekörpern ermittelte Spaltzugfestigkeit betrug 75 % des an ganzen Zylindern bestimmten Versuchswertes. Somit legten HANNANT et al. die Vermutung nahe, dass ein Großteil der Belastung zur Überwindung des Widerstands bei der Ausbildung des keilförmigen Ausbruchs unter der Lasteinleitung benötig wird. Folglich kann nur ein geringerer Lastanteil mit der in der Probekörpermitte vorherrschenden Zugspannung in Verbindung gebracht werden, so dass die Gültigkeit der Formel zur Ermittlung der Spaltzugfestigkeit (siehe Gleichung 2-8) in Frage gestellt wurde.

2.2.5 Zusammenfassende Anmerkungen zu den beschriebenen Grundlagen im Spaltzugversuch

Zusammenfassend lassen sich folgende Abweichungen zwischen den zur Herleitung der Formel zur Ermittlung der Spaltzugfestigkeit $f_{ct,sp}$ (siehe Gleichung 2-8) vorausgesetzten Annahmen und den tatsächlich vorhandenen Randbedingungen im Spaltzugversuch eines Probekörpers aus Beton feststellen:

(1) Der Werkstoff Beton, bestehend aus einem Mehrphasensystem aus Gesteinskörnung und Zementsteinmatrix, behaftet mit Fehlstellen, wie z. B. Rissen, Poren etc., kann nicht als homogen betrachtet werden.

(2) Beton weist nichtlinear elastische Eigenschaften auf. Mit steigender Belastung, also mit zunehmenden Spannungen, nimmt der Elastizitätsmodul ab. Folglich sind die Dehnungen und Spannungen nicht proportional zueinander. Somit verliert das Hook'sche Gesetz seine Gültigkeit.

(3) Die Lasteinleitung in den Probekörper erfolgt durch eine Linienbelastung anstatt durch eine Einzellast. Es konnte zwar gezeigt werden, dass der hieraus resultierende Einfluss auf die Größe der horizontalen Normalspannung im Mittelpunkt der Probe nur ab einem Verhältnis $b/D \geq 0{,}1$ von Bedeutung ist. Der Bereich aber, in dem die horizontalen Spannungen einen konstanten Wert

annehmen, verringert sich mit zunehmendem b/D-Verhältnis deutlich (siehe Abbildung A1-1).

(4)   Die Herleitung der Spannungsfunktionen in einem Spaltzugprobekörper wurde als zweidimensionales Problem gelöst, indem eine schmale Scheibe des halbunendlichen Kontinuums, welche sich in einem ebenen Spannungszustand befindet, betrachtet wurde. Aus diesem Grund eignet sich die Theorie nur für kurze Probekörper (L << D), bei denen von einem ebenen Spannungszustand ausgegangen werden kann. Lange Probekörper, wie z. B. jene gemäß der japanischen Norm JIS A 1113, in der eine Mindestlänge $L \geq D$ vorschrieben ist (vgl. [4]) oder der DIN EN 12390-6 $D = 2L$, befinden sich hingegen in einem ebenen Dehnungszustand.

Wie in Abschnitt 2.2.3 erläutert, reagiert der Beton mit zunehmender Betondruckfestigkeit immer empfindlicher gegenüber einem zweiaxialen Druck-Zugspannungszustand. Inwieweit dies einen Einfluss auf die Größe der Spaltzugfestigkeit $f_{ct,sp}$ bzw. die Rissbildung im Spaltzugprobekörper hat, bedarf eingehender Untersuchungen.

2.3   Einflussfaktoren auf die Spaltzugfestigkeit

Die Spaltzugfestigkeit, wie auch andere Festbetonkennwerte, stellt lediglich eine vom angewandten Prüfverfahren abhängige Bezugsgröße dar. Um unterschiedliche Kennwerte miteinander vergleichen zu können, ist die Kenntnis der Einflussparameter auf die Größe dieser Kennwerte erforderlich. Diese lassen sich wie folgt in drei Kategorien unterteilen:

(1)   betontechnologische Einflüsse (Wasserzementwert, Zementgehalt, Art der Gesteinskörnung, Nachbehandlung, Feuchtigkeitszustand, Temperatur);

(2)   Versuchsaufbau (Probekörpergeometrie, -größe, Lasteinleitung);

(3)   zeitliche Einflüsse (Belastungsgeschwindigkeit, -geschichte, Betonalter).

Da die oben genannten Einflussparameter teilweise kombiniert auftreten, bewirken diese komplexe, nur bedingt beschreibbare Auswirkungen. Deshalb soll hier zunächst auf die jeweiligen Einflüsse der einzelnen Parameter auf die Spaltzugfestigkeit eingegangen werden.

2.3.1   Betontechnologische Einflüsse

2.3.1.1   Wasserzementwert und Zementgehalt

Der Wasserzementwert (w/z-Wert) beeinflusst die Kapillarporosität sowie den Anteil an unhydratisiertem Zementklinker im Zementstein. Ferner hat er eine Auswirkung auf den Verbund zwischen Zementsteinmatrix und Gesteinskörnung und somit auf die Festigkeit des Betons. Mit der Abnahme des w/z-Werts ist im Allgemeinen eine Steigerung der Spaltzugfestigkeit zu verzeichnen. Untersuchungen u. a. von AKAZAWA [3, 4], CARNEIRO und BARCELLOS [22], NILSSON [105] und BONZEL [16] ergaben, dass die Zunahme der Spaltzugfestigkeit mit abnehmendem w/z-Wert geringer ist als diejenige der Druckfestigkeit, aber größer als die Zunahme der Biegezugfestigkeit.

NARROW und ULLBERG [101], GRUENWALD [51] und JOOSTING [78] untersuchten den Einfluss des Zementgehalts auf die Spaltzugfestigkeit. Danach sinkt die Spaltzugfestigkeit mit abnehmendem Zementgehalt, wobei der Rückgang der Spaltzugfestigkeit im Vergleich zur Verringerung der Druckfestigkeit deutlich geringer ausfällt [16].

2.3.1.2 Wahl der Gesteinskörnungen

Die Art bzw. die Oberflächenbeschaffenheit der Gesteinskörnungen prägt den Verbund zwischen der Zementsteinmatrix und der Gesteinskörnung. Je rauer die Oberfläche der Gesteinskörnungen ist, desto stärker ist die Verzahnung zwischen Gesteinskörnung und dem Zementstein. Dies führt zu einer Erhöhung der Spaltzugfestigkeit. Die Untersuchungen von GRIEB und WERNER [50] ergaben eine um 10 bis 20 % höhere Spaltzugfestigkeit der Betone bei Verwendung von Kalksteinsplitt als bei Betonen mit runden Kiesgesteinskörnungen.

Der Einfluss des Größtkorns der Gesteinskörnung wurde u. a. von CARNEIRO und BARCELLOS [22], WALKER und BLOEM [153] und HANNANT et al. [54] untersucht. Demnach wiesen die Versuchswerte der Spaltzugprüfungen an Probekörpern aus Betonen mit unterschiedlichem Größtkorn nur geringfügige Unterschiede auf. Im Bruchbild der Probekörper konnte jedoch eine Abhängigkeit vom Größtkorn festgestellt werden. Hiernach vergrößerte sich der keilförmige Ausbruch unter der Lasteinleitung (siehe Abbildung 2-10 c und Abbildung 2-11 e) mit der Zunahme des verwendeten Größtkorns [54].

BONZEL [16] gibt eine umfangreiche Zusammenstellung der Fachliteratur, ergänzt mit eigenen Untersuchungen zum Einfluss der Gesteinskörnung auf die Größe der Spaltzugfestigkeit. Sandreiche Mischungen sowie Mischungen mit kleinerem Größtkorn (Mörtel) weisen danach bei gleichem w/z-Wert und gleichem Zementgehalt eine höhere Spaltzugfestigkeit auf.

2.3.1.3 Nachbehandlung, Feuchtigkeitszustand und Temperatur

Eine ausreichende Nachbehandlung wird benötigt, um den jungen Beton vor vorzeitiger Austrocknung zu schützen und dadurch die während der Erhärtungszeit zur Hydratation notwendige Feuchtigkeit zu sichern. Eine Austrocknung an der Oberfläche des Probekörpers kann infolge von Mikrorissbildung z. B. die Biegezugfestigkeit des Betons negativ beeinflussen.

Die Auswirkung der Nachbehandlung bzw. des Feuchtigkeitszustands auf die Spaltzugfestigkeit wurde eingehend von HANSON [56, 57] untersucht. Dabei kamen Betone mit leichter und mit normalschwerer runder Gesteinskörnung zum Einsatz. Der Rückgang des Feuchtepotenzials des Betons ergab in der Regel eine geringe Auswirkung auf die Spaltzugfestigkeit.

MITCHELL [96] ermittelte an trockenen Probekörpern höhere Spaltzugfestigkeitswerte im Vergleich zu den Messwerten des Spaltzugversuchs an feuchten Probekörpern. Das Versagen trockener Prüfzylinder trat dabei schlagartig ein.

Hohe Temperaturen beschleunigen die Erhärtung des Betons. Daher weisen derartige Betone im Prüfalter einen höheren Reifegrad auf. Demnach ist von einer Erhöhung der Spaltzugfestigkeit nach einer Temperaturbehandlung auszugehen. Untersuchungen von KOVLER et al. [82] belegen jedoch, dass versiegelte Betonproben, die bei einer Temperatur von 30 °C gelagert worden waren, geringere Spaltzugfestigkeiten aufweisen als Proben, die unter Wasser bei 20 °C gelagert worden waren. Versuchsergebnisse zur Untersuchung des Einflusses einer Temperaturbehandlung bei hohen Temperaturen auf die Spaltzugfestigkeit sind nicht bekannt.

2.3.2 Einflüsse aus dem Versuchsaufbau

2.3.2.1 Form und Gewinnung des Probekörpers

Auswirkungen der Geometrie des Probekörpers auf die Spaltzugfestigkeit wurden von NILSSON [105], SEN und DESAYI [138], SELL [137] und BONZEL [16, 17, 18] untersucht.

Abbildung 2-12 gibt einen Vergleich der ermittelten Spaltzugfestigkeit in Abhängigkeit der Geometrie des Probekörpers wieder. Im Allgemeinen kann eine gute Übereinstimmung zwischen den an Zylindern bestimmten Spaltzugfestigkeitswerten und den an Würfeln bestimmten Spaltzugfestigkeiten festgestellt werden. Die Versuche an diagonal in die Prüfmaschine eingesetzten Würfeln lieferten etwas geringere Messwerte.

BONZEL [16, 17, 18] ermittelte die Spaltzugfestigkeit an Zylindern mit D/L = 150/ 200; 300 mm und an Würfeln mit a = 200 mm. Dabei kamen Lastverteilungsstreifen aus Hartfilz wiederholt zur Verwendung. Die Lastverteilungsstreifen aus Hartfaserplatten wurden nur jeweils einmal eingesetzt. Die Versuchswerte zeigen unter Verwendung von Lasteinleitungsplatten aus Hartfilz keinen Unterschied. Mit Hartfaserplatten konnten um 10 % höhere Spaltzugfestigkeiten sowohl für Würfel als auch für Zylinder erzielt werden.

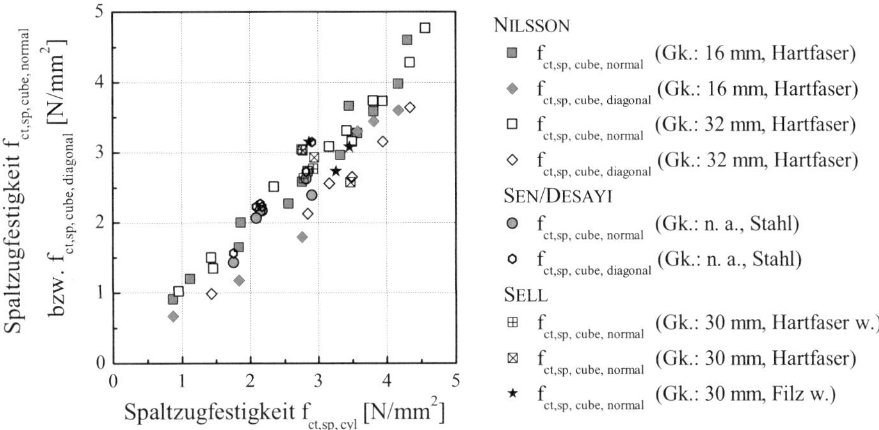

Abb. 2-12: Einfluss der Probekörpergeometrie auf die Spaltzugfestigkeit nach den Versuchsergebnissen von NILSSON [105], SEN und DESAYI [138] sowie SELL [137], wobei die Abkürzungen Gk. das verwendete Größtkorn, n. a. nicht angegeben und w. die wiederholte Verwendung des Lastverteilungsstreifens kennzeichnen

JOOSTING [78] untersuchte den Einfluss der Herstellung des Probekörpers auf die Spaltzugfestigkeit. Hierzu kamen geschalt hergestellte Zylinder mit D/L = 150/300 mm und Bohrkerne mit den selben geometrischen Abmessungen zum Einsatz. Die Spaltzugversuche ergaben geringfügig höhere Messwerte für die Bohrkerne.

2.3.2.2 Probekörpergröße

Zur Veranschaulichung des Einflusses der Länge bzw. des Durchmessers des Probekörpers auf die Spaltzugfestigkeit wurden in Abbildung 2-13 Ergebnisse zum einen für praxisübliche D/L-Verhältnisse (0,5 ≤ D/L ≤ 1) von VOELLMY [151] bzw. WRIGHT [156] und über die praxisüblichen D/L-Verhältnisse hinaus (D/L > 2) von BAŽANT et al. [12] bzw. HASEGAWA et al. [59] dargestellt.

VOELLMY verwendete Probekörper mit D = 150 mm und L = 60, 90, 120, 150, 180, 240, 300 mm. WRIGHT zog zu seinen Untersuchungen Zylinder mit D = 152,4 mm und L = 76,2, 152,4, 304,8 mm heran. VOELLMY bzw. WRIGHT konnten keine Abhängigkeit der Spaltzugfestigkeit von der Länge des Probekörpers feststellen, so dass der im Probekörper vorherrschende Spannungszustand – ein ebener Spannungszustand in kurzen (L << D) und ein ebener Dehnungszustand in langen Probekörpern (L > D) – auf die Größe der Spaltzugfestigkeit keine Auswirkung zeigte (siehe Abbildung 2-13). Mit abnehmender Probekörperlänge konnte des Weiteren eine Zunahme der Standardabweichungen beobachtet werden. VOELLMY [151] erklärte die abweichenden Messwerte bei den kurzen Probekörpern mit D/L = 2,5 mit der schlechteren Verdichtung des Frischbetons. In einem kurzen Probekörper wirken sich Inhomogenitäten und Fehlstellen des Betons stärker aus als im Falle längerer Probekörper. Auch GRIEB und WERNER [50] sowie THAULOW [144] kamen aufgrund Ihrer Untersuchungen zu der Folgerung, dass die Spaltzugfestigkeit vom D/L-Verhältnis unabhängig ist.

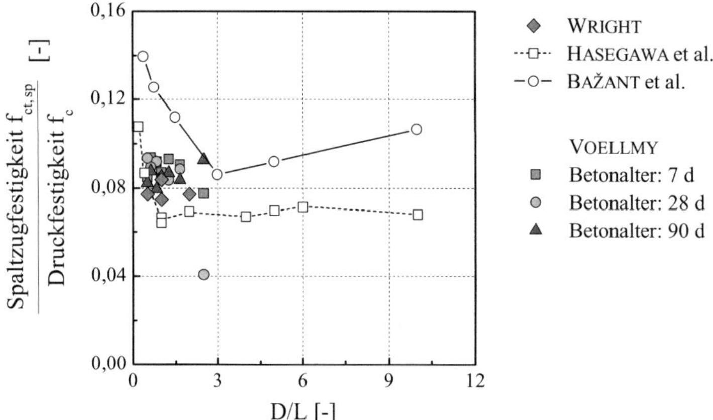

Abb. 2-13: Spaltzugfestigkeit in Abhängigkeit des D/L-Verhältnisses, für alle Versuchsergebnisse nach [12, 59, 151, 156]

Im Gegensatz zum Versuchsprogramm von VOELLMY [151] und WRIGHT [156], in dem zu einem konstant gehaltenen Durchmesser die Länge des Probekörpers variiert wurde, kombinierten BAŽANT et al. [12] eine Länge von 51 mm mit unterschiedlichen Durchmessern von 19 bis 508 mm. HASEGAWA et al. [59] verwendeten deutlich längere Probekörper mit einer Länge von 100 bis 1000 mm, wobei der Durchmesser eine Größe von 100 bis 3000 mm aufwies. Die Untersuchungen von BAŽANT et al. [12] bzw. HASEGAWA et al. [59] ergaben einen Rückgang der Spaltzugfestigkeit mit zunehmendem D/L- Verhältnis bis zu einem D/L-Verhältnis von ca. 3. Die Ergebnisse von HASEGAWA et al. [59] strebten ab diesem D/L-Verhältnis gegen einen Endwert (siehe Abbildung 2-13). Dahingegen stiegen die von BAŽANT et al. [12] ermittelten Spaltzugfestigkeiten danach wieder geringfügig an (siehe Abbildung 2-13).

Auch ROCCO et al. [124] konnten die oben beschriebene Tendenz von HASEGAWA et al. [59] beobachten. Ab einer bestimmten Probekörpergröße zeigte diese keinen Einfluss auf die Größe der Spaltzugfestigkeit.

2.3.2.3 Lastverteilungsstreifen

Lastverteilungsstreifen werden zwischen dem Probekörper und den Lasteinleitungsplatten angeordnet, um die Belastung gleichmäßig in den Probekörper einzuleiten. Der Versagensmechanismus im Spaltzugversuch hängt von den Materialeigenschaften sowie Abmessungen der Lastverteilungsstreifen ab. Diese müssen eine ausreichende Verformbarkeit aufweisen, damit auch noch die Unebenheiten der Probekörperoberflächen ausgeglichen werden können und gleichzeitig eine hinreichende Festigkeit besitzen, um eine gleichmäßige Lasteinleitung während der gesamten Versuchsdauer sicherzustellen.

Zur Durchführung von Spaltzugversuchen werden als Lastverteilungsstreifen unterschiedliche Materialien, wie z. B. Pappkarton [96, 144], Kork [96], Holzfaser [16, 137], Sperrholz [137], Holz, Gummi [137, 140], Stahl [96, 156], Messing [151], Rohleder [51] etc. verwendet.

Im Allgemeinen sind Gummi, Sperrholz oder Kork lediglich zur Prüfung normalfester Betone geeignet [137, 140, 156]. Die Prüfergebnisse von SPOONER [140] sowie WRIGHT [156] mit Lastverteilungsstreifen aus Stahl führten zu 15 % niedrigeren Werten und größeren Standardabweichungen als bei der Verwendung von Sperrholz.

Die DIN EN 12390-6 sieht Lastverteilungsstreifen aus Hartfaserplatten nach DIN EN 316 mit einer Dichte größer als 900 kg/m^3 und mit einer Breite b = 10 ± 1 mm, einer Dicke t = 4 ± 1 mm und einer Länge, die größer ist als die Kontaktlinie zum Probekörper, vor. Ferner dürfen die Lastverteilungsstreifen aus Hartfaserplatten nur einmal verwendet werden.

In Bezug auf die Breite der Lastverteilungsstreifen wird in der Fachliteratur ein breites Spektrum an Werten angegeben. Die Prüfergebnisse von MITCHELL [96] bzw. WRIGHT [156] zeigten aus der Breite der Lastverteilungsstreifen auf die Größe der Spaltzugfestigkeit zwar keinen Einfluss, die Probekörper wiesen jedoch unterschiedliche Versagensbilder auf.

2.3.3 Zeitliche Einflüsse

2.3.3.1 Belastungsgeschwindigkeit

Es ist bekannt, dass die Größe der Festbetonkennwerte von der Versuchsgeschwindigkeit abhängt. Mit steigender Belastungsgeschwindigkeit kann eine Festigkeitszunahme erzielt werden. Eine ausführliche Erklärung dieses Sachverhalts bei der Ermittlung der einaxialen Zugfestigkeit f_{ct} ist in [94] gegeben.

Durch den im Probekörper vorherrschenden komplexen Spannungszustand im Spaltzugversuch beeinflusst die Belastungsgeschwindigkeit nicht nur die Größe der Spaltzugfestigkeit, sondern auch den Versagensmechanismus. TEDESCO et al. [143] führten Spaltzugversuche mit einer Dehnungsrate von 10^{-7} bis 10^2 1/s durch. Danach konnte bei höheren Dehnungsraten eine zum Versagen führende sekundäre Rissbildung beobachtet werden. Dahingegen versagten die Probekörper, die mit einer niedrigen Dehnungsrate belastet worden waren, durch das Ausbreiten eines Makrorisses. Auch ein keilförmiger

Ausbruch unter der Lasteinleitung war im Gegensatz zu den Versuchen mit hoher Dehnungsrate nicht zu beobachten.

Die DIN EN 12390-6 regelt die Belastung im Spaltzugversuch mit einer konstanten Versuchsgeschwindigkeit von 0,04 bis 0,06 N/(mm²s). Diese Größenordnung stimmt mit der Empfehlung von BONZEL [16] überein. Nach BONZEL sind Prüfgeschwindigkeiten zur Durchführung einer Spaltzugfestigkeitsprüfung zwischen 0,0167 und 0,05 N/(mm²s) geeignet.

2.3.3.2 Betonalter

Die Untersuchungsergebnisse von u. a. AKAZAWA [4], CARNEIRO und BARCELLOS [22], GRIEB und WERNER [50], NARROW und ULLBERG [101] sowie VOELLMY [151] zeigten, dass die Zunahme der Spaltzugfestigkeit im Alter von 7 bzw. 14 Tagen höher war als diejenige der Druckfestigkeit. Dahingegen konnte im späteren Betonalter, ab 28 Tagen, ein höherer Druckfestigkeitszuwachs im Vergleich zur Zunahme der Spaltzugfestigkeit beobachtet werden [17]. Untersuchungen von HEILMANN et al. [61] belegen eine stets höhere Zunahme der Zug- bzw. Biegezugfestigkeit mit der Zeit als die Druck- sowie Spaltzugfestigkeiten, wobei die Spaltzugfestigkeit im Vergleich zu der Druckfestigkeit langsamer ansteigt.

2.3.4   Folgerungen für die eigenen Untersuchungen

In der gesichteten Literatur lagen zahlreiche Beispiele zum Einfluss aus betontechnologischen Maßnahmen sowie aus dem Versuchsaufbau auf die Größe der Spaltzugfestigkeit vor. Hierbei wurden die Auswirkungen einzelner Einflussfaktoren untersucht. Es fehlen jedoch systematische Untersuchungen, welche nicht nur zu quantitativen Aussagen über die Größe der Spaltzugfestigkeit, sondern auch zu qualitativen Erkenntnissen zum Bruchvorgang im Probekörper beim Spaltzugversuch führen.

Die Abhängigkeit der Spaltzugfestigkeit bzw. des Materialverhaltens im Spaltzugversuch von der Gesteinskörnung – Kies, Splitt – soll daher in dieser Arbeit untersucht werden. Ferner soll der Einfluss der Probekörpergeometrie und der Gewinnung des Probekörpers – Bohrkerne bzw. Probekörper, die separat in Schalung hergestellt wurden – geklärt werden. Um dem veränderlichen Materialverhalten des Betons infolge einer Spaltzugbeanspruchung Rechnung zu tragen, sollen ferner Spaltzuguntersuchungen an Betonen unterschiedlicher Festigkeitsklassen durchgeführt werden.

2.4 Modelle zur Beschreibung des Tragverhaltens im Spaltzugversuch

Wie in Abschnitt 2.2.1 ausführlich erläutert, können zur Beschreibung des Tragverhaltens im Spaltzugversuch neben der Elastizitätstheorie u. a. die Plastizitätstheorie, bruchmechanische sowie probabilistische Konzepte, aber auch analytische Modelle herangezogen werden.

Eine bruchmechanische Charakterisierung des Tragverhaltens von Beton im Spaltzugversuch setzt eine Verwendung von Materialmodellen voraus, welche die Rissbildung bzw. -ausbreitung berücksichtigen. Hierzu wurden die ersten Konzepte auf der Grundlage der linear elastischen Bruchmechanik (LEBM) erarbeitet und später für die Modelle der nichtlinear elastischen Bruchmechanik (NLBM) weiterentwickelt. Eine ausführliche Zusammenstellung sowie Gegenüberstellung der Konzepte der LEBM sowie der NLBM zur Beschreibung der Rissentwicklung im Beton werden u. a. in [80, 94] gegeben. Im Rahmen dieser Arbeit werden zunächst analytische und anschließend numerische Methoden in Bezug auf die Ermittlung der Spaltzugfestigkeit kurz dargelegt und anhand von Anwendungsbeispielen veranschaulicht.

2.4.1 Analytische Methoden

Die analytischen kontinuumsmechanischen Modelle zur Beschreibung des Tragverhaltens im Spaltzugversuch lassen sich in folgende Kategorien unterteilen:

(1) Die Spannungsverteilung im Spaltzugversuch kann nach einer geschlossenen bzw. graphischen Lösung ermittelt werden.

(2) Das Tragverhalten wird unter Berücksichtigung der Probekörpergröße bestimmt.

Bei der ersten Kategorie wird von einem linear elastischen oder ideal plastischen Materialverhalten ausgegangen. Bei den Betrachtungen der zweiten Kategorie wird eine möglichst realitätsnahe Nachbildung des Werkstoffs Beton angestrebt. Diese Konzepte erfordern zusätzlich zu den üblichen Festbetonkennwerten (f_c, f_{ct}, E etc.) in bruchmechanischen Versuchen ermittelte Parameter.

2.4.1.1 Allgemeine, geschlossene Lösungen

Die Spannungsverteilung im Spaltzugversuch unter Annahme eines **linear elastischen** Materials wurde in Abschnitt 2.2.1 ausführlich erläutert.

Eine **ideal plastische Lösung** gibt NIELSEN [103] auf der Grundlage der Herleitungen nach CHEN et al. [31, 29, 30] an. Nach dem Modell von CHEN und DRUCKER [31] tritt das Versagen in dem in vier starre Teilstücke unterteilten Spaltzugprobekörper entlang der Gleitebenen ein, wie in Abbildung 2-14 dargestellt. Danach verschieben sich die gegenüberliegenden keilförmigen Teilstücke des Probekörpers vertikal aufeinander zu und die Halbzylinder horizontal voneinander weg. Dem Beton wurde hierbei eine modifizierte Bruchhypothese nach Mohr-Coulomb zugrunde gelegt, wobei die Bruchbedingung mit dem Reibungswinkel φ und mit der Kohäsion c definiert ist.

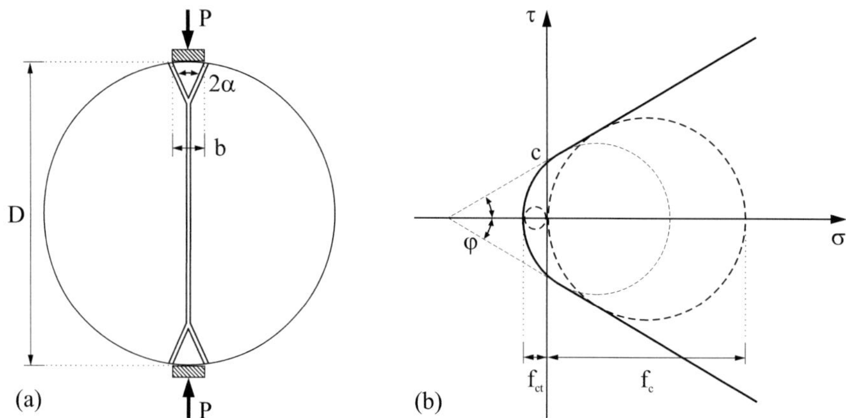

Abb. 2-14: Idealisiertes Versagensbild nach CHEN [29] (a) und für Beton angewendete modifizierte Bruchhypothese nach Mohr-Coulomb (b)

Die Lösung für die Spannungsverteilungen nach der Grenzlinienmethode wurde von IZBICKI [73] erarbeitet. Nach einer unteren Grenzwertanalyse weist ein zylindrischer Probekörper im ebenen Dehnungszustand somit eine maximale Tragfähigkeit nach Gleichung 2-10 auf.

$$P_{max} = b \cdot f_{ct}\left[\frac{D}{b}\tan(2\alpha + \varphi) - 1\right] \tag{2-10}$$

Hierbei sind b die Breite der Lastverteilungsstreifen und D der Zylinderdurchmesser. Für α gilt die Gleichung 2-11 nach [108].

$$\cos\alpha = \tan\varphi + \frac{1}{\cos\varphi}\sqrt{1 - \frac{\dfrac{D}{b}\cos\varphi}{\dfrac{f_c}{f_{ct}}\dfrac{1-\sin\varphi}{2} - \sin\varphi}} \tag{2-11}$$

Werden zum Beispiel für einen Standardprüfzylinder aus normalfestem Beton der Reibungswinkel $\varphi = 30°$ sowie $f_c/f_{ct} = 10$ herangezogen, so nehmen die maximalen horizontalen Zugspannungen in der Symmetrieachse der Probekörper nach CHEN [29] eine Größe von $0,548P/(LD) \approx 2P/(\pi LD)$ an. Dies entspricht ungefähr der Lösung nach der Elastizitätstheorie (vgl. Gleichung 2-8).

OLESEN et al. entwickelten ein einfaches Modell zur Nachbildung des Spaltzugversuchs auf der Grundlage eines Fachwerkmodells in [108, 111] (siehe Abbildung 2-15 a). Die horizontalen Stäbe des Fachwerks wurden hierbei jedoch durch das von OLESEN [107] entwickelte so genannte **Hinge Model** (Scharniermodell) ersetzt (siehe Abbildung 2-15 b). Das Hinge Model erlaubt für einen prismatischen Körper eine analytische Lösung zur Beurteilung des Rissfortschritts mit Hilfe der Normalkraft N und dem Moment M (siehe Abbildung 2-15 c).

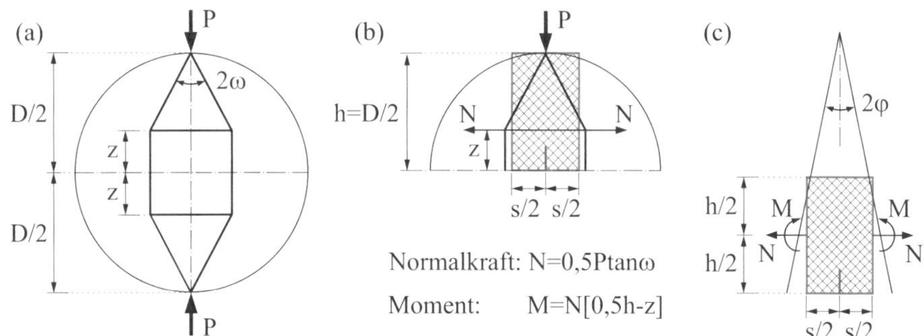

Abb. 2-15: Schematische Darstellung des Hinge Models nach [108]. (a) Fachwerkmodell; (b) Übertragung des Hinge-Elements auf den Spaltzugversuch; (c) belastetes Scharnierelement

Das Entfestigungsverhalten basiert dabei auf dem Fictitious Crack Model (siehe Anhang A1.6) mit einer bilinearen Beziehung (vgl. Abbildung A1-9). Ferner besteht das Hinge Model aus voneinander unabhängigen Streifen, so dass die Schubsteifigkeit des Scharniers vernachlässigt werden kann. Um eine lineare Wechselwirkung zwischen oberer und unterer Zylinderhälfte zu gewährleisten, wird eine Drehfeder mit einer Steifigkeit K_e eingeführt. Diese wirkt der Verdrehung φ des Scharnierelements entgegen.

Die praktische Anwendbarkeit des Hinge Models wird allerdings eingeschränkt. Zum einen soll die Federsteifigkeit K_e mit Hilfe von FE-Untersuchungen ermittelt werden. Zum anderen soll der Winkel ω so gewählt werden, dass die Spannung, welche im Hinge Model zur Rissbildung führt, mit der Spannung nach der Elastizitätstheorie übereinstimmt. Bei dieser Berücksichtigung soll die Breite des Lastverteilungsstreifens gemäß der Formulierung nach TANG (vgl. Gleichung 2-9) herangezogen werden. Demnach soll die horizontale Zugspannung in der Mitte des Probekörpers der einaxialen Zugfestigkeit entsprechen ($f_{ct,sp,Tang}$=) $\sigma_{vx,Tang} = f_{ct}$. Der festigkeitsreduzierende Effekt des zweiachsigen Druck-Zugspannungszustandes wird somit vernachlässigt (vgl. Abbildung 2-9). Einen weiteren Schwachpunkt stellt die Aufbringung der Last dar. Das Fachwerkmodell geht von einer Punktlast und nicht von einer Linienbelastung aus. Ferner kann hinsichtlich des angewendeten Materialgesetzes bemängelt werden, dass die begrenzte Druckfestigkeit des Betons im Hinge Model nicht berücksichtigt wird.

2.4.1.2 Modelle zur Beschreibung der Abhängigkeit des Betontragverhaltens von der Probekörpergröße im Spaltzugversuch

Untersuchungen in den letzten Jahrzehnten verdeutlichen, dass die Abhängigkeit der Festigkeit des Betons von der Probekörpergröße – der so genannte Size Effect – primär auf die Größe der Bruchprozesszone im Betonprobekörper zurückzuführen ist. Die Bruchprozesszone ist ein sich um die Rissspitze ausbreitender Bereich, der bei der Rissinitiierung gebildet wird (vgl. Abbildung A1-3). Obwohl der Beton in diesem Gebiet Makro- bzw. Mikrorisse aufweist, können diese dennoch über die Rissflanken weiterhin Spannungen übertragen. Die Größe der Bruchprozesszone hängt vom Größtkorn sowie von der Sprödigkeit des Betons ab.

Konzepte der nichtlinear elastischen Bruchmechanik (NLBM), wie z. B. das Two Parameter Model von Jenq und Shah [77], das Size Effect Law (SEL) von Bažant et al. [12], das Multifractal Scaling Law (MFSL) von Carpinteri et al. [23] sowie probabilistische Vorhersagemodelle wie z. B. die Highly Stressed Volume (HSV) Methode von Torrent und Brooks [147] geben Aufschluss über die Auswirkung des Size Effects auf die Festigkeit von Bauteilen aus Beton im Allgemeinen, aber auch für den Spezialfall im Spaltzugprobekörper. Hierbei wird die Rissentwicklung bzw. das Bruchverhalten im Beton auf makroskopischer Ebene betrachtet, so dass der Werkstoff Beton als homogenes Kontinuum berücksichtigt wird [155]. Die oben genannten Ansätze sind in Anhang A1.5 zusammenfassend dargestellt.

2.4.2 Numerische Methoden

Die Leistungsfähigkeit der gegenwärtigen Rechentechnik unterstützt eine immer präzisere Analyse des Trag-, Verformungs- sowie Rissverhaltens von Betonbauteilen mit Hilfe numerischer Methoden. Hierzu wird vorwiegend die Methode der Finiten Elemente (FEM) herangezogen (Näheres siehe u. a. in [9]). Die Wahl der Elementgeometrie bzw. des Elementtyps, des FE-Netzes, des Integrationsschemas sowie des Materialgesetzes spielen in den FE-Berechnungen eine wesentliche Rolle. Bei weitgehend spröden Werkstoffen, wie dies bei Beton der Fall ist, soll auch die Modellierung des Nachbruchverhaltens in die numerischen Untersuchungen Eingang finden. Die am häufigsten verwendeten Konzepte zur Berücksichtigung des Entfestigungsverhaltens von Beton sind daher im Überblick in Anhang A1.6 dagestellt.

Zur numerischen Untersuchung des Spaltzugverhaltens von Betonen sollen in gegenwärtigem Abschnitt Modelle hinsichtlich des strukturellen Aufbaus des Betons aufgezeigt werden. Diese können in drei Betrachtungsebenen – Makro-, Meso- und Mikroebene – kategorisiert werden. Auf der Makroebene wird der Werkstoff Beton als homogenes Kontinuum abgebildet. Eine Betrachtung auf der mesoskopischen Ebene erlaubt die Berücksichtigung der Heterogenität des Betons. Da die charakteristische

Größenordnung hierbei 10^{-5}-10^{-3} m beträgt, können Zementsteinmatrix, Gesteinskörnung und Verbundzone unterschiedliche Materialeigenschaften zugrunde gelegt werden. Auf der Mikroebene können die Struktur bzw. der Aufbau der Zementphasen – die betrachtete Größenordnung beträgt $<10^{-6}$ m – sowie die unterschiedlichen Poren im Betongefüge modelliert werden.

Makro- bzw. mesoskopische Modelle erwiesen sich als hinreichend gut, um Versagensmechanismen im Beton zu simulieren. Daher wird hier auf eine detaillierte Beschreibung mikroskopischer Modelle verzichtet.

2.4.2.1 Simulation des Spaltzugversuchs auf der Makroebene

Häufig ziehen Autoren aus Gründen der Symmetrie nur ein Viertel des Spaltzugprobekörpers [34, 39, 89, 111, 124, 158] oder den halben Zylinder [28, 115, 133] zu numerischen Untersuchungen heran. Eine Modellierung des ganzen Zylinders wurde u. a. in [32, 131] realisiert.

Ohne den Anspruch auf Vollständigkeit soll hier lediglich der hauptsächliche Unterschied in den numerisch ermittelten Versagensmechanismen dargelegt werden. In den Simulationen mit vordefinierter Bruchstelle in Form eines Risses in der Probekörpermitte [115, 158] konnte eine Rissbildung von dieser Schwachstelle aus in Richtung der Lasteinleitung beobachtet werden. Auch die numerischen Untersuchungen von ØSTERGAARD [111] zeigten ein ähnliches Versagensbild, wobei hier ein möglicher Risspfad in der vertikalen Symmetrieachse mit Hilfe von Interfaceelementen definiert wurde. Die Interfaceelemente verfügten dabei über die Eigenschaften einer Feder. Ein weiteres Beispiel für die vorhin geschilderte Rissaufweitung bieten die Simulationen von ROCCO et al. [124]. Auch hier wurde der Risspfad im Vorfeld festgelegt.

Dahingegen ging eine Rissöffnung in den FE-Berechnungen von CHOINSKA et al. [32] ungefähr von einem Drittel bzw. zwei Dritteln der Höhe des zylindrischen Probekörpers aus. Die Risse schlossen sich in der Probekörpermitte und weiteten sich in Richtung der Lasteinleitung aus. Die Simulationen von LIN und WOOD [89] ergaben eine noch höher bzw. tiefer liegende Rissinitiierung (siehe Abbildung 2-16). Das Versagen konnte demnach im obersten bzw. untersten Viertel des Probekörpers im Bereich der vertikalen Symmetrieachse beobachtet werden (siehe Abbildung 2-16, a). Die Risse breiteten sich anschließend in Richtung der Probekörpermitte aus (siehe Abbildung 2-16, b und c).

Ferner ergaben die unter Verwendung der Finiten Streifen Methode durchgeführten Studien Aufschluss über den Einfluss der Betondruckfestigkeit sowie der Breite der Lastverteilungsstreifen auf das Spaltzugverhalten des Betons.

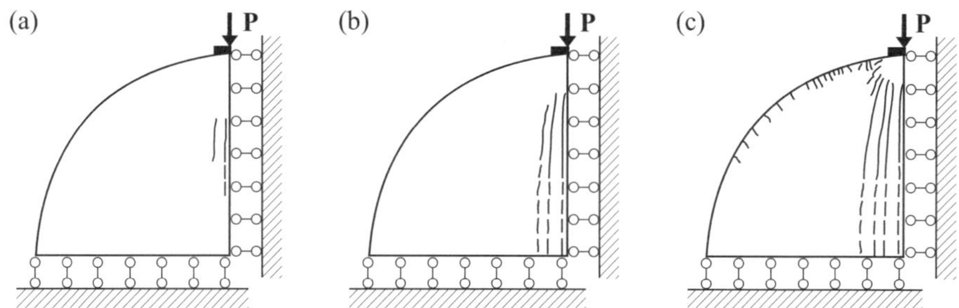

Abb. 2-16: Rissentwicklung im numerischen Spaltzugversuch nach LIN und WOOD [89]

Die dreidimensionalen FE-Untersuchungen von RUIZ et al. [131] verschafften einen Einblick in das Probekörperinnere während eines dynamischen Spaltzugversuchs. Trotz hoher Belastungsgeschwindigkeiten öffneten sich die ersten Risse im oberen und unteren Drittel des Probekörpers und weiteten sich nach einem Zusammenschluss in der Probekörpermitte in Richtung der Lasteinleitung auf. Infolge des höheren Spannungsniveaus ging eine Rissbildung von den Stirnflächen aus und schritt in Richtung der Mitte des Probekörpers voran.

2.4.2.2 Simulation des Spaltzugversuchs auf der Mesoebene

Die mesoskopischen Modelle zur Untersuchung des Betontragverhaltens lassen sich in zwei Gruppen unterteilen. Der ersten Gruppe gehören Modelle an, welche die für diese Betrachtungsebene charakteristischen Betonphasen – Zementsteinmatrix, Gesteinskörnung und Kontaktzone – mit Hilfe von Kontinuumselementen nachbilden. Oft wird die Kontaktzone anhand von Interfaceelementen realisiert, wobei diese die möglichen Risspfade darstellen. Folglich wird eine Rissaufweitung durch die Gesteinskörnung nicht möglich. Somit beschränkt sich diese Formulierung auf die Simulation normalfester Betone mit Kiesgesteinskörnung.

Eine weitere Möglichkeit zur numerischen Nachbildung des Betons auf der Mesoebene bietet die Gruppe der Lattice-Modelle. Die ersten Ansätze der Lattice-Modelle basieren auf Fachwerkmodellen [69], wobei die Lattice Elemente (Fachwerk-)Stäbe bilden. Der Beton kann als heterogenes Zwei- oder Dreiphasensystem berücksichtigt werden, indem den Balkenelementen der Elastizitätsmodul bzw. die Biegesteifigkeit sowie die Festigkeit der jeweiligen Phase – Zementsteinmatrix, Gesteinskörnung, Verbundzone – zugeordnet werden.

Eine Übersicht über die umgesetzten mesoskopischen Modelle zur numerischen Nachbildung des Spaltzugversuchs ist in Anhang A1.7 gegeben.

2.4.3 Schlussfolgerungen

Wie in Abschnitt 2.2.4 dargelegt, spielt die Belastung – Belastungssteuerung sowie die Breite und das Material der Lastverteilungsstreifen – eine erhebliche Rolle im Spaltzugversuch. Die gesichtete Literatur enthält keine genauen Angaben zur numerischen Lösung des Kontakts zwischen Lastverteilungsstreifen und Probekörper. Auch die implementierten Materialeigenschaften der Lastverteilungsstreifen werden oft nicht genannt. Somit ist eine eindeutige Interpretation der numerischen Ergebnisse sowie die Interpretation der Versagensbilder nicht möglich.

Die Konzepte des diskreten Risses oder die Definition des Risspfades anhand von Interfaceelementen beeinflussen den Versagensmechanismus beim Spaltzugversuch. Auch das Modellieren eines hochfesten Betons, mit einer eventuellen Rissentwicklung durch die Gesteinskörnungen, ist unter Verwendung dieser Modelle nicht realisierbar. Daher soll von den vorgestellten Konzepten des verschmierten Risses das Crack Band Model den numerischen Untersuchungen der vorliegenden Arbeit zugrunde gelegt werden. Hierdurch ist eine Modellierung auf der Makroebene möglich, wobei die bruchmechanischen Kennwerte in experimentellen Untersuchungen zu ermitteln sind. Auch eine Auswirkung von geometrischen Randbedingungen sollte ausgeschlossen werden. Daher wurde als numerisches Modell der volle Querschnitt des Probekörpers betrachtet.

2.5 Auswirkung der Betondruckfestigkeit auf die Spaltzug- bzw. einaxiale Zugfestigkeit

Im vorherigen Kapitel sind diverse Einflussfaktoren auf die Spaltzugfestigkeit genannt und deren Auswirkung auf die Größe der Spaltzugfestigkeit dargelegt worden. Mit zunehmender Betondruckfestigkeit geht eine signifikante Änderung des Materialverhaltens einher. Die Zielsetzung der vorliegenden Arbeit ist die Herleitung einer von der Betondruckfestigkeit abhängigen Umrechnungsformel, um die einaxiale Zugfestigkeit f_{ct} aus der Spaltzugfestigkeit $f_{ct,sp}$ ermitteln zu können. Um dieser Umrechnung eine physikalische Begründung zugrunde legen zu können und eine Herleitung nicht nur auf empirischer Basis zu gestalten, soll hier auch auf die Wechselwirkung zwischen der Druckfestigkeit und der Zug- bzw. Spaltzugfestigkeit eingegangen werden.

2.5.1 Abhängigkeit der Spaltzug- bzw. einaxialen Zugfestigkeit von der Druckfestigkeit

Die Beziehung zwischen Druckfestigkeit und Spaltzug- sowie einaxialer Zugfestigkeit wird häufig in der Form gemäß Gleichung 2-12 angegeben.

$$f_{ct,sp} = k_{i,sp} \cdot f_c^{p_{i,sp}}$$

$$\text{bzw. } f_{ct} = k_{i,ct} \cdot f_c^{p_{i,ct}}$$

$$(2\text{-}12)$$

Die Konstanten $k_{i,sp}$, $k_{i,ct}$, $p_{i,sp}$ und $p_{i,ct}$ sind mit Hilfe einer Regressionsanalyse zu bestimmen. Zur Unterscheidung wird für den Index i der Anfangsbuchstabe des jeweiligen Autors eingesetzt. Der nicht dimensionsreinen Natur der Gleichung 2-12 wird mit der ggf. notwendigen Umrechnung der Konstanten Rechnung getragen, damit die jeweiligen Festigkeiten in der Einheit N/mm² angegeben werden können. Bei einer Umrechnung der Betondruckfestigkeit f_c in die Spaltzugfestigkeit beträgt die Größe der Konstante $k_{i,sp}$ in der Regel 0,272 bis 2,172, die von $p_{i,sp}$ 0,5 bis 0,735 (u. a. in [5, 7, 16, 110, 116, 138, 160]. Zur Ermittlung der einaxialen Zugfestigkeit kommen für $k_{i,ct}$ Werte zwischen 0,325 und 0,97, für $p_{i,ct}$ 0,44 bis 0,67 zur Anwendung (u. a. [1, 7, 25, 117, 160, 162]). Die stark schwankenden Werte für die jeweiligen Konstanten resultieren z. B. aus dem Einfluss der unterschiedlichen Probekörperabmessungen, Versuchsgeschwindigkeiten oder Nachbehandlungsmaßnahmen.

Die von HEILMANN [60] angegebenen Zusammenhänge zwischen Druck- und Spaltzug- sowie Zugfestigkeiten (Gleichung 2-13) greifen bezüglich der Formulierung auf die Gleichung 2-12 zurück.

$$f_{ct,sp} = k_{H,sp} \cdot f_{c,cube,200}^{2/3}$$

$$\text{bzw. } f_{ct} = k_{H,ct} \cdot f_{c,cube,200}^{2/3}$$

$$(2\text{-}13)$$

Hierbei können aus der Würfeldruckfestigkeit $f_{c,cube,200}$ sowohl die einaxiale Zugfestigkeit f_{ct} als auch die Spaltzugfestigkeit $f_{ct,sp}$ berechnet werden. Bei der Ermittlung der einaxialen Zugfestigkeit f_{ct} beträgt der Beiwert $k_{H,ct}$ im Mittel (im Folgenden: i. M.) 0,24, der untere Grenzwert von $k_{H,ct}$ liegt bei 0,17, der obere bei 0,32. Zur Berechnung der Spaltzugfestigkeit $f_{ct,sp}$ kann für $k_{H,sp}$ im Mittel 0,27, als untere Grenze 0,22 und als obere Grenze 0,32 eingesetzt werden. Die Ober- bzw. Untergrenzwerte stellen hierbei ungefähr das 5%-Quantil dar [60]. Ferner steht $f_{c,cube,200}$ für die Würfeldruckfestigkeit nach der damals gültigen Norm DIN 1045 (d. h. 7 Tage Nasslagerung und anschließend bis zum Prüftermin Trockenlagerung bei 20 °C). Die Grundlage für die empirisch hergeleiteten Formeln bildete eine aus eigenen Messwerten zusammengestellte Datenbank, die mit Versuchsergebnissen aus der Fachliteratur ergänzt wurde. Hierbei mussten die Messwerte der jeweiligen Druckfestigkeitsuntersuchungen in die entsprechende Würfeldruckfestigkeit $f_{c,cube,200}$ umgerechnet werden. Die Spaltzugfestigkeiten der Datenbank wurden an zylindrischen Probekörpern mit D/L = 150/300 mm ermittelt. Die Zugfestigkeiten rührten aus Zugversuchen mit Probekörpern unterschiedlicher Form und Abmessungen.

Zur Veranschaulichung der Abhängigkeit der Spaltzug- bzw. der einaxialen Zugfestigkeit von der Druckfestigkeit wurden für Abbildung 2-17 Messwerte aus der Literatur zusammengetragen. Um einen direkten Vergleich zu ermöglichen, wurden die Messwerte der Druckfestigkeit, falls ursprünglich anders angegeben, in Zylinderdruckfestigkeiten $f_{c,cyl}$ mit einem Durchmesser von D = 150 mm unter Berücksichtigung einer Unterwasserlagerung gemäß Tabelle A1-1 umgerechnet. Als Funktionsgleichung ist die jeweilige mittlere Beziehung (i. M.) nach HEILMANN [60] dargestellt. Durch die festigkeitsabhängigen Umrechnungsfaktoren weist die Funktionsgleichung nach HEILMANN [60] bei einer Zylinderdruckfestigkeit von 55 N/mm² (C55/67) keinen stetigen Kurvenverlauf auf (vgl. Tabelle A1-1 und Abbildung 2-17).

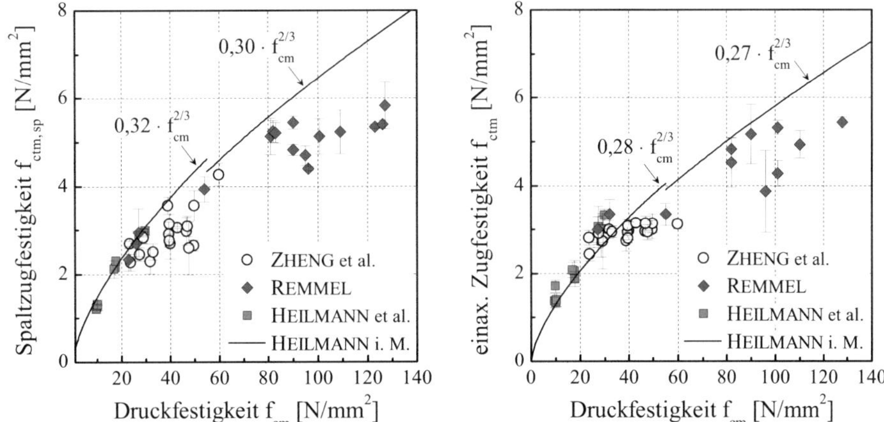

Abb. 2-17: Abhängigkeit der Spaltzug- (links) bzw. einaxialen Zugfestigkeit (rechts) von der Druckfestigkeit nach [60, 61, 162] bzw. nach den Versuchsergebnissen von REMMEL [120]

Die Beziehung zwischen Druck- und einaxialer Zugfestigkeit fand in der Form nach Gleichung 2-14 auf den Vorschlag von HEILMANN in die im Jahr 1988 erarbeitete Norm, DIN 1045, Eingang (siehe [135]). Die charakteristische Druckfestigkeit $f_{ck,cube,200}$ – damals als Nennfestigkeit bezeichnet – wurde hierbei an Würfeln mit einer Kantenlänge von 200 mm nach 7 Tagen nasser und anschließend bis zum Prüftermin trockener Lagerung bei 20 °C ermittelt.

$$f_{ctm} = 0,3 \cdot f_{ck,cube,200}^{2/3} \qquad (2\text{-}14)$$

Der im Model Code 1990 [27] verankerte Zusammenhang ist in einer ähnlichen Form angegeben (siehe Gleichung 2-15).

$$f_{ctm} = f_{ctko,m} \cdot \left[\frac{f_{ck}}{f_{cko}} \right]^{2/3} \qquad (2\text{-}15)$$

Hierbei können für $f_{ctko,m}$ 1,4 N/mm², für f_{cko} 10 N/mm² und für f_{ck} die charakteristische Zylinderdruckfestigkeit eingesetzt werden.

HEILMANN untersuchte in den 1960er Jahren Normalbetone mit einer Würfeldruckfestigkeit von bis zu 36 N/mm². Seine Messwerte bildeten eine Datenbank, die er, ergänzt um Literaturwerte von Betonen mit einer Würfeldruckfestigkeit von bis zu 60 N/mm², seinen Herleitungen zugrunde legte. Die Beziehung von HEILMANN zwischen Druck- und Zugfestigkeit (Gleichung 2-14) gilt dementsprechend, wie von SCHIEßL in [135] angemerkt, lediglich für normalfeste Betone und führt im Falle heute eingesetzter hochfester Betone zur Überschätzung der Zugfestigkeit (vgl. Abbildung 2-17, rechts und Abbildung 2-18). Dies konnte anhand der experimentellen Untersuchungen von REMMEL [83, 120] belegt werden. REMMEL schlug eine logarithmische Formulierung (siehe Gleichung 2-16) für die Beziehungen zwischen Druckfestigkeit und Spaltzug- bzw. einaxialer Zugfestigkeit vor.

$$f_{ctm,sp} = k_{R,sp} \cdot \ln\left[1 + \frac{f_{cm}}{10 \text{ N/mm}^2}\right]$$

$$\text{bzw. } f_{ctm} = k_{R,ct} \cdot \ln\left[1 + \frac{f_{cm}}{10 \text{ N/mm}^2}\right]$$

(2-16)

Hierbei gibt f_{cm} die mittlere Zylinderdruckfestigkeit an. Danach kann die mittlere Spaltzugfestigkeit $f_{ctm,sp}$ mittels eines Beiwerts $k_{R,sp}$ von 2,22 und die mittlere einaxiale Zugfestigkeit f_{ctm} mittels eines Beiwerts $k_{R,ct}$ von 2,12 berechnet werden (siehe Gleichung 2-16, Abbildung 2-18, Tabelle A1-2 und Tabelle A1-3).

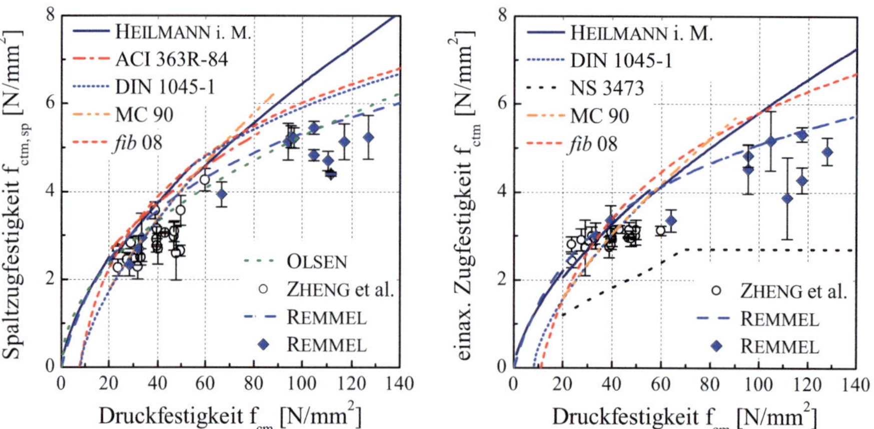

Abb. 2-18: Abhängigkeit der Spaltzugfestigkeit $f_{ctm,sp}$ (links) und der einaxialen Zugfestigkeit f_{ctm} (rechts) von der Zylinderdruckfestigkeit f_{cm}; die herangezogenen Gleichungen sind in Tabelle A1-2 bzw. in Tabelle A1-3 angegeben; Literaturangaben nach [120, 162]

Die gegenwärtig gültige Norm DIN 1045-1 sieht die Umrechnung der Druckfestigkeit in die einaxiale Zugfestigkeit ab einer Zylinderdruckfestigkeit von 55 N/mm² nach der Beziehung (Gleichung 2-16) von REMMEL [120] vor (siehe Abbildung 2-18). Bis zur

Festigkeitsklasse C55/67 bleibt weiterhin die Beziehung nach HEILMANN (Gleichung 2-13) gültig, wobei für die Druckfestigkeit die an einem zylindrischen Standardprobekörper (D/L = 150/300 mm) nach Nasslagerung ermittelte charakteristische Druckfestigkeit f_{ck} einzusetzen ist.

Ein Vergleich der exemplarisch ausgewählten Beziehungen zur Darstellung der Abhängigkeit der Spaltzug- sowie einaxialen Zugfestigkeit von der Druckfestigkeit kann Abbildung 2-18 (links) entnommen werden. Die notwendige Umrechnung der jeweiligen Beziehung nach HEILMANN erfolgte nach Tabelle A1-1.

Die Beziehungen zwischen Spaltzug- und Druckfestigkeit zeigen für normalfeste Betone eine gute Übereinstimmung mit den Messwerten (siehe Abbildung 2-18). Für hochfeste Betone weisen die entsprechenden Angaben nach HEILMANN [60], *fib* 08 [40], DIN 1045-1 sowie REMMEL [120] dagegen mit zunehmender Druckfestigkeit deutlichere Abweichungen zu den Versuchsergebnissen auf. Gleichzeitig weichen die anhand der jeweiligen Funktionsbeziehungen berechneten Spaltzugfestigkeitswerte zunehmend voneinander ab. Eine mögliche Ursache hierfür liegt bei den zur Herleitung der jeweiligen Beziehungen herangezogenen Datensätzen. REMMEL [120] ergänzte seine eigenen Versuchsergebnisse mit Messwerten, welche unter ähnlichen Randbedingungen, wie z. B. Probekörperabmessung, Nachbehandlung etc., ermittelt worden waren. Die ACI 363R-84 Richtlinie basiert auf den Versuchsserien von CARRASQUILLO et al. [25]. Dabei erfolgte die Prüfung der Betone mit Druckfestigkeiten zwischen 21 und 80 N/mm² stets unter denselben Randbedingungen. Aus diesem Grund beschränkt die ACI 363R-84 Richtlinie ihre Gültigkeit auf diesen Druckfestigkeitsbereich. HEILMANN [60] legte seinen Herleitungen eine mit Literaturangaben erweiterte Datenbank zugrunde. Sie beinhaltet Prüfergebnisse von Betonen mit einer Druckfestigkeit von bis zu 60 N/mm², wodurch die Extrapolation für entsprechende Beziehungen bei höheren Betondruckfestigkeiten mit größeren Unsicherheiten behaftet ist. Die Grundlage im *fib* 08 Bericht über den Stand der Technik [40] bildeten Prüfergebnisse aus der Literatur, ohne Angaben zu Versuchsrandbedingungen, so dass Einflussfaktoren aus der Versuchsdurchführung auf die dargelegten Messwerte nicht auszuschließen sind.

Das Verhältnis zwischen der einaxialen Zugfestigkeit und der Druckfestigkeit ist in Abbildung 2-18 rechts dargestellt. Als Ausreißer zeichnet sich der Zusammenhang nach der norwegischen Norm NS 3473 aus. Wie von HANSEN et al. [55] erläutert, wird zuerst anhand der Beziehung nach HEILMANN, die heute in der DIN 1045-1 verankert ist, die so genannte charakteristische Zugfestigkeit ermittelt. Deren Wert soll dann für die so genannte In-situ-Festigkeit bis zu einer Betondruckfestigkeit von 55 N/mm² mit dem Faktor 2/3 reduziert und ab einer Betondruckfestigkeit von 55 N/mm² mit einem konstanten Wert von 2,7 N/mm² berücksichtigt werden (siehe NS 3473 in Abbildung 2-18). Demnach können im Vergleich zur Vorhersage nach DIN 1045-1 bzw. nach REMMEL und nach NS 3473 für hochfeste Betone bis zu einem Faktor 2 unterschiedliche Zugfestigkeiten berechnet werden.

Aus der Abbildung 2-18 rechts ist ferner ersichtlich, dass die Beziehungen zwischen einaxialer Zug- und Druckfestigkeit nach HEILMANN [60], Model Code 1990 (MC 90) [27] sowie nach dem *fib* 08 Bericht über den Stand der Technik [40] die Zugfestigkeit für hochfeste Betone überschätzen. Der beobachtete Unterschied kann auch in diesem Fall u. a. auf die verschiedenen Probekörper, Versuchsgeschwindigkeiten, Nachbehandlungen etc. zurückgeführt werden. Bei der Erstellung von Regressionsfunktionen, die auf einer Datenbank aus der Literatur basieren, wie z. B. in [60, 27, 40], sind die Standardabweichungen häufig nicht bekannt und können somit nicht mitberücksichtigt werden, was sich auf die Qualität der Anpassungen negativ auswirkt.

2.5.2 Verhältnis der einaxialen Zug- zur Spaltzugfestigkeit in Abhängigkeit der Betondruckfestigkeit

Um den Spaltzugversuch als indirekten Zugversuch zur Ermittlung der Zugfestigkeit anwenden zu können, ist die Kenntnis einer Umrechnung der Spaltzugfestigkeit in die einaxiale Zugfestigkeit unerlässlich. Oft wird unter Anwendung eines konstanten Faktors A eine lineare Beziehung in Form der Gleichung 2-17 angegeben [40]. Gleichzeitig wird hierdurch eine von der Betondruckfestigkeit unabhängige Umrechnung unterstellt.

$$f_{ct} = A \cdot f_{ct,sp} \tag{2-17}$$

Die DIN 1045-1 sowie der Model Code 1990 (MC 90) [27] geben das Verhältnis zwischen einaxialer Zugfestigkeit f_{ct} und Spaltzugfestigkeit $f_{ct,sp}$ mit einem Wert von A = 0,9 an. Dieser kann auf die Arbeit von HEILMANN [60] zurückgeführt werden (vgl. Gleichung 2-13 und Abbildung 2-17), indem der Quotient der jeweiligen mittleren Regressionsfunktionen zur Beschreibung der Abhängigkeit der einaxialen Zug- bzw. Spaltzugfestigkeit von der Druckfestigkeit gebildet wird.

$$A = \frac{f_{ctm}}{f_{ctm,sp}} = \frac{0{,}24 \cdot f_{c,cube,200}^{2/3}}{0{,}27 \cdot f_{c,cube,200}^{2/3}} = 0{,}89 \tag{2-18}$$

Die Prüfergebnisse in der von HEILMANN zusammengestellten Datenbank weisen große Streuungen auf [60]. Um dennoch sowohl die höchsten als auch die niedrigsten Messwerte für weitere Auswertungen berücksichtigen zu können, wurde, wie bereits angesprochen, jeweils eine obere und untere Grenze der Beziehungen zwischen Zug- bzw. Spaltzugfestigkeit und Druckfestigkeit angegeben.

Werden nun diese oberen und unteren Grenzen zur Veranschaulichung des Verhältnisses zwischen der einaxialen Zug- und der Spaltzugfestigkeit herangezogen, kommt ein relativ ungenaues und dadurch für die Praxis ungeeignetes Ergebnis heraus. Wie in Abbildung 2-19 dargestellt, können demnach die Quotienten der Messwerte aus einaxialen Zug- sowie Spaltzugversuchen nach HEILMANN in dem gesamten grau markierten Bereich liegen.

Um eine möglichst reale Tendenz des Verhältnisses zwischen Zug- und Spaltzugfestigkeit wiederzugeben, wurden in Abbildung 2-19 Messwerte herangezogen, die unter ähnlichen Randbedingungen, wie z. B. Probekörpergeometrie (Spaltzugprobekörper: D/L = 150/300 mm, Zugprismen: L/B/H = 100/100/500 mm), Versuchsaufbau, Prüfgeschwindigkeit etc., ermittelt worden waren. Eine Ausnahme bilden die Prüfergebnisse der einaxialen Zugversuche von REMMEL [120]. Diese Messserien kamen dennoch zur Verwendung, um eine Tendenz der A-Werte für hochfeste Betone ableiten zu können (vgl. [122]). Die Zugfestigkeit wurde an gekerbten Prismen mit L/B/H = 100(60)/50/250 mm ermittelt, die im Klimaraum mit einer relativen Luftfeuchte von 60 % gelagert worden waren. Somit kann davon ausgegangen werden, dass die erzielte Zugfestigkeit in der Summe etwas geringer ausfiel als bei den ungekerbten, feuchtgelagerten Proben. Wie aus Abbildung 2-19 ersichtlich, zeigen daher die Versuchsergebnisse von REMMEL [120] eine ausgeprägte Abhängigkeit von der Druckfestigkeit. Der Quotient zwischen Zug- und Spaltzugfestigkeit nimmt mit zunehmender Betongüte ab. Danach kann eine Umrechnung der Spaltzugfestigkeit in die einaxiale Zugfestigkeit nicht über einen konstanten Umrechnungsfaktor erfolgen, sondern muss als Funktion der Druckfestigkeit angegeben werden.

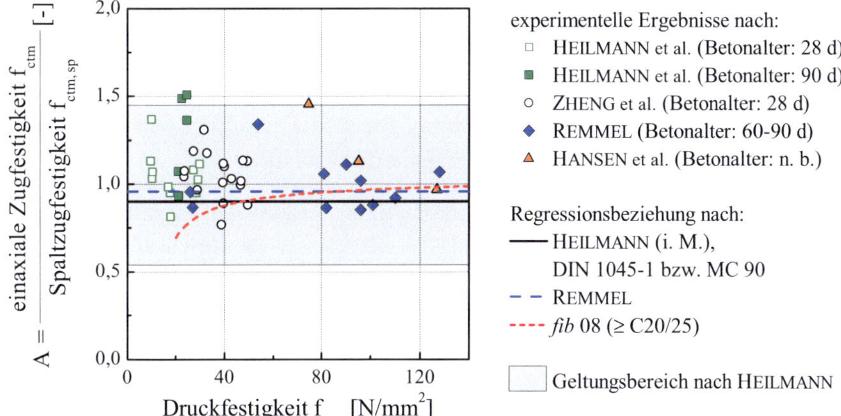

einaxiale Zugfestigkeit f_{ctm} [-]
$A = \dfrac{\text{einaxiale Zugfestigkeit } f_{ctm}}{\text{Spaltzugfestigkeit } f_{ctm,sp}}$

Druckfestigkeit f_{cm} [N/mm²]

Abb. 2-19: Verhältnis zwischen einaxialer Zug- und Spaltzugfestigkeit in Abhängigkeit der Zylinderdruckfestigkeit nach [60, 27, 61, 162, 55, 120, 40]

Auch das Dividieren der empirisch hergeleiteten Beziehungen zwischen Zug- bzw. Spaltzugfestigkeit und Druckfestigkeit kann die Tendenz der Prüfergebnisse verfälschen. Obwohl die Regressionsfunktionen nach REMMEL einzeln für die jeweiligen Beziehungen zwischen Zug- und Druckfestigkeit bzw. Spaltzug- und Druckfestigkeit eine bessere Anpassung darstellen als z. B. diejenige nach HEILMANN, unterschätzt sein Umrechnungsfaktor von A = 0,95 [120] dennoch, insbesondere für normalfeste Betone, den Quotienten A zwischen Zug- und Spaltzugfestigkeit. Die im *fib* 08 Bericht über den Stand der Technik [40] angegebene Funktionsgleichung weist für Betone mit fallender

Druckfestigkeit einen abnehmenden Verlauf für den Quotienten A auf. Dieses Verhalten steht allerdings tendenziell im Widerspruch zu einer Großzahl der Versuchsergebnisse aus der Fachliteratur (siehe Abbildung 2-19). Dieser Sachverhalt kann auf die große Streubreite der verwendeten Prüfergebnisse sowie auf die gewählte mathematische Formulierung der hergeleiteten Beziehungen zurückgeführt werden.

In der Fachliteratur lassen sich auch Umrechnungsfaktoren $A < 0{,}9$ finden. Nach JACCOUD et al. [74] kann z. B. $A = 0{,}81$, nach der norwegischen Norm sogar $A = 0{,}667$ betragen [40]. Zahlreiche Messserien der 1960er und 1970er Jahre ergaben ebenfalls stets geringere Zugfestigkeiten als Spaltzugfestigkeiten, wie z. B. bei RAMESH und CHOPRA [116], bei HANNANT et al. [54] oder bei RÜSCH und HILSDORF [132]. Der Grund hierfür liegt in der Versuchsdurchführung der einaxialen Zugversuche. Mit der damaligen Technik wurden in der Regel kraftgesteuerte Versuche an gelenkig gelagert in die Prüfmaschine eingebauten Probekörpern durchgeführt. Durch die bereits beim Probekörpereinbau und später bei der Versuchsdurchführung verstärkt erzielten Exzentrizitäten und die daraus resultierende zusätzliche Biegebeanspruchung wurde die Zugtragfähigkeit des Betons signifikant unterschätzt. Aufwändige Versuchsaufbauten, bei denen eine verformungsgesteuerte Belastung durch starre Lasteinleitungsplatten erfolgte, um Exzentrizitäten zu vermeiden, bildeten eher eine Ausnahme. MECHTCHE-RINE [94] untersuchte den Einfluss der unterschiedlichen Versuchsarten auf die einaxiale Zugfestigkeit. Seiner Einschätzung nach sind zur Ermittlung der einaxialen Zugfestigkeit lediglich Zugversuche an ungekerbten verjüngten, knochenförmigen Probekörpern unter unverdrehbarer Lasteinleitung geeignet. Hierdurch kann das maximale Zugtragvermögen der Betone in den Prüfungen erfasst werden.

ROCCO et al. [123, 124, 125, 126] leiteten auf der Grundlage experimenteller und numerischer Untersuchungen eine analytische Beziehung zur Beschreibung des Verhältnisses zwischen einaxialer Zug- und Spaltzugfestigkeit in Abhängigkeit der Probekörpergröße und der Breite der Lastverteilungsstreifen her. Unter Einbeziehung der charakteristischen Länge l_{ch} des Betons (vgl. Gleichung A1-31) konnte hierbei auch die Festigkeitsgüte berücksichtigt werden. Die Experimente und die Numerik zeigten qualitativ die gleiche Tendenz. Mit zunehmender Betondruckfestigkeit konnte ein Anstieg des Verhältnisses zwischen Zug- und Spaltzugfestigkeit festgestellt werden (vgl. Abbildung 2-20). Für die Spaltzugversuche kamen im Vergleich zu den Normvorgaben ($D/L = 150/300$ mm) sehr dünne zylindrische und rechteckige Mörtelproben mit einer Länge von 50 mm und unterschiedlichen Durchmessern bzw. Kantenlängen zum Einsatz. Der Einfluss der Betonfestigkeit bzw. Betonzusammensetzung oder der Länge des Probekörpers war nicht Gegenstand der experimentellen Untersuchungen. Somit konnte die Verifizierung des numerischen Modells nicht zufriedenstellend erfolgen, vor allem nicht vor dem Hintergrund, dass die experimentellen und numerischen Ergebnisse eine Abweichung von bis zu 30 % aufwiesen. Eine Begründung für diese Diskrepanz liegt möglicherweise in der vereinfachten Implementierung des Bruchverhaltens von Beton. Danach trat Versagen ein, wenn die Zugspannungen in den Interface-Elementen zur Abbildung des Risspfads die Zugfestigkeit erreichten. Hierdurch konnte die festigkeitsreduzierende Auswirkung des beim Spaltzugversuch im Probekörper vorherrschenden zweiaxialen Druck-Zugspannungszustandes nicht berücksichtigt werden. Des Weiteren gingen ROCCO et al. den Size Effect berücksichtigend von der Annahme aus, dass in großen Probekörpern die maximale Zugspannung und damit die Spaltzugfestigkeit gleich der Zugfestigkeit ist. Die Berechnung der maximalen Zugspannung erfolgte nach der Formel von TANG (siehe Gleichung 2-9), wobei im Gegensatz zur Berechnungsformel der Spaltzugfestigkeit basierend auf der Elastizitätstheorie (siehe Gleichung 2-8) die Breite der Lastverteilungsstreifen mit berücksichtigt wird. Wie in Abbildung 2-9 dargestellt, können im Probekörper beim Spaltzugversuch nach dem Model Code 1990 [98] infolge des zweiaxialen Druck-Zugspannungszustands maximal 90 % der Zugfestigkeit erreicht werden. Ein weiterer Abminderungsfaktor geht mit der Anwendung der Formel nach TANG einher (siehe Kapitel 2.2.2), so dass die von ROCCO et al. getroffene Annahme nicht zutreffend und somit der Interpretation der erzielten Ergebnisse mit Vorsicht zu begegnen war und weitere Untersuchungen erforderlich macht.

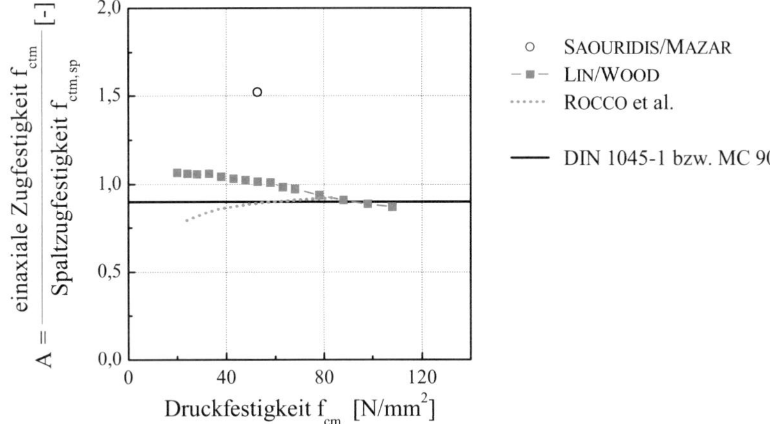

Abb. 2-20: Analytische Untersuchungsergebnisse zum Verhältnis zwischen einaxialer Zug- und Spaltzugfestigkeit in Abhängigkeit der Zylinderdruckfestigkeit nach [89, 126, 133]

Die analytischen Untersuchungen von LIN und WOOD [89] fokussierten auf die Abhängigkeit des Quotienten A – das Verhältnis zwischen einaxialer Zugfestigkeit f_{ct} und Spaltzugfestigkeit $f_{ct,sp}$ – von der Druckfestigkeit des Betons unter Berücksichtigung unterschiedlicher Breiten der verwendeten Lastverteilungsstreifen. Danach konnte eine abnehmende Beziehung zwischen dem Quotienten A und der Druckfestigkeit mit zunehmender Betongüte festgestellt werden. Ein normalfester Beton wies A = 1,1 und ein hochfester A = 0,9 auf (siehe Abbildung 2-20). Mit breiteren Lastverteilungsstreifen konnten stets kleinere A-Werte erzielt werden. Ein ähnliches Ergebnis erhielten

SAOURIDIS und MAZARS [133] bei der numerischen Untersuchung an einem normalfesten Beton mit einem A-Wert von 1,52.

Ein Vergleich der von ROCCO et al. [126] empirisch gewonnenen Beziehung mit den numerischen Ergebnissen von LIN und WOOD [89] bzw. SAOURIDIS und MAZARS [133] weist auf eine signifikant unterschiedliche Tendenz der Abhängigkeit des Quotienten A von der Druckfestigkeit des Betons hin (vgl. Abbildung 2-20).

2.5.3 Abschließende Bewertung und Folgerungen

Um die recherchierten Zusammenhänge zum Verhältnis des Quotienten A der einaxialen Zug- zur Spaltzugfestigkeit und der Druckfestigkeit interpretieren zu können, wurden im Vorfeld (siehe Abschnitt 2.5.1) die wesentlichen Beziehungen zwischen der Spaltzugfestigkeit bzw. der einaxialen Zugfestigkeit und der Druckfestigkeit gesichtet und die sich daraus ergebenden Schlussfolgerungen eingehend diskutiert. Danach ermöglichen die in Abbildung 2-18 dargestellten Funktionsbeziehungen eine gute Abschätzung der experimentellen Versuchsergebnisse im Bereich normalfester Betone. Dagegen konnten mit steigender Betondruckfestigkeit zunehmend deutlichere Abweichungen zwischen den Messwerten und den Vorhersagen festgestellt werden.

Beim Vergleich der gesichteten Funktionsbeziehungen zur Umrechnung der Spaltzugfestigkeit in die einaxiale Zugfestigkeit in Abhängigkeit von der Betondruckfestigkeit konnten folgende Merkmale identifiziert werden. Die Umrechnungsbeziehungen liefern, insbesondere für normalfeste Betone, signifikant unterschiedliche Werte für den Quotienten A und folglich für die berechneten einaxialen Zugfestigkeiten. Sie zeigen ferner ausgeprägte Differenzen zu den direkt aus den Versuchsergebnissen gebildeten A-Werten (vgl. Abbildungen 2-19 und 2-20). Die genannten Beobachtungen lassen sich hauptsächlich auf folgende Ursache zurückführen. Die Abhängigkeitsfunktion zwischen dem Quotienten A und der Druckfestigkeit wurde in der Regel durch Dividieren der einzelnen Regressionsbeziehungen zwischen der einaxialen Zug- und der Druckfestigkeit bzw. der Spaltzug- und der Druckfestigkeit hergeleitet. Aus einer ggf. ungünstigen Wahl der mathematischen Formulierung dieser einzelnen Beziehungsfunktionen ergaben sich somit künstliche, von den tatsächlichen abweichende Zusammenhänge. Danach stellt auch der in DIN 1045-1 bzw. in Model Code 1990 [27] verankerte Umrechnungsfaktor von A=0,9 zwischen der einaxialen Zugfestigkeit und der Spaltzugfestigkeit im Grunde ein mathematisches Artefakt dar (siehe Abbildung 2-19 vgl. auch REMMEL [120]). Aber auch Regressionsbeziehungen basierend auf Datensätzen mit großen Messwertstreuungen beeinträchtigen die hergeleitete Beziehung zwischen dem Quotienten A und der Druckfestigkeit (vgl. *fib* 08 [40]).

Kapitel 3
Experimentelle Untersuchungen

Die experimentellen Untersuchungen der vorliegenden Arbeit sollten zum einen die weiterhin offenen Fragen hinsichtlich des Betonverhaltens beim Spaltzugversuch klären und zum anderen als Grundlage für die numerischen Untersuchungen dienen. Einen zentralen Punkt bildeten hierbei Versuche zur Untersuchung der Abhängigkeit der Spaltzug- bzw. einaxialen Zugfestigkeit von der Druckfestigkeit. Auch der Frage, inwieweit die Gewinnung des Probekörpers bzw. dessen Abmessungen einen Einfluss auf die Versuchsergebnisse haben, sollte nachgegangen werden. Ferner war die Auswirkung der verwendeten Gesteinskörnung auf die ermittelten Festbetonkennwerte zu erkunden.

Wirklichkeitsnahe numerische Analysen setzen die Verwendung von Stoffgesetzen voraus, welche die notwendigen Parameter des zu beschreibenden Materialverhaltens berücksichtigen. Zur Simulation des Betontragverhaltens im Spaltzugversuch werden fundierte Kenntnisse insbesondere des zweiaxialen Druck-Zugtragverhaltens sowie des Nachbruchverhaltens des numerisch zu untersuchenden Betons benötigt. Um Letztere sicherzustellen, sollten bruchmechanische Kennwerte im Vorfeld der numerischen Analysen experimentell ermittelt werden.

3.1 Versuchsprogramm

3.1.1 Überblick über das Versuchsprogramm

Das Versuchsprogramm lässt sich in Hauptversuche sowie in begleitende, zusätzliche Versuche unterteilen. Die Hauptversuche beinhalteten Festigkeitsprüfungen sowie bruchmechanische Untersuchungen. Die zusätzlichen Versuche dienten zunächst dazu, den Einfluss des verwendeten Materials der Lastverteilungsstreifen und den der Länge des Probekörpers auf die Spaltzugfestigkeit zu untersuchen. Ferner trugen sie zur Klärung der Lokalisierung des Versagens bzw. der Risssequenz im Spaltzugversuch bei.

Die durchgeführten Versuchsarten, verwendeten Betone, hergestellten Probekörper, erfassten Messgrößen sowie Prüfparameter sind zur Übersicht in Abbildung 3-1 dargestellt. Zur Klassifizierung der Betone wurden Druckversuche an Würfeln, an in Schalung hergestellten Zylindern sowie an Bohrkernen durchgeführt. Hierdurch können die erzielten Ergebnisse unmittelbar mit Festigkeitswerten aus der Fachliteratur verglichen werden, ohne eine eventuelle Umrechnung, bedingt durch die unterschiedlichen Geometrien, vornehmen zu müssen.

Im Hauptversuchsprogramm wurden zwei normalfeste Betone, NB-1 und NB-2, zwei hochfeste Betone, HFB-1 und HFB-2, sowie ein selbstverdichtender Beton, SVB, untersucht. Bei allen Betonen kamen sowohl Kies (NK: normalfester Kiesbeton, HK: hochfester Kiesbeton) als auch Splitt (NS: normalfester Splittbeton, HS: hochfester Splittbeton) als Gesteinskörnungen zur Verwendung. Somit sind insgesamt zehn Betone untersucht worden. Die allgemeinen Abkürzungen NB-i, HFB-i, mit i = 1, 2 sowie SVB beinhalten jeweils Kies- (NK-i, HK-i) und Splittbetone (NS-i, HS-i).

Die Spaltzugfestigkeit wurde sowohl an in Schalungen hergestellten Probekörpern als auch an Bohrkernen unterschiedlicher Abmessungen ermittelt. Hierzu wurden lediglich Bohrkerne aus Kiesbetonen herangezogen.

Um den Einfluss des Materials der Lastverteilungsstreifen auf die Spaltzugfestigkeit zu erkunden, wurden jeweils ein normalfester Kiesbeton NK-1 und ein hochfester Kiesbeton HK-2 untersucht (siehe Abbildung 3-1 zusätzliche Versuche I). Auf Grundlage der gewonnenen Erkenntnisse erfolgte die Belastung der Probekörper in weiteren Spaltzugversuchen (Hauptversuche und zusätzliche Versuche, vgl. Abbildung 3-1) direkt über Lastverteilungsstreifen aus Stahl mit einer Breite von 10 mm.

Die zusätzlichen Versuche zur Untersuchung der Rissausbreitung im Spaltzugversuch erfolgten an Kiesbetonen (siehe Abbildung 3-1 zusätzliche Versuche II). Hierbei wurden ein normalfester Beton NK-4 und ein hochfester Beton HK-3 herangezogen.

Die Rissausbreitung im Spaltzugversuch konnte mit Hilfe einer einfachen Versuchsmethode unter Verwendung von Messstreifen aus Silberlack detektiert werden. Eine weitere Möglichkeit zur Auswertung der Rissaufweitung boten hierbei Aufnahmen mit einer Hochgeschwindigkeitskamera.

Aufgrund der Ergebnisse der Hauptuntersuchungen zur druckfestigkeitsabhängigen Umrechnung der Spaltzugfestigkeit in die einaxiale Zugfestigkeit waren im normalfesten Regime weitere Untersuchungen notwendig. Daher wurden zusätzliche Versuchsserien an drei normalfesten Kiesbetonen, NK-2 bis NK-4, durchgeführt (siehe Abbildung 3-1 zusätzliche Versuche III).

Zur Ermittlung der einaxialen Zugfestigkeit f_{ct}, des Elastizitätsmoduls E_{c0} sowie der Dehnung ε_c beim Erreichen der Zugfestigkeit wurden Zugversuche an eingeschnürten Zugprismen mit einer Belastungsgeschwindigkeit von $\dot{\varepsilon} = 1 \cdot 10^{-5}$ 1/s an allen Betonen durchgeführt. Die Bestimmung der Bruchenergie G_F erfolgte an gekerbten Zugprismen. Die Verformungsgeschwindigkeit wurde zu $\dot{\delta} = 5 \cdot 10^{-4}$ mm/s gewählt. Hierzu kamen jeweils ein normalfester NB-1 und ein hochfester HFB-1 Beton zur Verwendung. Zusätzlich wurde die einaxiale Zugfestigkeit an Bohrkernen mit einer Belastungsgeschwindigkeit von 0,05 N/mm²·s gemäß [2] und [121] an allen Kiesbetonen erfasst (siehe Abbildung 3-1 Hauptversuche).

Versuch	Druckversuche			Spaltzugversuche						einaxiale Zugversuche			
a, D/L bzw. B/H Maße in [mm]	150	150/300	150/300	300/150	150/75	150/150	150/300	150/300	75/150	100/440	100/260	150/300	75/150
Probekörper	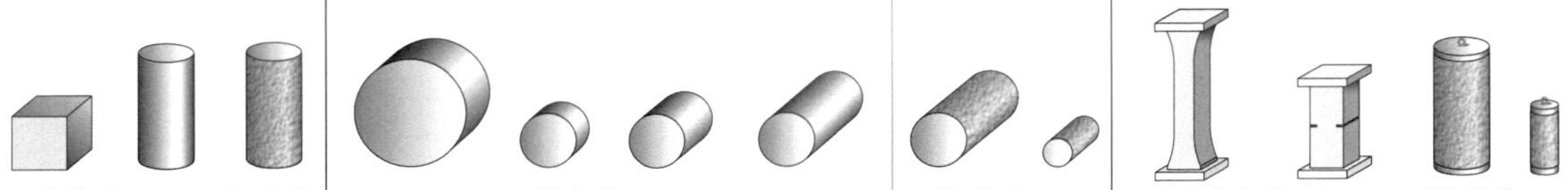												
Gewinnung	Schalung		Bohrk.	Schalung				Bohrkern		Schalung		Bohrkern	
Beton — Hauptversuche	NB-1 NB-2 HFB-1 HFB-2 SVB		NK-1 NK-2 HK-1 HK-2 SVK				NB-1[1] NB-2[1] HFB-1[1] HFB-2[1] SVB[1]	NK-1[1] NK-2[1] HK-1[1] HK-2[1] SVK[1]		NB-1 NB-2 HFB-1 HFB-2 SVB	NB-1 HFB-1	NK-1 NK-2 HK-1 HK-2 SVK	
zusätzliche Versuche I	NK-1 HK-2						NK-1[2] HK-2[2]						
zusätzliche Versuche II	NK-4 HK-3				NK-4[1] HK-3[1]		NK-4[1] HK-3[1]						
zusätzliche Versuche III	NK-2 NK-3 NK-4						NK-2[1] NK-3[1] NK-4[1]			NK-2 NK-3 NK-4			
Messergebnisse	$f_{c,cube}$	$f_{c,cyl}$	$f_{c,core}$	$f_{ct,sp}$ Risssequenz (zusätzliche Versuche II)				$f_{ct,sp,core}$		σ-$\varepsilon\rightarrow$ $f_{ct}, E_{c0}, \varepsilon_c$	σ-$\delta\rightarrow$ $f_{ct,n}, G_F$	$f_{ct,core}$	
Prüfgeschwindigkeit	DIN EN 12390-3			DIN EN 12390-6						$\dot{\varepsilon} = 1\cdot10^{-5}$ 1/s	$\dot{\delta} = 5\cdot10^{-4}$ mm/s	DIN 1048	

[1] Lastverteilungsstreifen: Stahl
[2] Lastverteilungsstreifen: Stahl mit/ohne Zwischenstreifen aus Buche

Abb. 3-1: Überblick über das experimentelle Versuchsprogramm; normalfeste Betone: NB-i = NK-i und NS-i mit i = 1, 2, hochfeste Betone: HFB-i = HK-i und HS-i mit i = 1, 2 und selbstverdichtende Betone: SVB sowie SVK

3.1.2   Zusammensetzung der Betone

Die Grundlage für die experimentellen Hauptuntersuchungen bildeten fünf verschiedene Betonmischungen unter Verwendung von Kies bzw. Splitt als Gesteinskörnung. Bei der Festlegung der Betonrezepturen wurde für alle Betone die gleiche Sieblinie angestrebt (siehe Abbildung 3-2). Lediglich für einen normalfesten Kiesbeton NK-3 der zusätzlichen Versuche war eine Anpassung der Sieblinie gemäß der Regelsieblinie C16 notwendig (siehe Abbildung 3-2). Dadurch konnte ein niederfester Beton mit optimalen Frischbetoneigenschaften hergestellt werden. Bei der Herstellung der weiteren Kiesbetone NK-4 und HK-3 der zusätzlichen Versuche wurde die den im Rahmen des Hauptversuchsprogramms untersuchten Betonen zugrunde gelegte Sieblinie herangezogen (siehe Abbildung 3-2).

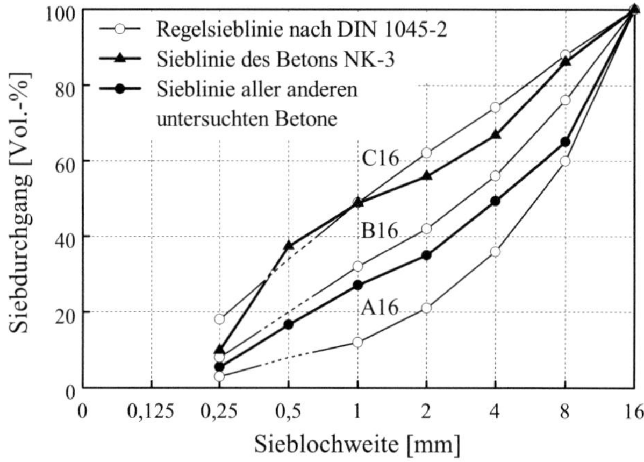

Abb. 3-2:   Sieblinie der verwendeten Gesteinskörnungen sowie Regelsieblinien nach DIN 1045-2

Die Zusammensetzung der Betonmischungen für die Hauptversuche ist in Tabelle 3-1, die der zusätzlichen Versuche in Tabelle 3-2 dargestellt.

Für die Herstellung der normalfesten und selbstverdichtenden Betone NB-1, NB-2 bzw. SVB wurde als Bindemittel ein Portlandkalksteinzement (CEM II/A-LL 32,5 R, Lafarge, Werk Wössingen), für die hochfesten Betone HFB-1 und HFB-2 ein Portlandzement (CEM I 42,5 R, Lafarge, Werk Wössingen) herangezogen. Als gerundete Gesteinskörnungen fanden Rheinsand bzw. Rheinkies (Wilhelm Stürmlinger & Söhne GmbH, Durmersheim), als gebrochene Gesteinskörnungen Kalksteinsplitt (Weißjurakalk, Jacob Bauer Söhne KG, Erkenbrechtsweiler) jeweils mit einem Größtkorn von 16 mm Verwendung. Dem hochfesten Beton wurde Silikastaub in Form einer 50%-igen Suspension (EMSAC 500 DOZ (FS), Woermann Bauchemie GmbH) und Fließmittel (Superflow S40, Tricosal Beton-Chemie GmbH) zugegeben. Für die Herstellung der selbstverdichtenden Betone kam zusätzlich Flugasche (SAFAMENT, Heizkraftwerk Völklingen, Firma Safa) zum Einsatz.

Tab. 3-1: Zusammensetzung der verwendeten Betone für die Hauptversuche

Beton	w/z	Wasser	Zement	Flug-asche	Silika-suspension	Fließ-mittel	Gesteinskörnung [kg/m³] Kornfraktion		
		[kg/m³]	[kg/m³]	[kg/m³]	[%]^a	[%]^a	0/2	2/8	8/16
NB-1	0,65	195	300^b	-	-	-	630	564	638
NB-2	0,49	191	390^b	-	-	-	607	527	614
HFB-1	0,37	140	455^c	-	10	2,0	599	520	606
HFB-2	0,30	90	490^c	-	20	2,5	598	518	604
SVB	0,55	184	333^b	220	-	1,0	543	466	543

a) Massen-% bezogen auf den Zement
b) Zement CEM II/A-LL 32,5 R
c) Zement CEM I 42,5 R

Tab. 3-2: Zusammensetzung der verwendeten Betone für die zusätzlichen Versuche

Beton	w/z	Wasser	Zement	Flug-asche	Silika-suspension	Fließ-mittel	Gesteinskörnung [kg/m³] Kornfraktion		
		[kg/m³]	[kg/m³]	[kg/m³]	[%]^a	[%]^a	0/2	2/8	8/16
NK-3	0,80	200	250^b	-	-	-	1066	551	220
NK-4	0,60	180	300^b	-	-	-	644	558	651
HK-3	0,35	135	470^c	-	10	2,0	598	518	605

a) Massen-% bezogen auf den Zement
b) Zement CEM I 32,5 R
c) Zement CEM I 42,5 R

Die normalfesten Kiesbetone NK-3 und NK-4 der zusätzlichen Versuche wurden unter Verwendung eines Portlandzements CEM I 32,5 R (Lafarge, Werk Wössingen) und der hochfeste Kiesbeton HK-3 mit CEM I 42,5 R (Lafarge, Werk Wössingen) hergestellt. Alle weiteren Komponenten in den zusätzlichen Versuchen waren identisch mit den Ausgangsstoffen der Betone für die Hauptversuche.

3.1.3 Geometrie der Probekörper

Zur Ermittlung der Spaltzugfestigkeit wurden Zylinder mit verschiedenen Geometrien und Herstellungsarten herangezogen. Die Abmessungen der zylindrischen Probekörper für die Hauptuntersuchungen (D/L = 150/300 mm) orientierten sich an DIN EN 12390-1.

Bei Probekörpern, die in einer Schalung hergestellt werden, entsteht im Randbereich der Probe eine zementleimreiche Randzone, deren mechanische Eigenschaften signifikant vom Probeninneren abweichen. Um den Einfluss dieses Randbereichs auf die Festigkeit des Probekörpers zu untersuchen, wurden neben den in Zylinderschalungen hergestellten Proben Wände stehend betoniert, aus denen Bohrkerne (D/L = 150/300 mm bzw. 75/150 mm) entnommen wurden (siehe Abbildungen 3-3 und 3-4).

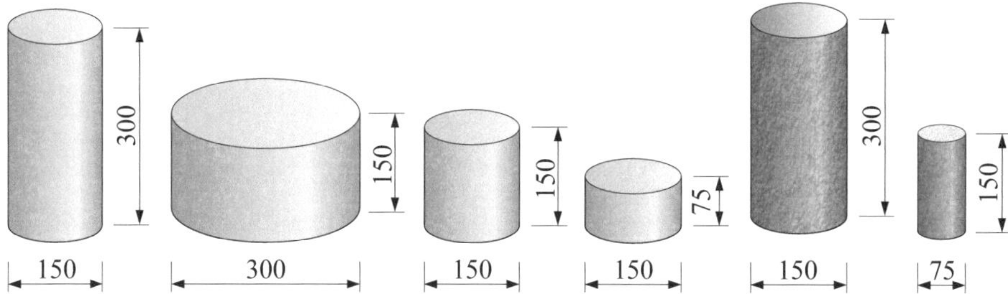

Abb. 3-3: Probenabmessungen für die Spaltzugversuche; links: geschalte Probekörper; rechts: Bohrkerne; Maße in [mm]

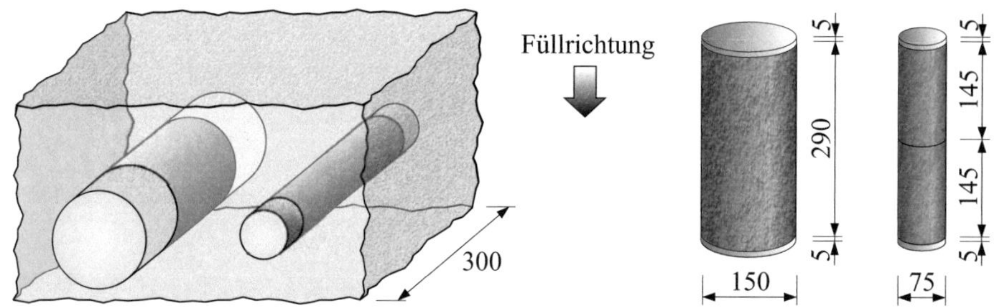

Abb. 3-4: Bohrkernentnahme und -abmessungen für die einaxialen Zugversuche; Maße in [mm]

Um den Einfluss der Probekörperlänge auf die Spaltzugfestigkeit zu überprüfen, wurden Zylinder mit D/L = 150/300 mm, D/L = 150/150 mm und D/L = 150/75 mm im Spaltzugversuch untersucht. Die Probekörper mit einer Länge von 150 mm wurden hierzu aus den 300 mm langen Probekörpern durch Sägen in der Probekörpermitte hergestellt. Die Probekörper mit einer Länge von 75 mm wurden ebenso aus 300 mm langen Probekörpern durch Sägen gewonnen. Hierbei sollten allerdings zunächst die zementleimreichen Stirnseiten entfernt werden. Anschließend erfolge das Zusägen der Probekörper auf die Länge von 75 mm.

Im Rahmen der zusätzlichen Versuche wurde der Versagensmechanismus im Spaltzugversuch an Probekörpern unterschiedlicher Größe erkundet. Entgegen den oben gewählten Probekörperabmessungen erfolgt die Ermittlung der Spaltzugfestigkeit im Straßenbau an Zylinder- bzw. Bohrkernscheiben mit einer Probekörperlänge von L = 50 mm und einem Durchmesser von 100 mm [42]. Das Verhältnis des Durchmessers zur Länge beträgt somit D/L = 2. Daher wurden im Versuchsprogramm der vorliegenden Arbeit Probekörper mit diesem D/L-Verhältnis und zwar D/L = 150/75 mm herangezogen. Hierdurch konnte sichergestellt werden, dass die Mindestabmessung des Probekörpers, in diesem Fall die Scheibenlänge, mindestens das Dreifache des Größtkorns von 16 mm betrug [13]. Die Festigkeitsprüfung ergab somit einen für den untersuchten Beton charakteristischen Kennwert. Nach dem besagten Kriterium ist die an einem Probekörper mit D/L = 100/50 mm ermittelte Spaltzugfestigkeit eines Straßenbetons mit Größtkorn von 22 mm gemäß der Forschungsgesellschaft für Straßen- und Verkehrswesen [42] nicht als repräsentativ zu betrachten, da hierzu die Probe bei einem Durchmesser von 100 mm eine Mindestlänge von 22 x 3 = 66 mm aufweisen sollte.

Um dem Size Effect Rechnung zu tragen, wurden ferner Zylinder mit D/L = 300/ 150 mm geprüft.

Als Probekörper für die einaxialen Zugversuche kamen unterschiedliche Prismen- bzw. Bohrkerngeometrien zum Einsatz. Die Betonierlängen waren 1 bis 2 cm länger als die in den Abbildungen aufgeführten Prüfkörperlängen, da zur Vermeidung eines durch Zementleim geschwächten Randbereichs und einer exzentrischen Lasteinleitung die Stirnflächen der Proben planparallel geschliffen wurden (Abbildungen 3-5 und 3-6).

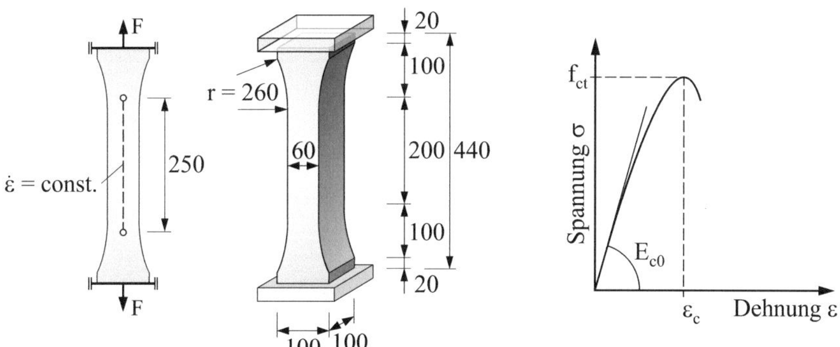

Abb. 3-5: Geometrie der ungekerbten verjüngten Zugprismen (Maße in mm) und Belastungsschema des Versuchsaufbaus (links und Mitte); typischer Messkurvenverlauf mit Angabe der charakteristischen Betonkennwerte (rechts)

Die Betonzugfestigkeit f_{ct}, der Elastizitätsmodul E_{c0} (Ursprungsmodul) und die Dehnung ε_c beim Erreichen der Zugfestigkeit lieferten einaxiale Zugversuche an ungekerbten Prismen, deren Querschnitt im mittleren Bereich verjüngt war (siehe Abbildung 3-5). Der Übergang zum verjüngten Bereich sowie die Länge des verjüngten Bereichs wurden so gewählt, dass im mittleren, für das Versagen relevanten, Abschnitt des Probekörpers von einer reinen einaxialen Zugbelastung auszugehen war (vgl. [132]). Die im Zugversuch ermittelte Messgröße, die einaxiale Zugfestigkeit f_{ct}, gibt eine Materialeigenschaft des Betons unter einaxialer Zugbeanspruchung wieder. Demnach wird der Werkstoff als homogenes Kontinuum betrachtet. Damit der Probekörper eine hierfür repräsentative Größe aufweist, soll die kleinste Abmessung des für die Bruchstelle relevanten Querschnitts mindestens das Dreifache des Größtkorns betragen [13]. HILSDORF [66] empfahl deutlich größere Mindestquerschnittsabmessungen, zahlreiche experimentelle Untersuchungen (z. B. [68, 120]) belegten jedoch die hinreichende Güte der oben genannten Beschränkung.

Ferner entspricht die gewählte Messlänge zur Bestimmung der Betondehnung von 250 mm (siehe Abbildung 3-5 links) in etwa der zu erwartenden charakteristischen Länge l_{ch} des Betons (siehe Gleichung A1-31).

Um das vollständige Spannungs-Verformungsverhalten einschließlich des Nachbruchverhaltens aufzeichnen zu können, wurden gekerbte Prismen gemäß Abbildung 3-6 verwendet. In diese waren auf halber Probenlänge 20 mm tiefe und 5 mm breite Kerben eingesägt. Der sich somit ergebende Restquerschnitt entsprach dem Querschnitt der verjüngten Prismen (100 x 60 mm²). Da durch die Kerben die Sollbruchstelle festgelegt wurde, konnte die Messlänge zur Bestimmung der relevanten Betonverformung auf 50 mm reduziert werden.

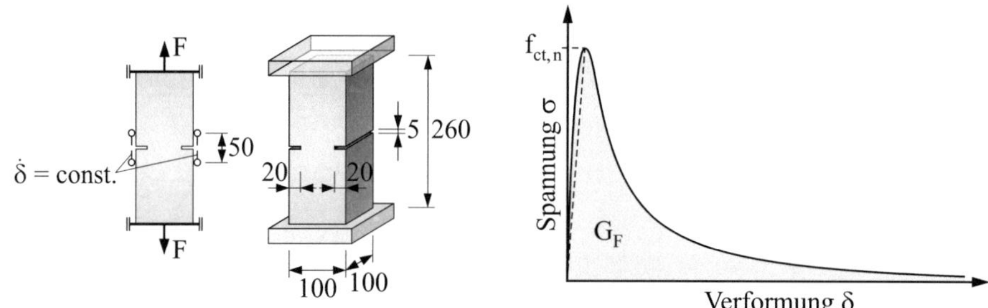

Abb. 3-6: Geometrie der gekerbten Zugprismen (Maße in mm) und Belastungsschema des Versuchsaufbaus (links und Mitte); typischer Messkurvenverlauf mit Angabe der charakteristischen Betonkennwerte (rechts)

Die einaxialen Zugversuche an gekerbten Prismen lieferten weiterhin die Werte für die Nettozugfestigkeit $f_{ct,n}$ und für die Bruchenergie G_F. Die Bruchenergie G_F ist als die Energie definiert, die zur vollständigen Durchtrennung eines Werkstoffs erforderlich ist und wird auf die Fläche des dabei entstehenden Trennrisses bezogen (vgl. Abschnitt A1.5). Ihre Größe ergibt sich aus der Fläche unter der Spannungs-Verformungskurve (siehe Abbildung 3-6 rechts).

Ferner wurde die charakteristische Länge l_{ch} der Zugprismen ermittelt. Sie ist ein Maß für die Sprödigkeit eines Werkstoffes und errechnet sich nach Gleichung A1-31. Je spröder sich ein Material verhält, desto niedrigere l_{ch}-Werte werden erhalten (vgl. Abschnitt A1.6).

Die einaxiale Zugfestigkeit $f_{ct,core}$ wurde zusätzlich an Bohrkernen gemäß Abbildung 3-7 ermittelt. Hierzu wurden aus einer stehend betonierten Wand Bohrkerne mit den Durchmessern 150 bzw. 75 mm entnommen. Die Länge der Bohrkerne betrug 290 mm. Aus den Bohrkernen mit einem Durchmesser von 75 mm wurden durch Sägen in der Probenmitte zwei Probekörper für die Zugprüfung hergestellt (siehe Abbildung 3-4, rechts).

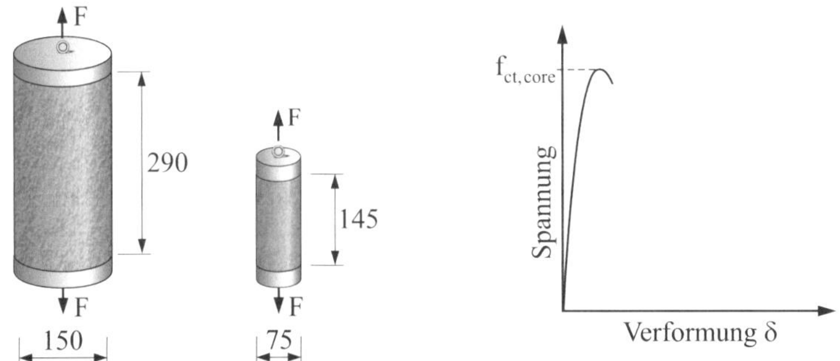

Abb. 3-7: Geometrie der Bohrkerne (rechts) mit typischem Messkurvenverlauf und Angabe der charakteristischen Betonkennwerte; Maße in [mm]

3.1.4 Herstellung und Lagerung der Probekörper

Zur Herstellung der Betone kam ein Zwangsmischer mit einem Nenninhalt von 100 Litern zum Einsatz. Zunächst wurde das Trockengemisch aus Gesteinskörnungen, Zement und ggf. Flugasche homogenisiert. Nach 30 Sekunden erfolgte die Zugabe des Anmachwassers bei rotierendem Mischer. Bei hochfesten Betonen wurde zusätzlich nach 0,5 Minuten Silikasuspension und nach einer weiteren Minute Fließmittel beigemischt. Die Gesamtmischzeit betrug bei normalfesten und selbstverdichtenden Betonen 3 Minuten, bei hochfesten Betonen 4 Minuten.

Nach dem Mischen wurden die Frischbetoneigenschaften untersucht. Die Charakterisierung der normalfesten und hochfesten Betone erfolgte anhand von Ausbreitmaß, Luftgehalt und Frischbetonrohdichte gemäß DIN EN 12350-5 bis DIN EN 12350-7. An den selbstverdichtenden Betonen wurden folgende Frischbetonprüfungen durchgeführt: Setzfließmaß, Trichterauslaufzeit und L-Box-Versuch nach DAfStb-RiLi „SVB" sowie Luftgehalt und Frischbetonrohdichte gemäß DIN EN 12350-6 und DIN EN 12350-7.

Anschließend wurde der Frischbeton in Stahlschalungen gefüllt und mit einer Rüttelflasche verdichtet. Eine Ausnahme bildeten hierbei die Probekörper mit D/L = 300/150 mm für die zusätzlichen Versuche. Diese Probekörper wurden in aus PVC-Rohren angefertigten Schalungen hergestellt. Um das Ausschalen der Probekörper zu erleichtern, waren die PVC-Rohre in Längsrichtung mit einem Schlitz versehen und wurden mit Schlauchschellen zusammengehalten.

Nach dem Befüllen der Schalungen mit Frischbeton wurden die Formen abgezogen und mit feuchten Jutetüchern und Polyethylen-Folie abgedeckt. Nach dem Ausschalen im Alter von 24 Stunden lagerten die Prüfkörper bis zum Prüftermin unter feuchten Jutetüchern und einer PE-Folie in einer abgedeckten Wanne bei 20 °C (siehe Abbildung 3-8).

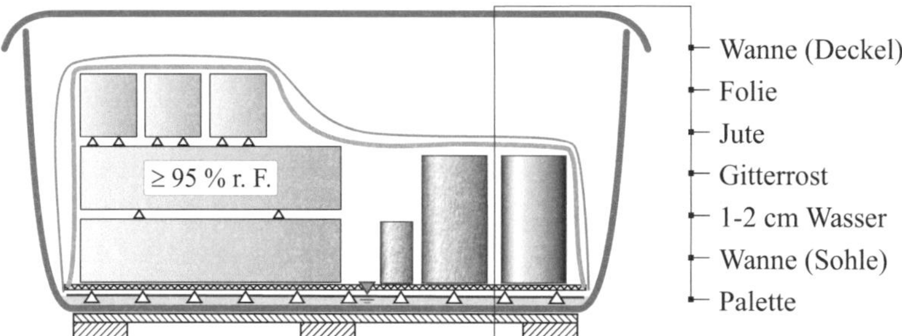

Abb. 3-8:   Lagerung der Probekörper in Wannen bis zum Prüftermin

Um die Vergleichbarkeit der gewonnenen Versuchsergebnisse zu gewährleisten, müssen alle Probekörper unter gleichen Bedingungen lagern. Der Einfluss der Lagerungsart auf die einaxiale Zugfestigkeit wurde an Zugprobekörpern in einer Vorversuchsreihe untersucht. Dabei führte die Unterwasserlagerung der Proben bis zur Prüfung zu keinem zufriedenstellenden Ergebnis. Da das offene Porensystem der Proben mit Wasser gefüllt war, konnte bei der Prüfung der einaxialen Zugfestigkeit keine ausreichende Haftfestigkeit zwischen Probekörper und Lasteinleitungsplatte mittels Klebung sichergestellt werden. Dies führte zu einem Versagen der Klebefuge während der Zugversuche vor dem Erreichen der Tragfähigkeit des Betons. Eine lokale Trocknung der Klebeflächen schied aus, da sich durch die Wärmebeanspruchung ein Feuchtegradient vom Probekörperinneren nach außen einstellt, der zu Eigenspannungen in der Randzone und zum vorzeitigen Versagen führt. Die gewählte Lagerungsmethode (siehe Abbildung 3-8) stellt eine normgerechte Alternative (siehe DIN EN 12390-2) zur Wasserlagerung der Probekörper dar, da durch die Abdeckung der Probekörper in der Wanne eine relative Luftfeuchte von über 95 % bei einer Lufttemperatur von 20 °C gewährleistet ist, und darüber hinaus die Durchführbarkeit der experimentellen Untersuchungen sichergestellt war.

Auch die im Betonalter von ca. einer Woche entnommenen Bohrkerne wurden nach Abbildung 3-8 bis zum Prüftermin gelagert.

Bei den Spaltzugprobekörpern für die zusätzlichen Versuche zur Untersuchung des Rissfortschrittes im Spaltzugversuch wurden die Stirnflächen zwei Tage vor dem Prüftermin geschliffen. Hierdurch konnte eine optimale Haftung des aufgebrachten Silberleitlacks gewährleistet werden. Nach dem Präparieren der Proben mit Streifen aus Silberleitlack wurde die Lagerung nach Abbildung 3-8 bis zum Prüftermin fortgesetzt.

Die Stirnflächen und späteren Klebeflächen der Zugprobekörper wurden ca. eine Woche vor dem Prüftermin planparallel geschliffen und die Prismen zusätzlich gekerbt. Danach wurden die Probekörper wie vorstehend beschrieben zwischengelagert, bevor sie 24 Stunden vor der Versuchsdurchführung versiegelt wurden. Hierzu wurden die Prüfkörper mit einer dünnen Polyethylen-Folie umhüllt und die Stirnflächen mit Epoxydharz versiegelt. Durch das Ausfüllen der oberflächennahen Poren mit Epoxydharz konnte eine Oberfläche mit besseren Adhäsionseigenschaften erzeugt werden. Bis zur Prüfung verblieben die versiegelten Proben im Klimaraum (20 °C Lufttemperatur, 65% relative Feuchte).

3.1.5 Frisch- und Festbetonkennwerte

Die Frischbetonuntersuchungen wurden unmittelbar nach dem Mischen durchgeführt. Die Untersuchungen am Festbeton erfolgten im Alter von 28 Tagen. In Tabelle 3-3 sind die Frisch- und Festbetonkennwerte der verwendeten normalfesten und hochfesten Betone gemäß DIN EN 12350-5 bis DIN EN 12350-7 und DIN EN 12390-3 wiedergegeben. Die Frisch- und Festbetonkennwerte der selbstverdichtenden Betone können den Tabellen 3-4 und 3-5 entnommen werden. Jene Kennwerte der folgenden Tabellen (Tabellen 3-3 und 3-5), welche zusätzlich mit der zugehörigen Standardabweichung ergänzt sind, stellen Mittelwerte dar. Die zugehörigen Standardabweichungen sind dabei in Klammern angegeben (vgl. [99]).

Tab. 3-3: Frisch und Festbetonkennwerte der verwendeten Betone gemäß DIN EN 12350-5 bis 12350-7 und DIN EN 12390-3 (Standardabweichung)

		Frischbetonkennwerte	Festbetonkennwerte				
		LP-Gehalt [Vol.-%]	Rohdichte [kg/m³]		Druckfestigkeit [N/mm²]		
Beton	w/z [-]		Frisch-beton	Festbeton	$f_{cm,cube}$	$f_{cm,cyl}$	$f_{cm,core}$[a]
NK-1	0,65	1,4	2340	2325 (35)	28,0 (9,75)	27,9 (6,46)	22,9 (5,97)
NK-2	0,49	1,1	2363	2335 (20)	50,2 (0,20)	46,3 (0,21)	-
HK-1	0,37	1,3	2378	2379 (19)	84,8 (3,25)	78,5 (0,34)	-
HK-2	0,30	1,8	2397	2393 (24)	113,4 (1,36)	97,9 (1,48)	98,5 (2,88)
NS-1	0,65	0,6	2382	2364 (8)	34,0 (0,44)	29,2 (10,13)	-
NS-2	0,49	0,5	2399	2354 (26)	52,3 (0,04)	46,9 (0,12)	-
HS-1	0,37	2,0	2431	2421 (14)	98,3 (1,69)	88,3 (7,87)	-
HS-2	0,30	2,2	2430	2421 (11)	116,3 (1,32)	107,1 (0,69)	-

a) Druckfestigkeit ermittelt an Bohrkernen mit D/L = 150/300 mm

Die Druckfestigkeit f_c wurde dabei sowohl an Würfeln mit einer Kantenlänge von 150 mm als auch an Zylindern mit einem Durchmesser von 150 mm und einer Höhe von 300 mm ermittelt. Für jeweils einen normal- bzw. hochfesten Beton wurden zur Druckfestigkeitsprüfung auch Bohrkerne mit einem Durchmesser von 150 mm und der Höhe von 300 mm herangezogen.

Tab. 3-4: Frischbetonkennwerte der selbstverdichtenden Betone nach DAfStb-RiLi „SVB"

	Frischbetonkennwerte						
	Setzfließmaßversuch				L-Box-Versuch		
	ohne Blockierring		mit Blockierring				
Beton	sm [mm]	t_{500} [s]	sm_b [mm]	t_{500b} [s]	h_1/h_2 [-]	t_{20} [s]	t_{40} [s]
SVK	720	2,6	710	3,3	1,3	1,7	2,4
SVS	660	3,5	620	4,8	1,6	2,6	3,8

Tab. 3-5: Frisch- und Festbetonkennwerte der selbstverdichtenden Betone nach DAfStb-RiLi „SVB", DIN EN 12350-6, DIN EN 12350-7 und DIN EN 12390-3 (Standardabweichung)

| | | Frischbetonkennwerte | | | | Festbetonkennwerte | | |
| | | Trichter-versuch | | Rohdichte [kg/m³] | | Druckfestigkeit [N/mm²] | | |
Beton	w/z [-]	Trichteraus-laufzeit [s]	LP-Gehalt [Vol.-%]	Frischbeton	Festbeton	$f_{cm,cube}$	$f_{cm,cyl}$	
SVK	0,55	7,3	1,6	2282	2294	56 (1)	50 (1)	
SVS	0,55	8,9	2,6	2287	2303	58 (1)	53 (1)	

Die Druckfestigkeitsuntersuchungen bestätigen, dass Splittbetone mit gleicher Matrixzusammensetzung wie Kiesbetone aufgrund des besseren Verbundes zwischen Zementstein und Gesteinskörnung höhere Festigkeiten erzielen.

3.2 Versuchsaufbau, -durchführung und Messtechnik

Im Folgenden werden die jeweiligen Versuchsaufbauten der Spaltzug- sowie einaxialen Zugversuche im Detail beschrieben.

Zunächst wird auf die gewählte Versuchsdurchführung der Spaltzugversuche des Hauptversuchsprogramms eingegangen. Im Anschluss daran wird die Versuchsanordnung sowie die angewendete Messtechnik der zusätzlichen Spaltzugversuche zur

Ermittlung der Rissausbreitung im Probekörper vorgestellt. Abschließend sollen die unterschiedlichen Versuchsaufbauten der einaxialen Zugversuche erläutert werden.

3.2.1 Spaltzugversuche

3.2.1.1 Hauptversuche – Ermittlung der Spaltzugfestigkeit

Die Prüfungen zur Bestimmung der Spaltzugfestigkeit wurden nach DIN EN 12390-6 durchgeführt. Da die Norm die Verwendung einer Zentriervorrichtung empfiehlt, wurde zur Spaltzugprüfung die in Abbildung 3-9, b dargestellte Vorrichtung konstruiert. Mittels dieser Vorrichtung konnte sowohl der zentrische Probeneinbau als auch die Belastung entlang paralleler Mantellinien sichergestellt werden. Die Halterungen der Zentriervorrichtung wurden vor Beginn des Spaltzugversuchs entfernt.

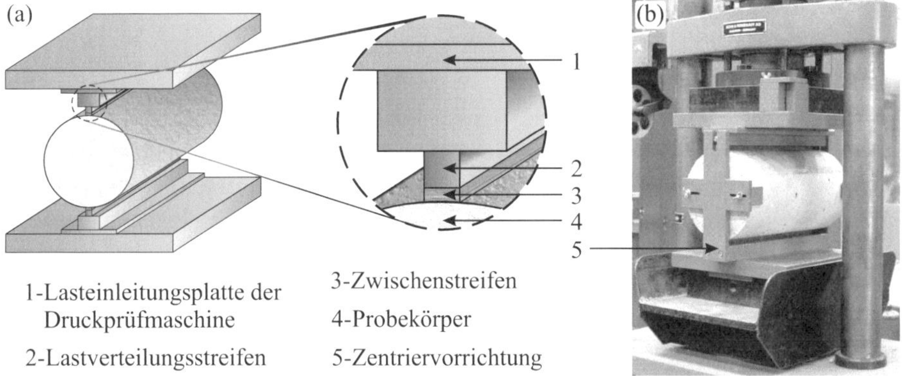

Abb. 3-9: Schematische Darstellung des Spaltzugversuchsaufbaus gemäß DIN EN 12390-6 (a) und Zentriervorrichtung zur Spaltzugprüfung mit eingebautem Probekörper mit D/L = 150/300 mm (b)

Die Entnahme von Bohrkernen ist stets gekennzeichnet durch unebene Manteloberflächen. Die in der Norm vorgeschriebenen Zwischenstreifen konnten diese Unebenheiten nicht ausgleichen. Dadurch trat der Bruch der Bohrkerne nicht in der Belastungsebene, sondern senkrecht dazu auf. Mit dem planparallelen Schleifen von gegenüberliegenden Mantellinien der Bohrkerne konnte dieser Effekt behoben werden.

Die Spaltzugfestigkeitsprüfungen zeigten, dass der vorgesehene Versuchsablauf ab einer Würfeldruckfestigkeit von $f_{cm,cube} = 85$ N/mm^2 nicht mehr bis zum Spaltbruch eingehalten werden konnte, da durch ein vorzeitiges Versagen der in der Norm vorgeschriebenen Zwischenstreifen aus Hartfaserplatten (siehe Abbildung 3-9, a) die Probekörper seitlich aus der Prüfmaschine herausfielen. Aus diesem Grund wurden alle weiteren Spaltzugversuche für Untersuchungen zur Durchführbarkeit dieser Prüfung, insbesondere bei hochfesten Betonen, notwendig (siehe Abschnitt 3.2.1.2). Entsprechend den gewonnenen Ergebnissen aus diesen zusätzlichen Versuchen wurden die Spaltzugfestigkeitsprüfungen der Hauptversuche sowie der weiteren Versuche einheitlich ohne Zwischenstreifen durchgeführt (siehe Abbildung 3-1). Die Lasteinleitung erfolgte weiterhin über einen Lastverteilungsstreifen aus Stahl mit einer Breite von 10 mm. Dadurch wurde eine bessere Vergleichbarkeit der Untersuchungsergebnisse zwischen den unterschiedlichen Betonfestigkeitsklassen gewährleistet.

3.2.1.2 Zusätzliche Spaltzugversuche

Abhängigkeit der Spaltzugfestigkeit vom Material des verwendeten Lastverteilungsstreifens sowie der Länge des Probekörpers

Die DIN EN 12390-6 sieht für die Einleitung der Belastung in den Probekörper im Spaltzugversuch die Verwendung von Zwischenstreifen aus Hartfaserplatten (HB) nach DIN EN 316 mit einer Dichte ≥ 900 kg/m^3 vor. Die Breite der Zwischenstreifen soll a = 10 ± 1 mm betragen, die Dicke t = 4 ± 1 mm. Die Länge ist so zu wählen, dass die Zwischenstreifen länger sind als die Kontaktlinie zum Probekörper. Ferner dürfen Zwischenstreifen aus Hartfaserplatten nur einmal verwendet werden.

Wie vorangehend geschildert, war die Durchführung der Spaltzugprüfung von Betonen ab einer Würfeldruckfestigkeit von $f_{cm,cube} = 85$ N/mm^2 mit den von der DIN EN 12390-6 vorgeschriebenen Zwischenstreifen nicht möglich. Durch die ungleichmäßige Verformung der Zwischenstreifen, bedingt durch ein vorzeitiges Versagen dieser, fielen die Probekörper vor dem Spaltbruch aus der Prüfmaschine. Um die allgemeine Durchführbarkeit des Spaltzugversuchs für alle verwendeten Betone sicherzustellen, wurden zusätzliche Versuche durchgeführt. Hierzu kamen Proben aus jeweils einem normal- bzw. hochfesten Kiesbeton (NK-1, HK-2) zum Einsatz (siehe Abbildung 3-1 zusätzliche Versuche I). Zusätzlich zum Einfluss von Lastverteilungsstreifen aus Buche, mit einer Faserrichtung senkrecht zur Lasteinleitung, wurde auch der Einfluss einer Versuchsdurchführung ohne Verwendung von Zwischenstreifen auf die Spaltzugfestigkeit erkundet. Auch die Klärung des Einflusses der Probekörperlänge (D = 150 mm, L = 300, 150, 75 mm) auf die ermittelte Spaltzugfestigkeit war Ziel dieser zusätzlichen Versuche.

Versuche zur Untersuchung der Risssequenz im Spaltzugversuch

Um die Rissbildung bzw. den Rissfortschritt im Probekörper während des Spaltzugversuchs ermitteln zu können, wurden auf die Stirnseite der Probekörper 2 mm breite Streifen aus Silberleitlack aufgetragen (siehe Abbildung 3-10 a, c). Durch die hohe Leitfähigkeit des Silberlacks konnten diese Streifen unter Spannung gesetzt werden und dienten, wie aus Abbildung 3-10, b hervorgeht, als Widerstand vernachlässigbarer Größe im Stromkreis.

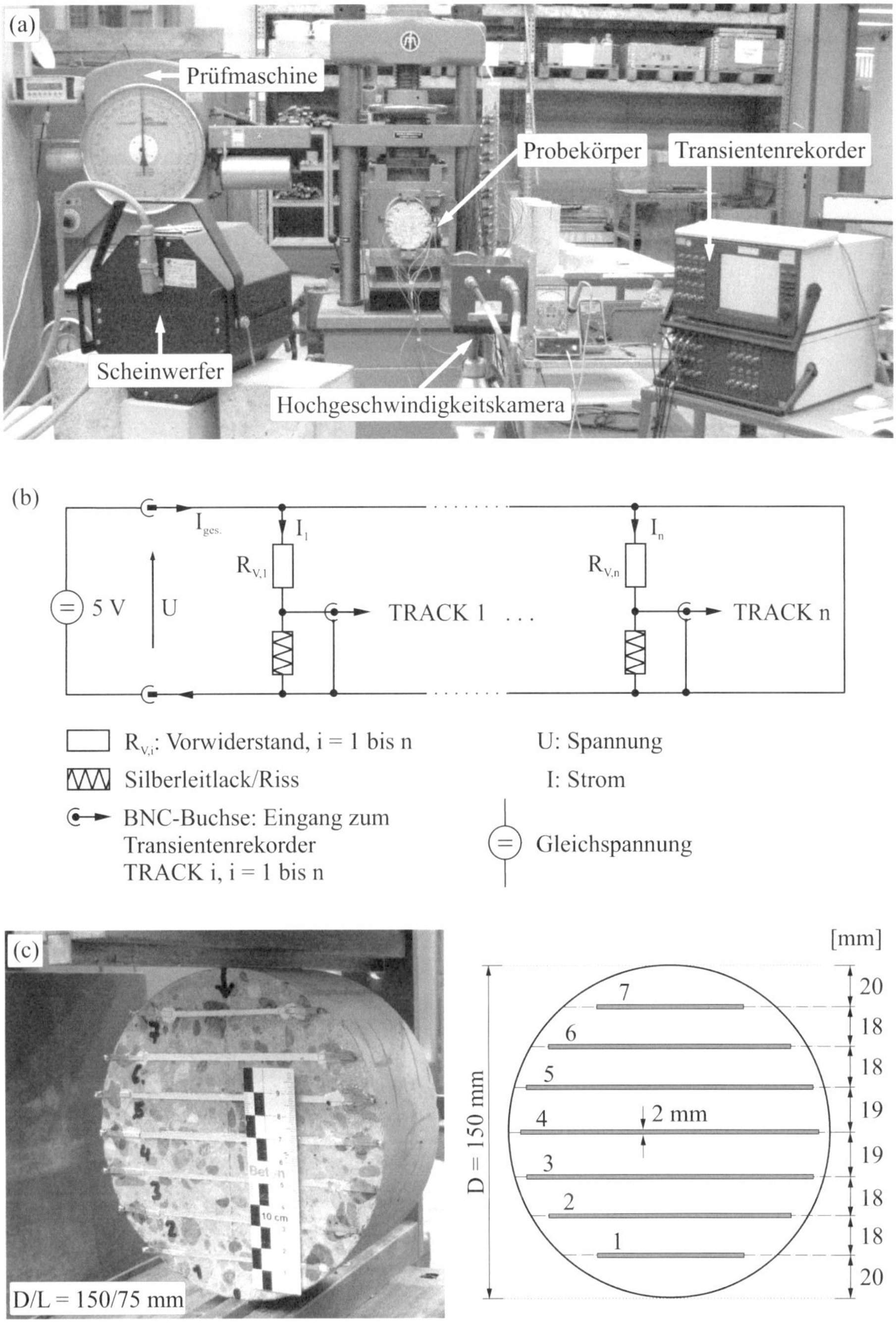

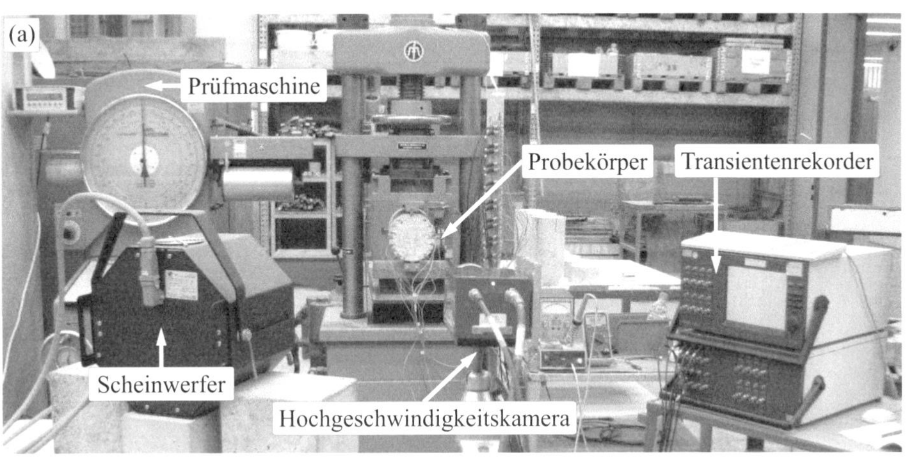

Abb. 3-10: Aufbau der Spaltzugprüfungen an mit Silberleitlack bestückten Probekörpern (a), schematisches Schaltbild des Versuchs (b) und Anordnung der Silberleitlackstreifen (c) für Probekörper mit D = 150 mm

Der Silberlack zeichnet sich durch ein sehr sprödes Materialverhalten aus. Folglich zerbrach die dünn aufgebrachte Silberleitlackschicht, sobald sich ein Riss geöffnet hatte, und erzeugte hierdurch – durch die Unterbrechung des Stromkreises – einen unendlich großen Widerstand (siehe Abbildung 3-10, b).

Die Registrierung der Spannungssignale erfolgte in Abhängigkeit der Probekörpergröße an 7 (D/L = 150/300 bzw. D/L = 150/75 mm) bzw. 14 (D/L = 300/150 mm) Kanälen mittels eines Transientenrekorders mit Abtastraten von 1 MHz. Die Anordnung der Silberleitlackstreifen wurde in Anlehnung an die durchgeführte Literaturrecherche festgelegt. Danach sollte eine Messung der Rissöffnung ca. ein Drittel unter der Lasteinleitung bzw. im mittleren Bereich des Probekörpers gewährleistet werden.

Diese Messmethode liefert lediglich Informationen über die Risssequenz im Spaltzugversuch an der Stirnseite des Probekörpers und nicht über die gesamte Probenlänge. Da aber mit dem an der Stirnseite des Probekörpers vorherrschenden ebenen Spannungszustand ein höheres Spannungsniveau einhergeht als im Probekörperinneren, wo ein ebener Dehnungszustand vorliegt, ist davon auszugehen, dass die Messergebnisse den Versagensmechanismus wiederspiegeln.

Gleichzeitig wurden die oben genannten Spaltzugversuche mit einer Hochgeschwindigkeitskamera (SpeedCam Visario) aufgenommen (siehe Abbildung 3-10, a). Dabei dokumentierten die Videoaufnahmen mit einer Geschwindigkeit von 10000 Bildern pro Sekunde die Spaltzugprüfungen. Um den vollständigen Versagensmechanismus des Probekörpers im Spaltzugversuch von Beginn an aufnehmen zu können, wurde ein Kanal des Transientenrekorders als Trigger für die Aufnahmen der Hochgeschwindigkeitskamera verwendet.

3.2.2 Einaxiale Zugversuche

Um bei den einaxialen Zugprüfungen sicherzustellen, dass gleichmäßige Zugspannungen im Probekörper vorherrschten, erfolgte die Lasteinleitung über die auf die Stirnflächen der Zugproben aufgeklebten, steifen Lasteintragungsplatten mit einer Dicke von 35 mm. Als Klebstoff diente ein Zweikomponentenkleber auf Polyurethanharzbasis (MC-Quicksolid, MC-Bauchemie).

Die einaxialen Zugversuche an den Prismen wurden unter Behinderung der Prüfkörperverdrehung durchgeführt. Bei der Prüfmaschine handelte es sich um die vollautomatische mechanische Prüfmaschine INSTRON 4508 mit einer maximalen Prüflast von 300 kN. Nur durch einen sehr steifen Versuchsaufbau konnte ein stabiles und über den gesamten Querschnitt der Prüfkörper gleichmäßiges Risswachstum sichergestellt sowie eine Lastübertragung mit einer Belastungsgeschwindigkeit von $\dot{\varepsilon} = 1 \cdot 10^{-5}$ 1/s bzw. $\delta = 5 \cdot 10^{-4}$ mm/s erfüllt werden. Aus diesem Grund wurden die Prüfkörper über Stahladapter direkt in die Prüfmaschine eingeklebt. Für die dehnungs- bzw. verformungsgesteuerten einaxialen Zugversuche wurden induktive Wegaufnehmer auf zwei gegenüberliegenden Zugprismenseiten in der vertikalen Symmetrieachse der Proben befestigt (siehe Abbildung 3-11 a, b). Die Messdatenverarbeitung sowie der maschinelle Prüfablauf erfolgten computergesteuert.

Eine dehnungsgesteuerte Festigkeitsprüfung setzt einen konstanten Probenquerschnitt über die gesamte Messlänge voraus. Dies trifft auf die verjüngten, nicht aber auf die gekerbten Zugprismen zu. Letztere weisen im Messbereich zwei unterschiedliche Querschnittsflächen auf, nämlich den reduzierten (Netto-)Querschnitt in der Ebene der Kerben und den gesamten (Brutto-)Querschnitt außerhalb des Kerbbereiches. Aus diesem Grund mussten die gekerbten Zugprismen in verformungsgesteuerten anstelle von dehnungsgesteuerten einaxialen Zugversuchen geprüft werden. Hierzu wurde die in Anlehnung an [94] und [80] gewählte Dehnungsgeschwindigkeit von $\dot\varepsilon = 1 \cdot 10^{-5}$ 1/s in eine Verformungsgeschwindigkeit von $\dot\delta = 5 \cdot 10^{-4}$ mm/s, bezogen auf die entsprechende Messlänge, umgerechnet. Bei der Wahl der Belastungsgeschwindigkeit mussten gegenläufige Anforderungen berücksichtigt werden: Zum einen war eine stabile Versuchsregelung sicherzustellen, zum anderen waren die Versuche trotz der hohen Probekörperanzahl in möglichst kurzer Zeit durchzuführen.

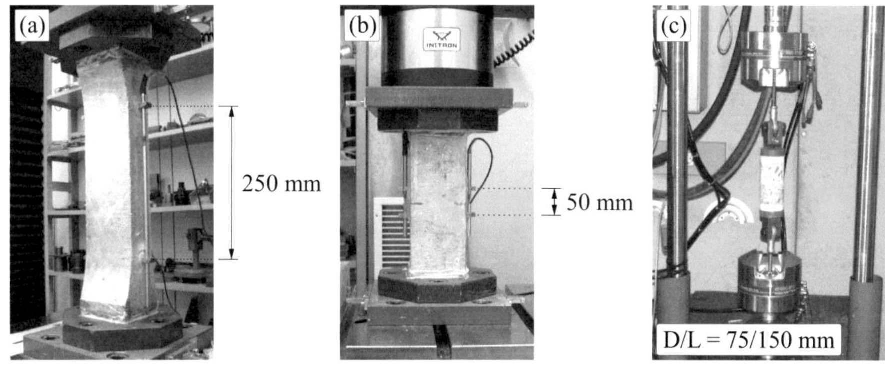

Abb. 3-11: Aufbau der einaxialen Zugversuche an eingeschnürten (a), gekerbten Prismen (b) und an Bohrkernen (c)

An den Bohrkernen wurden die einaxialen Zugversuche ohne Behinderung der Probekörperverdrehung in Anlehnung an [2] durchgeführt. Die gelenkige Zugstange wurde in das auf der Lasteinleitungsplatte zentrierte Gewinde geschraubt und anschließend in die Klemmbacken der Zugprüfmaschine eingespannt (siehe Abbildung 3-11, c). Der plötzliche Kraftabfall beim Bruch der Probe stellt bei kraftgesteuerten Versuchen hohe Anforderungen an die elektromechanische Prüfeinrichtung. Aus diesem Grund wurde zur einaxialen Zugprüfung die hydraulische Zugdruckprüfmaschine MTS 100 mit einer maximalen Prüflast von 100 kN eingesetzt.

Die Belastungsgeschwindigkeit wurde gemäß [2] und [121] zu 0,05 N/(mm$^2 \cdot$s) gewählt.

3.3 Versuchsergebnisse

3.3.1 Ergebnisse der Spaltzugversuche

Bei der Interpretation der Ergebnisse der Spaltzugprüfungen muss beachtet werden, dass die angegebenen Spaltzugfestigkeiten ohne Verwendung eines Zwischenstreifens ermittelt worden sind. Für normalfesten Beton wurden ohne Zwischenstreifen 10 bis 15 % geringere $f_{ct,sp}$-Werte erzielt als für den gleichen Betonprobekörper mit Zwischenstreifen aus Hartfaserplatten.

3.3.1.1 Einfluss der Druckfestigkeit auf die Spaltzugfestigkeit

Der Einfluss der Betongüte, der verwendeten Gesteinskörnungsart und der Gewinnung bzw. der Abmessungen des Probekörpers auf die Spaltzugfestigkeit ist in Abbildung 3-12 dargestellt. Das Diagramm ist zur besseren Übersicht in Abbildung A2-1 im Anhang nach der verwendeten Gesteinskörnungsart und der Gewinnung bzw. der Abmessungen der Spaltzugproben aufgeteilt veranschaulicht. Die entsprechenden Zahlenwerte können der Tabelle A2-1 entnommen werden. Die angegebenen Werte stellen Mittelwerte aus mindestens drei Versuchen dar, die Standardabweichung ist jeweils in Klammern angegeben.

Die gewonnenen Ergebnisse zeigen, dass Splittbetone bei gleicher Matrixzusammensetzung um 10 bis 15 % höhere Spaltzugfestigkeiten aufweisen als Kiesbetone (siehe Abbildung 3-12). Dieser Festigkeitsunterschied stimmt mit den Literaturangaben, u. a. [16, 50], überein.

Spaltzugversuche an Bohrkernen lieferten mit steigender Betongüte zunehmend geringere Spaltzugfestigkeiten als entsprechende Versuche an geschalten Probekörpern gleicher Geometrie und Zusammensetzung (siehe Abbildung 3-12). Eine mögliche Ursache für diese Abweichung könnte in der Herstellung des Probekörpers liegen. Das Betonieren in einer Schalung bedingt eine zementleimreiche Randschicht im Probekörper. Diese Randschicht trägt zu einer gleichmäßigen Krafteinleitung zusätzlich bei. Bei einer Spaltzugbelastung eines Bohrkerns treffen hingegen die Lasteinleitungsstreifen abwechselnd auf Zementsteinmatrix, Kontaktzone zwischen Zementstein und Gesteinskörnung sowie auf die Gesteinskörnung auf. Die Krafteinleitung ist aufgrund der unterschiedlichen Steifigkeiten der einzelnen Phasen ungleichmäßig. Mit zunehmender Betondruckfestigkeit geht zwar eine Gütesteigerung der Zementsteinmatrix einher, jedoch reagiert ein hochfester Beton auch zunehmend spröder und dadurch empfindlicher auf eine ungleichmäßige Krafteinleitung.

Die gewonnenen Ergebnisse deuten ferner auf einen ausgeprägten Size Effect hin. Als Size Effect wird in der Bruchmechanik das Phänomen der Abnahme der Festigkeit mit zunehmender Probekörpergröße bezeichnet. Weitere Ergebnisse hinsichtlich des Size Effects wurden in Abschnitt 3.2.1.2 dargelegt.

Bei der Darstellung der Trendlinien gemäß Literaturangaben in Abbildung 3-12 wurden Umrechnungsfaktoren, falls notwendig, nach Tabelle A1-1 berücksichtigt. Ein Vergleich der vorliegenden Ergebnisse mit den Beziehungen nach DIN 1045-1 sowie Model Code 1990 (MC 90) [27] zeigt im normalfesten Bereich für die in Schalung hergestellten Proben eine gute Übereinstimmung. Für hochfeste Betone sind die Beziehungen nach DIN 1045-1 und REMMEL [120] zutreffend. Die angegebenen Beziehungen zwischen Spaltzugfestigkeit und Druckfestigkeit nach HEILMANN [60] bzw. *fib* 08 Bericht über den Stand der Technik [40] überschätzen im gesamten Festigkeitsbereich die gemessenen Ergebnisse.

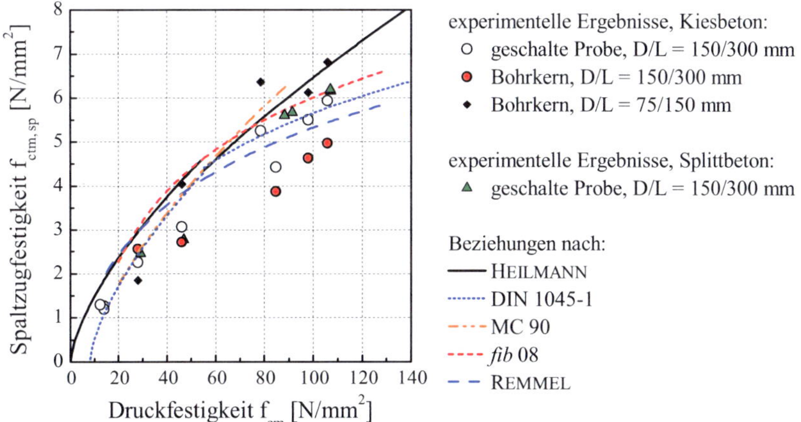

Abb. 3-12: Einfluss der Betonfestigkeit, der verwendeten Gesteinskörnungsart und der Art der Gewinnung des Probekörpers auf die Spaltzugfestigkeit; Literaturangaben nach [60, 27, 40, 120]; die jeweiligen Gleichungen sind in Tabelle A1-2 angegeben

In Abbildung A2-2 ist die Abhängigkeit der Spaltzugfestigkeit von der Würfeldruckfestigkeit und der Geometrie des Probekörpers dargestellt. Hierbei können die erzielten Ergebnisse der vorliegenden Arbeit mit jenen Ergebnissen bzw. Beziehungen aus der Fachliteratur, welche in Abhängigkeit der Würfeldruckfestigkeit angegeben worden sind, unmittelbar, ohne eine Umrechnung vornehmen zu müssen, miteinander verglichen werden.

Mit der ggf. notwendigen Umrechnung der dargestellten Beziehungen nach Tabelle A1-1 ging ein Rückgang der Vorhersagegenauigkeit von diesen einher (siehe Abbildung A2-2).

3.3.1.2 Einfluss des Zwischenstreifens bzw. der Größe des Probekörpers auf die Spaltzugfestigkeit

Um die Auswirkungen des verwendeten Zwischenstreifenmaterials sowie der Probenlänge auf die Spaltzugfestigkeit unter Berücksichtigung des festigkeitsabhängigen Materialverhaltens zu untersuchen, wurden Spaltzugversuche an einem normalfesten NK-1 ($f_{cm,cube}$ = 28,0 N/mm²) und an einem hochfesten HK-2 ($f_{cm,cube}$ = 113,4 N/mm²) Beton mit Kies als Gesteinskörnung durchgeführt. Die gewonnenen Ergebnisse sind in Abbildung 3-13 dargestellt und im Einzelnen in Tabelle A2-2 angegeben. Hierbei handelt es sich um Mittelwerte aus mindestens drei Versuchen. Die Standardabweichungen sind jeweils in Klammern genannt.

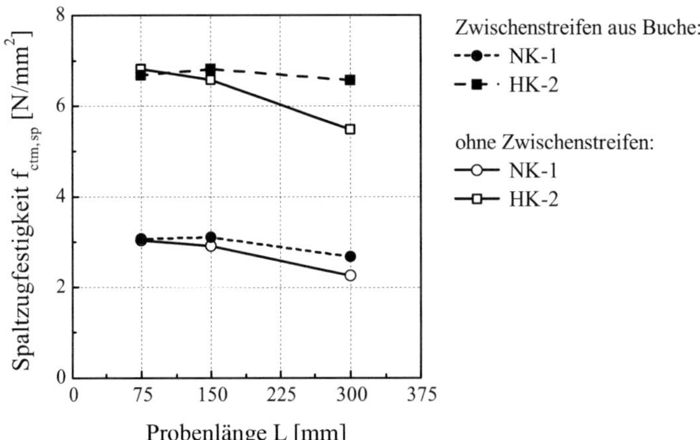

Abb. 3-13: Einfluss des Materials des Zwischenstreifens und der Probekörperlänge auf die Spaltzugfestigkeit

Bei einer Probekörperlänge von 300 mm (D/L = 0,5) führte die Verwendung eines Zwischenstreifens aus Buche im Vergleich zu einer Spaltzugprüfung ohne Zwischenstreifen unabhängig von der Festigkeit des Betons zu bis zu 20 % höheren Spaltzugfestigkeiten. Es konnte festgestellt werden, dass mit abnehmender Probekörperlänge auch der Einfluss des Materials der Zwischenstreifen auf die ermittelten Spaltzugfestigkeiten abnimmt (siehe Abbildung 3-13).

Im Gegensatz zu den Untersuchungen von WRIGHT [156] ergaben die Spaltzugversuche mit Lastverteilungsstreifen aus Stahl – d. h. ohne Verwendung eines Zwischenstreifens – keine größere Standardabweichungen als jene mit Verwendung eines Zwischenstreifens. Mit der Verwendung von Zwischenstreifen bei der Versuchsdurchführung geht demnach keine Qualitätsminderung des ermittelten Spaltzugkennwertes einher.

Des Weiteren ist zu erkennen, dass sich die Spaltzugfestigkeiten, die an Probekörpern mit einer Länge von 150 mm (D/L = 1) ermittelt worden sind, kaum von jenen unterscheiden, die an Probekörpern mit einer Länge von 75 mm (D/L = 2) bestimmt wurden (siehe Abbildung 3-14). Eine Aussage darüber, ob ab einem Verhältnis von D/L = 1 die Spaltzugfestigkeit gegen einen Endwert strebt, bedarf weiterer Untersuchungen.

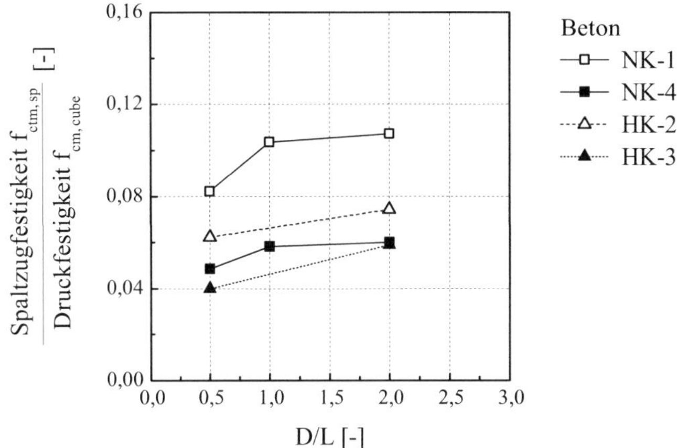

Abb. 3-14: Abhängigkeit der Spaltzugfestigkeit von dem D/L-Verhältnis; D = const.

Auf Grundlage der gewonnenen Erkenntnisse kann jedoch die Annahme bestätigt werden, dass ab einer bestimmten Probekörpergröße die Spaltzugfestigkeit keine Abhängigkeit vom D/L-Verhältnis zeigt. Die Untersuchungsergebnisse u. a. von HASEGAWA et al. [59], BAŽANT et al. [12] oder ROCCO et al. [124] stimmen mit der oben beschriebenen Tendenz überein (siehe auch Abbildung 2-13).

3.3.1.3 Versagensmechanismus im Spaltzugversuch

In den Untersuchungen zur Ermittlung der Risssequenz im Probekörper infolge Spaltzugbeanspruchung wurden ein normalfester Kiesbeton NK-4 und ein hochfester Kiesbeton HK-3 studiert. Die im Folgenden erläuterten Beobachtungen basieren auf den Ergebnissen von vier Einzelmessungen jeweils einer Versuchsreihe. Die Mittelwerte der erzielten Festbetonkennwerte können Tabelle A2-3 entnommen werden. Die Standardabweichungen sind jeweils in Klammern angegeben.

Zur Interpretation der dargestellten Messsignale (siehe z. B. in Abbildung 3-15, unten) muss zunächst kurz auf die Messanordnung hingewiesen werden. Danach erhöht sich die gemessene Spannung zwischen den Endpunkten eines Leitstreifens (im Folgenden in Abbildungen 3-15 bis 3-16 mit LS bezeichnet) sobald der Leitstreifen beschädigt wird.

Die Auswertung der Videoaufnahmen ist in den nachfolgenden Abbildungen oben (siehe in Abbildung 3-15, oben) veranschaulicht, wobei die einzelnen Bilder a bis e die zeitliche Abfolge der Rissentwicklung darstellen.

Die erzielten Ergebnisse dieser zusätzlichen Versuche widersprechen den theoretischen Annahmen insofern, dass entsprechend den Beobachtungen die Rissbildung meist nicht von der Probekörpermitte (Ort maximaler Zugspannungen) ausgeht. Der erste Riss öffnete sich in einem Standardprobekörper (D/L = 150/300 mm) aus normalfestem Beton im oberen oder unteren Viertel der Probenhöhe, in Standardprobekörpern aus hochfestem Beton im oberen oder unteren Drittel (siehe Abbildungen 3-15 und 3-16). Aufgrund des spröden Materialverhaltens wiesen die Messergebnisse der Spaltzugversuche an Probekörpern aus hochfestem Beton im Vergleich zu denen aus normalfestem Beton ein deutlich geringeres Signalrauschen und kürzere Versagensdauer von ungefähr 0,5 ms auf (siehe Abbildung 3-15 unten, Abbildung 3-16 unten). Die Versagensdauer von Probekörpern der oben genannten Geometrie aus normalfestem Beton betrug ca. 1,6 ms.

Die gewonnenen Ergebnisse über den Versagensmechanismus im Spaltzugversuch deuten darauf hin, dass sich die Rissinitiierung mit steigender Betongüte sowie mit abnehmender Probekörperlänge in Richtung der Probenmitte verlagert (vgl. Abbildungen A2-3 bis A2-7 im Anhang). Mit steigender Betongüte sowie mit abnehmender Probekörperlänge nimmt ferner die Versagensdauer – das Intervall vom Auftreten des ersten Risses bis zur Durchtrennung des Probekörpers – ab (vgl. Abbildungen A2-3 bis A2-7 im Anhang). Gleichzeitig macht sich eine immer geradliniger werdende Bruchlinie bemerkbar (siehe auch Abbildung 3-17).

Die Aufnahmen der Hochgeschwindigkeitskamera ergaben eine gute Übereinstimmung mit den Messergebnissen der Rissdetektion. Eine Ausnahme bildeten die Spaltzugversuche an Probekörpern mit D/L = 300/150 mm an normalfetsen Betonen. Die Versuche mit den Leitstreifen an normalfesten Betonen waren mit messtechnischen Problemen behaftet, so dass eine Auswertung lediglich auf der Basis der Aufnahmen der Hochgeschwindigkeitskamera vorgenommen werden konnte. Dementsprechend war ein Vergleich mit den Messergebnissen der Rissdetektion nicht möglich. Gemäß den Aufnahmen der Hochgeschwindigkeitskamera zeichnete sich eine Rissbildung von einem Lasteinleitungspunkt in Richtung des gegenüberliegenden ab (Abbildung A2-4).

Auch eine von vier Aufzeichnungen des Spaltzugversuchs an einem Probekörper aus hochfestem Beton (D/L = 300/150 mm) zeigte den selben Versagensmechanismus (siehe Abbildung A2-6 oben). Die dazugehörigen Messergebnisse ergaben jedoch, dass die ersten Risse im oberen bzw. unteren Drittel der Probenhöhe initiiert worden sind (siehe Abbildung A2-6 unten). Weitere Spaltzugversuche belegten neben der gemessenen Risssequenz der Leitstreifen auch mittels Videoaufzeichnungen eine Rissausbreitung vom unteren bzw. oberen Drittel der Probenhöhe aus (siehe Abbildung A2-7).

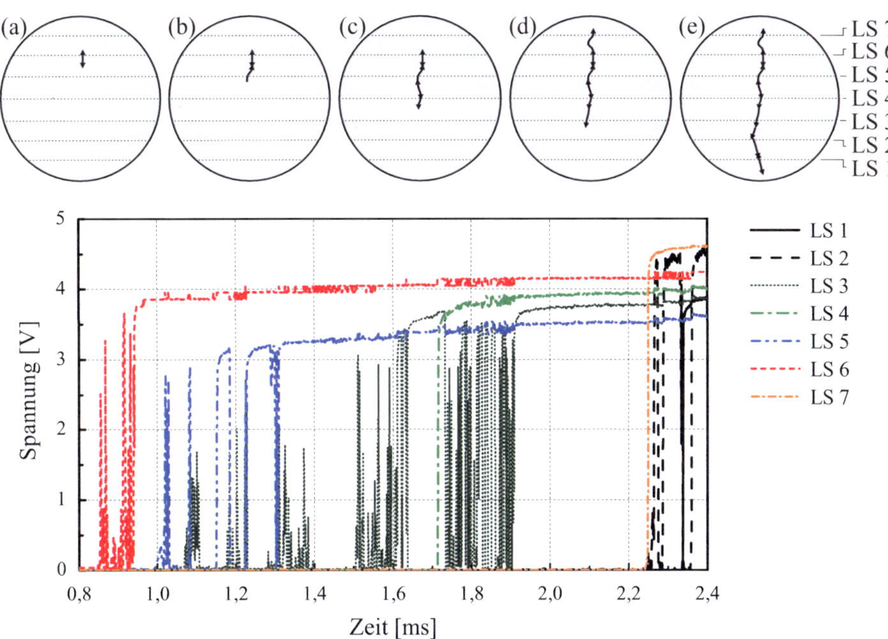

Abb. 3-15: Risssequenz im Spaltzugprobekörper mit D/L = 150/300 mm aus normalfestem Beton (NK-4); oben: Videoaufnahmen, unten: Messdaten

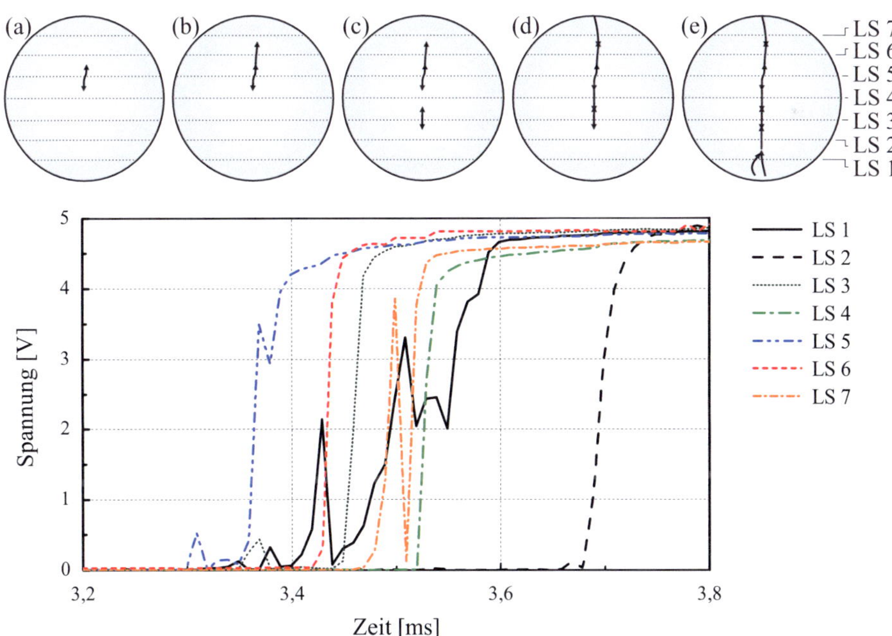

Abb. 3-16: Risssequenz im Spaltzugprobekörper mit D/L = 150/300 mm aus hochfestem Beton (HK-3); oben: Videoaufnahmen, unten: Messdaten

Abbildung 3-17 stellt die Formen der nach den Spaltzugversuchen erzielten Trennrisse in Abhängigkeit der Betongüte und der Abmessungen des Probekörpers gegenüber. Der signifikante Unterschied in der Festigkeit sowie im Verformungsverhalten zwischen Gesteinskörnungen und Zementsteinmatrix macht sich in den Bruchbildern des normalfesten Betons deutlich bemerkbar. Die Form des Trennrisses ist hierbei bedingt durch die Anordnung der Gesteinskörnungen, da sich der Riss entlang der Verbundzone, um die festeren Gesteinskörnungen, ausbreitet.

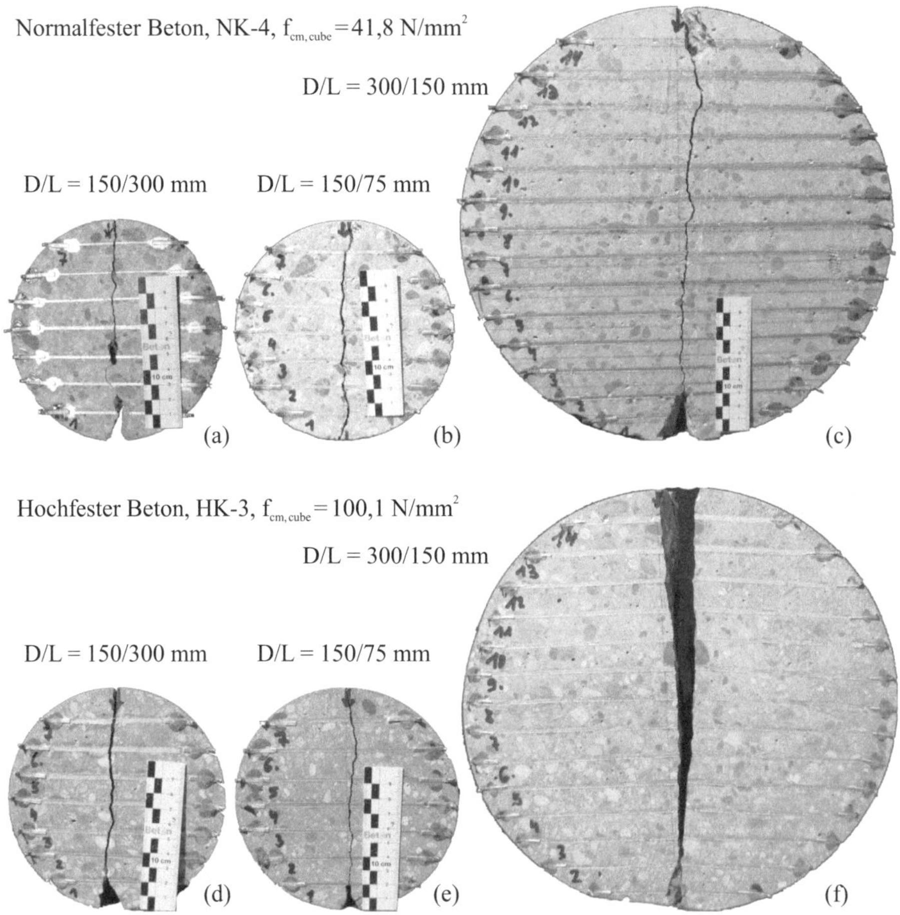

Abb. 3-17: Bruchbilder im Vergleich; a bis c: NK-4, d bis f: HK-3, a und d: D/L = 150/300 mm, b und e: D/L = 150/75 mm, c und f: D/L = 300/150 mm

Hingegen verläuft der Trennriss in den Probekörpern aus hochfestem Beton, wo Zementsteinmatrix und Gesteinskörnungen ähnliche Eigenschaften aufweisen, geradlinig durch den gesamten Probekörper, auch durch die Gesteinskörnungen. Den beobachteten Sachverhalt führt REINHARDT [119] auf die unterschiedliche Porosität der Betone zurück. Aus bruchmechanischer Sicht bewirkt eine größere Pore (Riss) einen stärkeren Rückgang der Tragfähigkeit als mehrere kleinere Poren mit dem selben Gesamtquerschnitt. Normalfeste Betone weisen bedingt durch einen höheren w/z-Wert einen größeren Anteil an Kapillarporen auf. Dahingegen verfügen hochfeste Betone über kleinere, gleichmäßig verteilte Poren und erzielen somit eine höhere Tragfähigkeit. Gleichzeitig können diese Poren gegenüber den großen, abgerundeten Poren normalfester Betone den Rissfortschritt weniger gut aufhalten, folglich verhält sich der hochfeste Beton spröder.

In den Probekörpern mit D/L = 150/75 mm konnte des Weiteren unter der Lasteinleitung entweder kein oder nur ein kleiner keilförmiger Ausbruch beobachtet werden (siehe Abbildung 3-17 b, e). Nach MITCHELL [96] deutet dieser Sachverhalt auf einen reinen Zugbruch hin. Die Versagensmechanismen von Probekörpern anderer Geometrie (D/L = 150/300 mm bzw. D/L = 300/150 mm) weisen dahingegen einen Schubbruch auf (vgl. Abbildung 2-10).

Ferner wurde beobachtet, dass sich der Trennriss auch in den Probekörpern mit D/L = 150/75 mm aus normalfestem Beton durch die Gesteinskörnungen ausbreitete (siehe Abbildung 3-17 b). Eine Erklärung hierfür bedürfte jedoch weiterer eingehender Untersuchungen.

3.3.2   Ergebnisse der einaxialen Zugversuche

Die in einaxialen Zugversuchen an ungekerbten Zugprismen mit verjüngtem Querschnitt ermittelten Spannungs-Dehnungsbeziehungen sind in Abbildung 3-18 dargestellt. Mit zunehmender Betondruckfestigkeit nehmen alle drei untersuchten Betonkennwerte, einaxiale Zugfestigkeit f_{ct}, Elastizitätsmodul E_{c0} (Ursprungsmodul) sowie Dehnung ε_c beim Erreichen der Zugfestigkeit, zu, wobei diese Tendenz bei den letzten beiden Kenngrößen weniger stark ausgeprägt ist.

Die Verläufe der Spannungs-Verformungs- bzw. Spannungs-Dehnungsbeziehungen der Betone stellen jeweils den Mittelwert der anhand von zwei Messwegaufnehmern ermittelten Messwerte dar.

Die Mittelwerte der Ergebnisse der einaxialen Zugversuche an ungekerbten Proben mit verjüngtem Querschnitt und an Bohrkernen sind im Einzelnen in Tabelle A2-4 aufgeführt. Diese wurden aus den Ergebnissen von mindestens drei Versuchen gebildet, die Standardabweichungen sind in Klammern angegeben.

Trotz des gewählten Versuchsaufbaus mit einer großen Messlänge von 250 mm konnte bei zwei einaxialen Zugversuchen aufgrund einer „günstigen" Rissentwicklung das Nachbruchverhalten erfasst werden (siehe Abbildung A2-8). Die Fläche unter den Kurven entspricht allerdings nicht der Bruchenergie G_F, da durch die große Messlänge nicht nur die zur Öffnung des Trennrisses erforderliche Energie, sondern auch die elastischen Rückverformungsanteile der unbeschädigten Bereiche des Probekörpers mitgemessen worden sind. Die erfassten Verformungen werden daher größer als bei gekerbten Prismen, bei welchen die Messlänge nur 50 mm betrug (vgl. Abbildung 3-19).

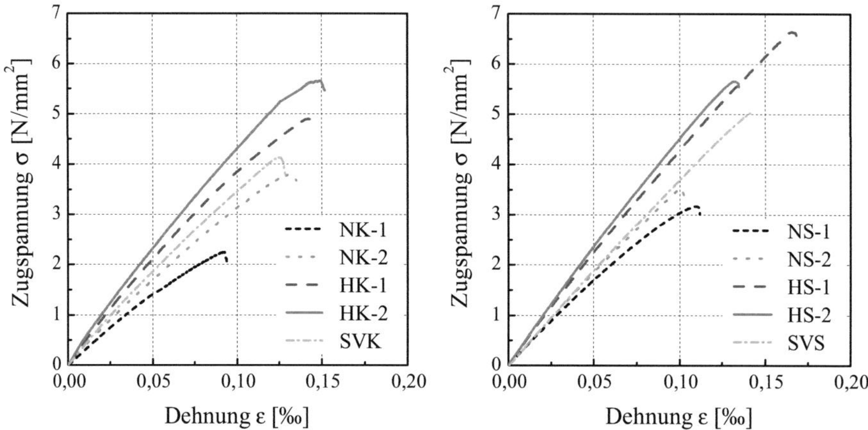

Abb. 3-18: Einfluss des Betons auf den an ungekerbten Probekörpern ermittelten Verlauf der Zugspannungs-Dehnungsbeziehungen

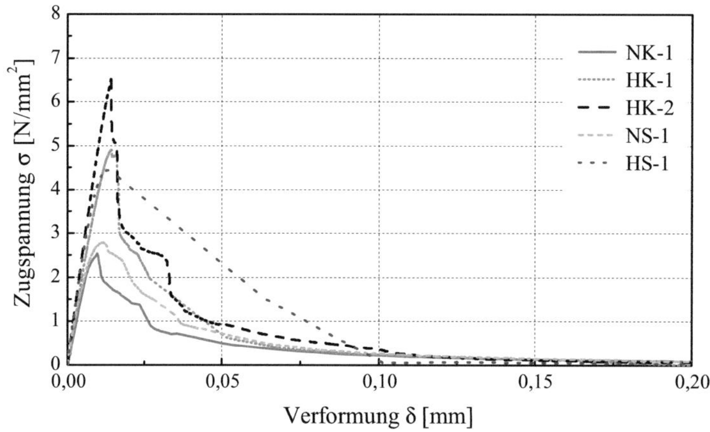

Abb. 3-19: Einfluss der Betondruckfestigkeit auf den an gekerbten Probekörpern ermittelten Verlauf der Zugspannungs-Verformungsbeziehungen

Die gewonnenen Ergebnisse der einaxialen Zugversuche an gekerbten Prismen zeigen, dass bei einer Verformungsgeschwindigkeit von $\dot{\delta} = 1 \cdot 10^{-4}$ mm/s (Messlänge = 50 mm), mit Ausnahme des Betons HS-1, der abfallende Ast der Zugspannungs-Verformungsbeziehung vollständig erfasst werden konnte. Im Vergleich zu den hochfesten Betonen mit Kies als Gesteinskörnungen haben hochfeste Betone mit Splitt als

Gesteinskörnungen, bedingt durch eine stärkere Verzahnung zwischen Zementstein und Gesteinskörnung, einen steileren abfallenden Ast. Dieser Sachverhalt führte nun unter der angegebenen Versuchsdurchführung bei HS-1 nach dem Überschreiten der Dehnung ε_c zu einem instabilen Risswachstum (Abbildung 3-19). Hierdurch werden die aus den erhaltenen Spannungs-Verformungsbeziehungen ermittelten Werte der Bruchenergie G_F überschätzt (HS-1) bzw. dieser Kennwert kann nicht ermittelt werden.

Die Ergebnisse der einaxialen Zugversuche an gekerbten Proben sind in Tabelle 3-6 angegeben. Diese stellen Mittelwerte der Ergebnisse von mindestens drei Einzelversuchen dar, die Standardabweichungen sind in Klammern aufgeführt.

Tab. 3-6: Ergebnisse der einaxialen Zugversuche an gekerbten Prismen (Standardabweichung in Klammern)

Beton	$f_{ctm,n}$ [N/mm^2]	G_{Fm} [N/m]	l_{ch} [m]
NK-1	2,5 (0,24)	108,5 (0,77)	0,44
HK-1	5,0 (0,25)	151,7 (8,36)	0,17
HK-2	6,1 (0,44)	171,8 (k.A.)	0,19
NS-1	2,8 (0,16)	89,9 (9,85)	0,15
HS-1	4,5 (0,38)	k. A.	k. A

Der Einfluss der Betongüte und der Geometrie des Probekörpers auf die einaxiale Zugfestigkeit ist in Abbildung 3-20 dargestellt. Das Diagramm ist zur besseren Übersicht in Abbildung A2-9 im Anhang nach der verwendeten Gesteinskörnungsart und der Gewinnung bzw. der Abmessungen der Spaltzugproben aufgeteilt veranschaulicht.

Wie in Abbildung 3-20 ersichtlich ist, stimmt die an Bohrkernen mit D/L = 75/150 mm ermittelte einaxiale Zugfestigkeit gut mit der an ungekerbten Zugprismen bestimmten überein. Ferner zeigen auch die einaxialen Zugversuche einen ausgeprägten Size Effect. Aufgrund der Probekörpergeometrie liegt die an Bohrkernen mit D/L = 150/300 mm ermittelte einaxiale Zugfestigkeit unterhalb der Werte für Bohrkerne mit D/L = 75/150 mm.

Des Weiteren ist zu erkennen, dass mit zunehmender Betondruckfestigkeit die an Bohrkernen mit D/L = 75/150 mm sowie an Zugprismen mit verjüngtem Mittelquerschnitt ermittelte einaxiale Zugfestigkeit stärker anwächst als der an Bohrkernen mit D/L = 150/300 mm bestimmte Kennwert.

Bei der Darstellung der Trendlinien nach Literaturangaben in Abbildung 3-20 wurden Umrechnungsfaktoren, falls notwendig, nach Tabelle A1-1 berücksichtigt.

Die angegebenen Beziehungen nach HEILMANN [60] und *fib* 08 Bericht über den Stand der Technik [40] zur Beschreibung des Zusammenhangs zwischen der einaxialen Zugfestigkeit und der Druckfestigkeit geben die Ergebnisse der vorliegenden Arbeit gut wieder (siehe Abbildung 3-20). Für hochfeste Betone unterschätzt REMMEL [120] und somit auch DIN 1045-1 die erzielten Werte. Gleichzeitig macht sich ein Unterschied zwischen den Zusammenhängen gemäß DIN 1045-1 und nach HEILMANN [60] im Bereich normalfester Betone bemerkbar (vgl. Abbildung A2-10), obwohl in der im Jahr 1988 erarbeiten DIN 1045 die originale Beziehung nach HEILMANN zum Tragen kam. Dieser Unterschied resultiert daraus, dass jene Druckfestigkeit, die in der ursprünglich von HEILMANN hergeleiteten Beziehung angegeben ist (vgl. Abschnitt 2.5.1), an einem Würfel der Kantenlänge 200 mm sowie nach einer trockenen Nachbehandlung ermittelt worden ist. Ohne die Berücksichtigung der unterschiedlichen Probegeometrie bzw. Probeabmessungen und der Nachbehandlung fand diese Druckfestigkeit in die DIN 1045-1 als charakteristische Druckfestigkeit f_{ck} Eingang, wobei $f_{cm} = f_{ck} + \Delta f$ mit $\Delta f = 8$ N/mm^2 (siehe Tabelle A1-3) ist.

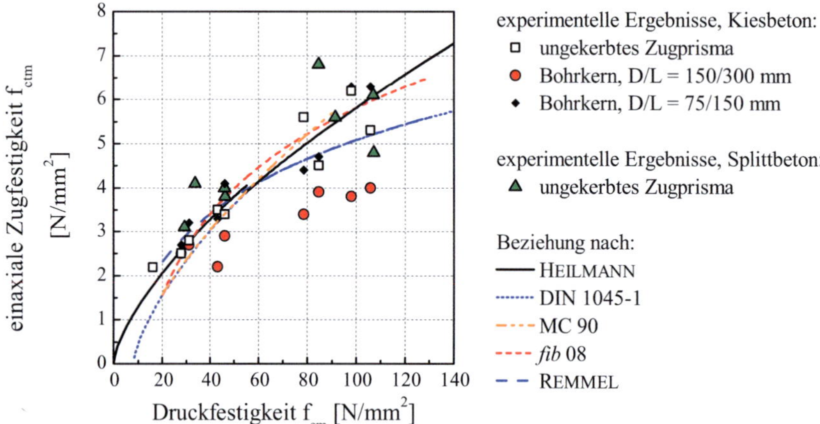

Abb. 3-20: Abhängigkeit der einaxialen Zugfestigkeit von der Zylinderdruckfestigkeit und der Geometrie des Probekörpers; Angaben nach [60, 27, 40, 120]; die jeweiligen Gleichungen sind in Tabelle A1-3 angegeben

In Abbildung A2-10 ist die Abhängigkeit der einaxialen Zugfestigkeit von der Würfeldruckfestigkeit und der Geometrie des Probekörpers dargestellt. Analog zu den Erkenntnissen hinsichtlich der umgerechneten Formulierungen der Spaltzug- und Würfeldruckfestigkeit (siehe Abschnitt 3.2.1.1) führen die Umrechnungen der Beziehungen zwischen einaxialer Zug- und Druckfestigkeit zu einer negativen Auswirkung bezüglich der Vorhersagegenauigkeit. Danach überschätzt z. B. die Beziehung gemäß *fib* 08 Bericht über den Stand der Technik [40] im gesamten Festigkeitsbereich die ermittelten Ergebnisse der vorliegenden Arbeit (siehe Abbildung A2-10).

3.3.3 Verhältnis der einaxialen Zug- zur Spaltzugfestigkeit in Abhängigkeit der Druckfestigkeit

In Abbildung 3-21 ist der Zusammenhang zwischen der Druckfestigkeit f_{cm} und dem Verhältnis von einaxialer Zugfestigkeit f_{ctm} zur Spaltzugfestigkeit $f_{ctm,sp}$ der untersuchten Betone dargestellt. Hierzu wurden die jeweiligen Beziehungen zwischen der an ungekerbten Prismen ermittelten einaxialen Zugfestigkeit f_{ctm} und der an Zylindern sowie an Bohrkernen unterschiedlicher Geometrie bestimmten Spaltzugfestigkeit $f_{ctm,sp}$ herangezogen.

Die Ergebnisse der experimentellen Untersuchungen von den in Schalung hergestellten Proben zeigen, dass das Verhältnis A der einaxialen Zugfestigkeit zur Spaltzugfestigkeit für normalfeste Betone etwa 1,1 bis 1,3 beträgt (siehe Abbildung 3-21). Demgegenüber wird für hochfeste Betone ein Quotient A von 0,9 bis 1,1 ermittelt. Nach den Beziehungen der DIN 1045-1 und des Model Codes 1990 [27] liegt der Verhältniswert A bei 0,9, wobei dort jedoch unterstellt wird, dass der Quotient aus einaxialer Zugfestigkeit und Spaltzugfestigkeit nicht von der Druckfestigkeit abhängt. Das breite Spektrum der vorgeschlagenen A-Werte, wie in Abschnitt 2.5.2 dargelegt, sowie die vorliegenden Ergebnisse lassen vermuten, dass das Verhältnis der einaxialen Zugfestigkeit zur Spaltzugfestigkeit neben der Betongüte auch stark von der Probekörpergeometrie sowie von der verwendeten Gesteinskörnungsart abhängt.

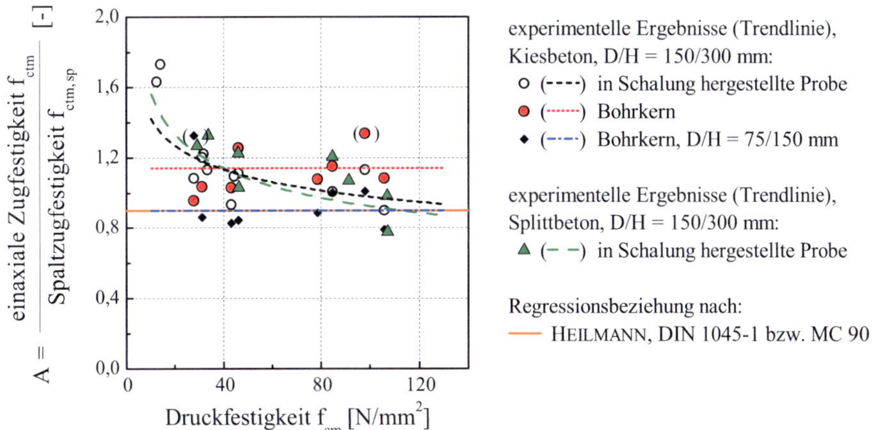

Abb. 3-21: Verhältnis der einaxialen Zug- zur Spaltzugfestigkeit in Abhängigkeit der Zylinderdruckfestigkeit; herangezogene Literaturangaben nach [60, 27, 40, 120]

Die berechneten A-Werte für die Bohrkerne weisen auf keine Abhängigkeit von der Betongüte hin (siehe Abbildung 3-21). Ferner macht sich der Size Effect bemerkbar. Die an den Bohrkernen mit D/L = 75/150 mm ermittelten A-Werte liegen zwischen 0,8 und 1,0, während an Bohrkernen mit D/L = 150/300 mm A-Werte von 0,9 bis 1,3 bestimmt worden sind.

Um die Abhängigkeit der A-Werte von der Druckfestigkeit der in Schalung hergestellten Probekörper zu verdeutlichen, wurden in Abbildung 3-22 zum einen die Verhältniswerte A aus den jeweiligen mittleren einaxialen Zugfestigkeiten und den mittleren Spaltzugfestigkeiten ($f_{ctm}/f_{ctm,sp}$) gebildet. Zum anderen wurden alle möglichen Kombinationen der Einzelwerte ($f_{ct}/f_{ct,sp}$) berechnet und dargestellt. Hierdurch können die repräsentativen Bereiche der Datenpunkteschar der Abbildung 3-22 auch ohne die Angabe der entsprechenden Standardabweichungen entnommen werden.

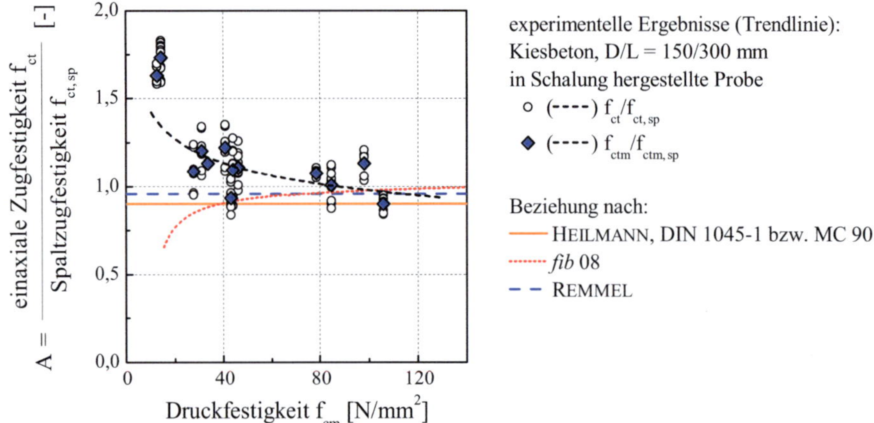

Abb. 3-22: Verhältnis der einaxialen Zug- zur Spaltzugfestigkeit in Abhängigkeit der Zylinderdruckfestigkeit für in Schalung hergestellten Probekörper mit D/L = 150/300 mm aus Kiesbeton; herangezogene Literaturangaben nach [60, 27, 40, 120]

Wie aus Abbildung 3-22 ersichtlich ist, wächst die Spaltzugfestigkeit mit steigender Betonfestigkeit stärker an als die einaxiale Zugfestigkeit. Dieses Ergebnis stimmt mit den Erkenntnissen von u. a. HEILMANN [61] bzw. ZHENG [162] (vgl. Abbildung 2-19) überein und steht somit im Widerspruch zu den Beziehungen mit einem konstanten Umrechnungsfaktor, wie z. B. nach DIN 1045-1 bzw. *fib* 08 Bericht über den Stand der Technik [40] (siehe Abbildung 3-22).

In den Abbildungen A2-11 und A2-12 sind die Verhältniswerte A in Abhängigkeit der Würfeldruckfestigkeit dargestellt. Hierdurch können die erzielten Ergebnisse der vorliegenden Arbeit, ohne eine Umrechnung vornehmen zu müssen, mit jenen Ergebnissen bzw. Beziehungen aus der Fachliteratur verglichen werden, welche in Abhängigkeit der Würfeldruckfestigkeit angegeben worden sind.

3.4 Zusammenfassung und Schlussfolgerungen

Das im Rahmen der vorliegenden Arbeit durchgeführte umfangreiche Versuchsprogramm diente vorrangig der Bestimmung einer festigkeitsabhängigen Beziehung zwischen der einaxialen Zugfestigkeit und der Spaltzugfestigkeit. Mögliche Einflussfaktoren auf diesen Zusammenhang wurden durch Variation der Probekörpergeometrie, der Art der verwendeten Gesteinskörnung sowie der Gewinnung des Probekörpers untersucht. Versuche zum Versagensmechanismus des Probekörpers während der Spaltzugprüfung lieferten neue Erkenntnisse über die Zulässigkeit der allgemein getroffenen theoretischen Annahmen. Zur Durchführung der numerischen Spaltzugsimulationen wurden des Weiteren bruchmechanische Kennwerte der untersuchten Betone ermittelt.

Die gewonnenen Erkenntnisse der experimentellen Untersuchungen lassen sich wie folgt zusammenfassen:

(1)　Zur Durchführung der Spaltzugversuche an hochfesten Betonen sind die von der gültigen Norm DIN EN 12390-6 vorgeschriebenen Zwischenstreifen aus Hartfaserplatte nicht geeignet, da durch das vorzeitige Versagen der Zwischenstreifen die Spaltzugprobe nicht bis zum Bruch belastet werden kann. Aus Gründen der Vergleichbarkeit der ermittelten Ergebnisse wurden daher die Spaltzugversuche der vorliegenden Arbeit ohne die Verwendung von Zwischenstreifen durchgeführt. Häufig entstehen beim Entnehmen der Bohrkerne Unebenheiten an der Probenoberfläche. Durch Schleifen der gegenüberliegenden Mantelflächen unter der Lasteinleitung konnte jedoch eine gleichmäßige Krafteinleitung sichergestellt werden.

(2)　Mit abnehmender Probenlänge stiegen die ermittelten Spaltzugfestigkeiten erwartungsgemäß an. Allerdings ergaben Probekörper mit einer Geometrie von $D/L > 1$ in der Spaltzugfestigkeit keinen gravierenden Unterschied mehr. Somit ist festzuhalten, dass hinsichtlich einer Probenlänge ab einem Verhältnis von ca. $D/L = 1$ kein Size Effect zu beobachten war (siehe Abbildung 3-13). Eine Volumenabnahme des Probekörpers durch die Kürzung der Probe führte demnach nicht zu einer Zunahme der Spaltzugfestigkeit.

(3)　Dahingegen machte sich ein signifikanter Size Effect mit der Änderung des Probendurchmessers bemerkbar. Bohrkerne mit $D/L = 75/150$ mm wiesen demnach eine 30 bis 40 % höhere Spaltzugfestigkeit auf als Bohrkerne mit $D/L = 150/300$ mm.

(4)　Die Gewinnung des Probekörpers hatte einen ausgeprägten Einfluss auf die Spaltzugfestigkeit. In Schalung hergestellte Probekörper aus hochfestem Beton wiesen bis zu 20 % höhere Spaltzugfestigkeiten auf als Bohrkerne selber Geometrie. Diese Tendenz nahm mit fallender Betondruckfestigkeit ab.

(5) Der Versagensmechanismus des Probekörpers im Spaltzugversuch wurde zum einen mittels Streifen aus Silberleitlack detektiert und zum anderen mit Hilfe einer Hochgeschwindigkeitskamera dokumentiert. Die Auswertung dieser zusätzlichen Versuche deutete übereinstimmend darauf hin, dass die Rissbildung nahe der Lasteinleitung, im oberen bzw. unteren Drittel bis Viertel der Probenquerschnittshöhe eintritt und sich in Richtung der Lasteinleitungsstellen ausweitet. Dieses Phänomen steht somit im Widerspruch zu den theoretischen elastizitätstheoretischen Überlegungen zum Spaltzugversuch, wonach die ersten Risse in der Probekörpermitte initiiert werden sollten.

(6) Das Verhältnis A der einaxialen Zug- zur Spaltzugfestigkeit nimmt mit steigender Betondruckfestigkeit unabhängig von der Probekörpergeometrie sowie der verwendeten Gesteinskörung ab. Diese Beobachtung steht somit im Widerspruch zu dem gegenwärtig gültigen festigkeitsunabhängigen Umrechnungsfaktor von $A = 0{,}9$ gemäß DIN 1045-1 oder Model Code 1990 [27]. Eine Erklärung hierfür liegt in der Herleitung des A-Wertes. Anstatt die diesen Zusammenhängen zugrunde liegenden Wertepaare aus dem Verhältnis A zwischen Spaltzug- bzw. einaxialer Zugfestigkeit und der Druckfestigkeit zu berücksichtigen, wurde hierbei der Quotient der jeweiligen statistisch bestimmten Regressionslinien gebildet (vgl. Abbildung 2-19). Infolge der mathematischen Formulierung dieser Beziehungen ging der festigkeitsabhängige Charakter des Verhältnisses A verloren.

(7) Die gewonnenen Ergebnisse hinsichtlich der berechneten, festigkeitsabhängigen Verhältniswerte A deuten ferner darauf hin, dass das Versagen eines Probekörpers im Spaltzugversuch nicht ausschließlich, wie früher angenommen (vgl. [84]), von dem im mittleren Bereich des Probekörpers vorherrschenden zweiaxialen Druck-Zugspannungszustand bestimmt wird. Unter Annahme einer reinen Druck-Zugbeanspruchung müsste die Zugfestigkeit eines Probekörpers gemäß dem bekannten Druck-Zugfestigkeitsverhalten von Beton (vgl. Abbildung 2-9) stets größer als die Spaltzugfestigkeit – bedingt durch die reduzierte Resttragfähigkeit des Betons – sein. Folglich läge der Verhältniswert A stets über 1,0. Betrachtet man die unterschiedlichen Druck-Zugfestigkeitsverhalten von nieder- bzw. hochfesten Betonen, so müsste das Verhältnis A sogar mit steigender Betongüte zunehmen. Eine physikalisch begründete Erklärung für die oben genannten Beobachtungen sollen spätere numerische Untersuchungen geben.

Kapitel 4
Numerische Untersuchungen

Die numerischen Untersuchungen der vorliegenden Arbeit wurden mit der Zielsetzung durchgeführt, das Betontragverhalten beim Spaltzugversuch und des hierbei wirkenden charakteristischen komplexen Spannungszustandes zu untersuchen. Sie sollen zum einen bezüglich der ausgeprägt nichtlinearen Spannungsverteilung und zum anderen hinsichtlich der Rissentwicklung bzw. Rissausbreitung im Probekörper unter Berücksichtigung des unterschiedlichen Festigkeits- und Materialverhaltens von Betonen Aufschluss geben. Hierbei wurde auch der Einfluss der Probekörperabmessungen sowie der Breite bzw. des Materials der Lastverteilungsstreifen numerisch untersucht.

Ein weiteres Ziel der vorgestellten numerischen Analysen war es, mit neuen numerischen Erkenntnissen zur Herleitung eines Ingenieurmodells zum Spaltzugverhalten von Beton beizutragen.

Die numerischen Untersuchungen wurden zweidimensional auf der Makroebene unter Verwendung der Finiten Elemente Methode (FEM) mit Hilfe des Softwarepakets DIANA [35] realisiert.

4.1   Numerisches Untersuchungsprogramm

4.1.1   Überblick über die durchgeführten Berechnungen

Die nachfolgende Abbildung 4-1 gibt eine Übersicht über die durchgeführten numerischen Untersuchungen. Hierbei stellen die drei Kategorien – Konvergenzstudie, Verifikation sowie Parameterstudie – die chronologische Abfolge der Berechnungen dar. Demnach wurde zunächst im Rahmen einer Konvergenzstudie das für die Berechnungen geeignete FE-Netz festgelegt. Auf Basis des anhand der experimentellen Untersuchungsergebnisse validierten FE-Modells wurde eine umfangreiche Parameterstudie durchgeführt.

Das Hauptaugenmerk der numerischen Untersuchungen galt der Simulation der Spaltzugversuche der Hauptuntersuchungen der vorliegenden Arbeit (vgl. Abschnitt 3.1) an zylindrischen Standardprobekörpern mit D/L = 150/300 mm, wobei die Belastung des Probeköpers mittels Lasteinleitungsstreifen aus Stahl mit einer Breite von 10 mm erfolgte. Daher wurde in der Konvergenzstudie sowie im Zuge der Verifizierung des FE-Modells dieser Versuchsaufbau nachgebildet.

Wie in der Literatursichtung dargelegt, werden zur Durchführung des Spaltzugversuchs weltweit Lastverteilungs- bzw. Zwischenstreifen unterschiedlicher Breite verwendet. Das Verhältnis der Breite des Lastverteilungsstreifens zum Zylinderdurchmesser beträgt demnach b/D = 0,04 bis 0,16 (vgl. [105, 96, 125, 137, 138, 156]). Um den Einfluss der Breite der Lasteinleitung auf das Spaltzugverhalten numerisch zu untersuchen, wurde im Zuge der Parameterstudie die Belastung in Anlehnung an die Literaturrecherche mit einer Breite von 5, 10 und 20 mm (b/D = 0,03 bis 0,13) auf den Probekörper aufgebracht (siehe Abbildung 4-1).

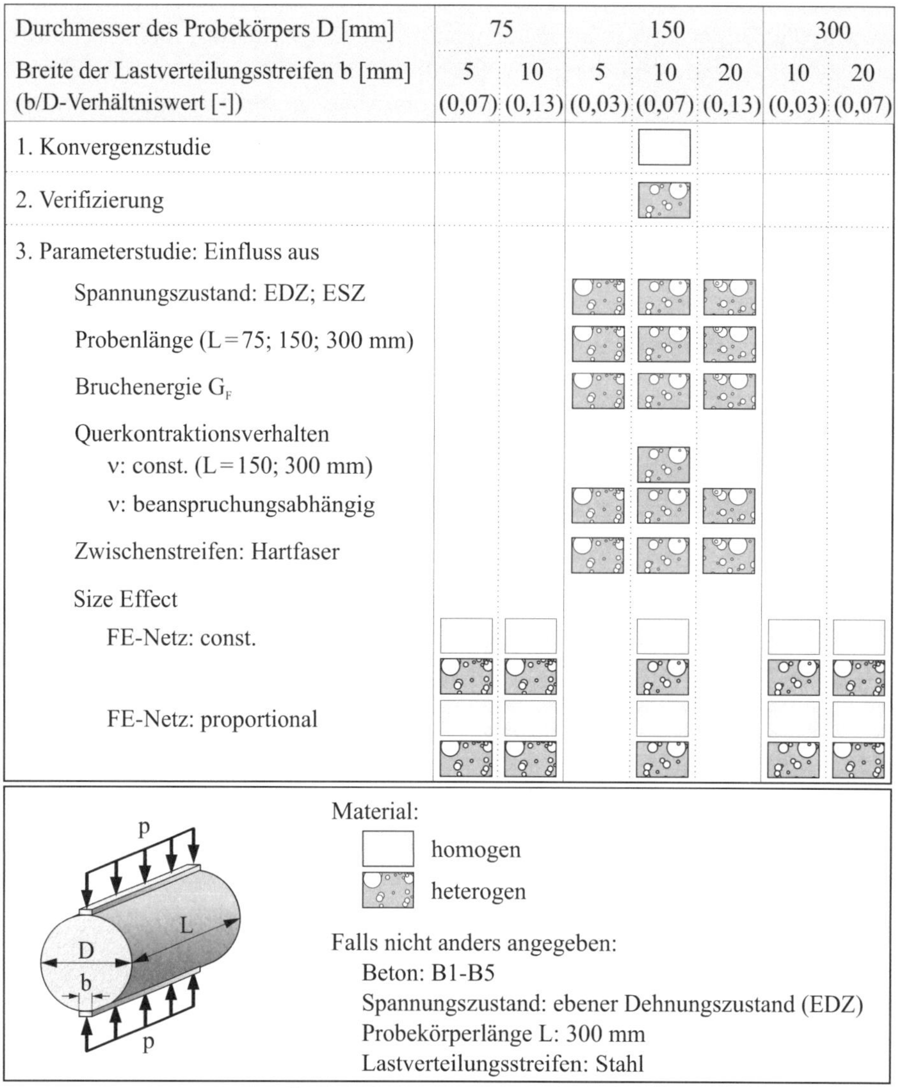

Legende: □ = homogen; ■ = heterogen

Durchmesser des Probekörpers D [mm]	75		150			300	
Breite der Lastverteilungsstreifen b [mm] (b/D-Verhältniswert [-])	5 (0,07)	10 (0,13)	5 (0,03)	10 (0,07)	20 (0,13)	10 (0,03)	20 (0,07)
1. Konvergenzstudie				□			
2. Verifizierung				■			
3. Parameterstudie: Einfluss aus							
Spannungszustand: EDZ; ESZ			■	■	■		
Probenlänge (L = 75; 150; 300 mm)			■	■	■		
Bruchenergie G_F			■	■	■		
Querkontraktionsverhalten							
ν: const. (L = 150; 300 mm)				■			
ν: beanspruchungsabhängig			■	■	■		
Zwischenstreifen: Hartfaser			■	■	■		
Size Effect							
FE-Netz: const.	□ / ■	□ / ■		□ / ■		□ / ■	□ / ■
FE-Netz: proportional	□ / ■	□ / ■		□ / ■		□ / ■	□ / ■

Material:
□ homogen
■ heterogen

Falls nicht anders angegeben:
Beton: B1-B5
Spannungszustand: ebener Dehnungszustand (EDZ)
Probekörperlänge L: 300 mm
Lastverteilungsstreifen: Stahl

Abb. 4-1: Ablauf sowie Übersicht über die durchgeführten numerischen Untersuchungen; B1-B5 geben die Betongüte nach Tabelle 4-1 an

Der Spannungszustand kurzer Probekörper (L << D), z. B. Scheiben, lässt sich besser durch einen ebenen Spannungszustand (ESZ) charakterisieren, während sich der eines langen Probekörpers (L > D) eher durch einen ebenen Dehnungszustand (EDZ) auszeichnet. Um den Spaltzugversuch an Probekörpern mit unterschiedlichen Längen numerisch analysieren zu können, wurden im Vorfeld dieser Berechnungen Untersuchungen zur Auswirkung des angenommenen Spannungszustandes auf die ermittelten Ergebnisse vorgenommen (siehe Abbildung 4-1, Parameterstudie).

Zur numerischen Nachbildung eines wirklichkeitsnahen Materialverhaltens von Betonprobekörpern wird das Entfestigungsverhalten bei Rissbildung unter Berücksichtigung der Bruchenergie G_F des Werkstoffs Beton implementiert. Allerdings hängt die Bruchenergie G_F stark von der Art der Ermittlung, z. B. einaxialer Zugversuch oder Dreipunkt-Biegezugversuch, der Betonzusammensetzung sowie der Probekörpergeometrie ab (siehe u. a. [19, 80, 94]). Diese können nach Model Code 1990 [27] zu einem Unterschied in der Bruchenergie von bis zu 30 % führen. Zur Beurteilung der Sensibilität der Berechnungen in Bezug auf die angenommene Bruchenergie G_F wurden Berechnungen unter Berücksichtigung des 0,1-, 0,7-, 1,3- bzw. 10-fachen des experimentell ermittelten Bruchenergiewertes durchgeführt (siehe Abbildung 4-1 Parameterstudie).

Die Querdehnzahl ν korrespondiert mit dem Querverformungsvermögen – Querdehnungsänderung bezogen auf die Längsdehnungsänderung – eines Werkstoffes. Sie liegt für Beton zwischen 0,14 und 0,26 [40, 72] und nimmt mit steigender Betondruckfestigkeit zu [84]. In Berechnungen bzw. Bemessungsgrundlagen wird sie jedoch unabhängig von der Betondruckfestigkeit im Allgemeinen mit einem konstanten Wert von 0,2 berücksichtigt (siehe u. a. DIN 1045-1, Model Code 1990 [27]). Inwieweit die Querdehnzahl das Spaltzugverhalten eines Betonprobekörpers beeinflusst, wurde im Rahmen weiterer numerischer Untersuchungen geklärt (siehe Abbildung 4-1 Parameterstudie). Hierzu wurde die Querdehnzahl zum einen in verschiedenen Größenordnungen (0,14 bis 0,26) mit einem konstanten Wert und zum anderen in Abhängigkeit der Beanspruchung angesetzt.

Des Weiteren wurde mittels der Simulation der Spaltzugversuche unter Verwendung von Lastverteilungsstreifen aus Hartfaser die Auswirkung des Materials der Lastverteilungsstreifen auf das Spaltzugverhalten untersucht.

Die experimentellen Untersuchungen deuteten auf einen starken Size Effect des Spaltzugversuchs hin (siehe Abschnitt 3.3, vgl. Abschnitt 2.3.2.2). Daher sollen die in den Spaltzugversuchen herangezogenen Probekörpergeometrien (vgl. Abbildung 3-1) auch numerisch studiert werden. Danach fanden zylindrische Probekörper mit einem Durchmesser von D = 75, 150 und 300 mm in die numerischen Untersuchungen Eingang. Die Länge des zu simulierenden Probekörpers betrug hierbei L = 300 mm, die Breite der Lasteinleitung b = 10 mm. Aus Gründen der Vergleichbarkeit wurde bei den FE-Modellen mit einem Durchmesser von D = 75 bzw. 300 mm die Breite der Lastverteilungsstreifen b so gewählt, dass die erzielten b/D-Verhältniswerte denen des Probekörpers mit einem Durchmesser von D =150 mm entsprechen (siehe Abbildung 4-1).

Beton stellt ein Mehrphasensystem dar. Wirklichkeitsnahe Simulationen bedingen demnach die Berücksichtigung des Betons als heterogenes Material. Danach stellen zufällig ausgewählte Elemente Schwachstellen im FE-Modell dar, worauf in Abschnitt 4.1.4.2 näher eingegangen wird. Mit der Veränderung des FE-Netzes geht eine Zu- bzw. Abnahme der Elementeanzahl und somit eine Veränderung der bewusst eingesetzten Fehlstellen einher. Des Weiteren prägt die Verteilung der Elementeigenschaften das Ergebnis der Berechnungen. Aus Gründen der besseren Vergleichbarkeit wurden daher ausgewählte Simulationen, in welchen das FE-Netz variiert wurde, zusätzlich unter der Annahme eines homogenen Materialverhaltens durchgeführt (siehe Abbildung 4-1).

4.1.2 Numerisches Berechnungsmodell

Bei der Erstellung des zweidimensionalen Berechnungsmodells wurden folgende Aspekte berücksichtigt. Das Grundberechnungsmodell bildete einen zylinderischen Spaltzugprobekörper mit einem Durchmesser von D = 150 mm und einer Lastverteilungsstreifenbreite b = 10 mm nach. Das zu generierende FE-Netz sollte jedoch auf Geometrien mit einem Durchmesser von 75 bzw. 300 mm übertragbar sein und somit eine entsprechend geeignete Netzdichte und -struktur aufweisen.

Das Versagen des Probekörpers im Spaltzugversuch tritt in der Umgebung der vertikalen Symmetrieachse des Probekörpers ein. In Abhängigkeit von der Wahl der Elementgeometrien, z. B. Dreieck- oder Viereckelemente, sowie des entsprechenden Konzeptes zur Berücksichtigung des Nachbruchverhaltens – Fixed Smeard Crack bzw. Rotated Smeard Crack (vgl. Abschnitt) – kann das FE-Netz das Versagensbild bedingen. Um dies zu vermeiden, wurde ein symmetrisches FE-Netz mit möglichst quadratischen Elementen im mittleren Bereich des Berechnungsmodells gewählt (siehe Abbildung 4-2).

Hierzu wurde, wie in Abbildung 4-2, links dargestellt, eine kreuzförmige Anordnung von quadratischen gleichgroßen Elementen gewählt. Die Vorgabe der Netzdichte im mittleren Quadrat sowie im Kreuz selbst (siehe Abbildung 4-2, links, grüne Markierung) ermöglichte ein gleichmäßiges, einfach an andere äußere Abmessungen anpassbares FE-Netz.

Wie bereits beschrieben wurde, sollte nicht nur die Geometrie des Probekörpers, sondern auch die der Lastverteilungs- bzw. Zwischenstreifen variiert werden. Um einen Einfluss aus dem FE-Netz der Lastverteilungs- bzw. Zwischenstreifen auf die erzielten Rechenergebnisse auszuschließen, wurden die Elementgrößen dieser konstant gehalten. Spezielle Interfaceelemente simulierten den Kontakt zwischen dem Probekörper und den Lastverteilungs- bzw. Zwischenstreifen sowie ein eventuelles Eindringen der Lastverteilungs- bzw. Zwischenstreifen in den Probekörper. Bei der Verwendung dieser

Interfaceelemente müssen die Knoten des FE-Netzes des Probekörpers und diejenigen der Lastverteilungs- bzw. Zwischenstreifen auf der möglichen Kontaktfläche keine identischen Koordinaten haben, sie sind folglich nicht direkt miteinander verbunden (siehe [35]). Somit konnten die jeweiligen FE-Netze des Probekörpers und der Lastverteilungs- bzw. Zwischenstreifen unabhängig voneinander diskretisiert werden (siehe Abbildung 4-2, Detail 3). Die zur Modellierung des Kontakts verwendeten 6-Knoten-Interfaceelemente weisen keine Elementhöhe auf, wegen der besseren Veranschaulichung wurden diese jedoch in Abbildung 4-2, Detail 3, mit einer fiktiven Höhe dargestellt. Die Kraftübertragung erfolgt bei Kontakt durch eine normal zur Kontaktfläche ausgerichtete Kontaktkraft F_n und eine durch diese Kontaktkraft F_n hervorgerufene Reibkraft F_t in tangentialer Richtung. Die Materialeigenschaften des Probekörpers sowie die der Lastverteilungs- bzw. Zwischenstreifen sind den gewählten isoparametrischen 8-Knoten-Rechteckelementen zugewiesen worden.

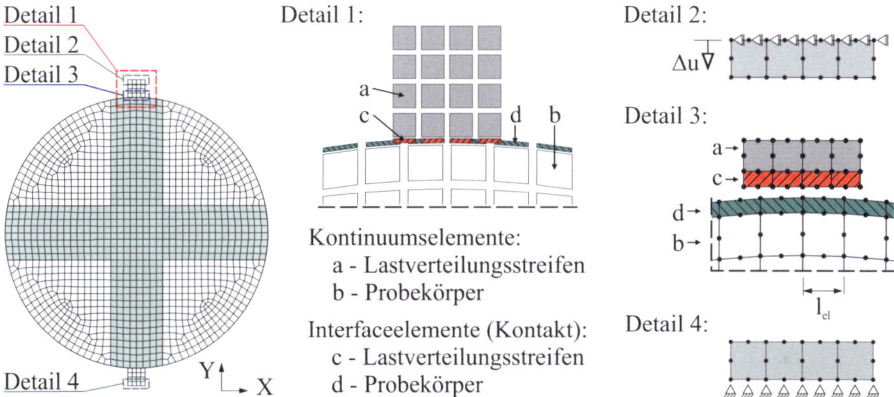

Abb. 4-2: Beispiel eines der verwendeten FE-Netze und verwendete FE-Elemente für die Nachbildung des Spaltzugversuchs an einem Probekörper mit einem Durchmesser D = 150 mm und einer Lastverteilungsstreifenbreite b = 10 mm; l_{el} = 3,75 mm

Die Belastung wurde in Form einer vorgeschriebenen, regelmäßigen Verschiebung mit einer Größe von Δu = 0,01 mm angesetzt. Voruntersuchungen haben gezeigt, dass hierdurch im Vergleich zu Berechnungen, in welchen die Beanspruchung durch die Kraft gesteuert war, signifikant stabilere Analysen und somit eine längere Konvergenz erzielt werden konnten. Des Weiteren erwies sich die Methode der konstanten Steifigkeitsmatrix unter den Iterationsverfahren zur Durchführung der Berechnungen als geeignet.

Die Konvergenzstudie (siehe Abbildung 4-1) erfolgte am numerischen Berechnungsmodell für einen Spaltzugprobekörper mit D/L = 150/300 mm und mit Lastverteilungsstreifen aus Stahl sowie einer Breite von b = 10 mm. Für das FE-Netz wurden Elementlängen von l_{el} = 3; 3,75; 5; 7,5 und 15 mm gewählt. Das FE-Netz mit einer Elementlänge von l_{el} = 3,75 mm ist in Abbildung 4-2 links dargestellt. Weitere in der Konvergenzstudie verwendete FE-Netze sind in Abbildung A3-1 im Anhang zusammengestellt.

Ein optimales Ergebnis konnte mit dem FE-Netz der Elementlänge von $l_{el} = 3{,}75$ mm erzielt werden (siehe Abschnitt 4.2.1). Daher wurde diese Elementlänge als Grundlage für die FE-Netze der Parameterstudie gewählt. Eine Ausnahme bildeten hierbei die FE-Netze für die Modelle mit einem Durchmesser von D = 75 und 300 mm. Diese wurden zusätzlich mit Elementlängen $l_{el} = 1{,}875$ mm für D = 75 mm und $l_{el} = 7{,}5$ mm für D = 300 mm verwendet; somit war eine direkte Vergleichbarkeit bedingt durch dasselbe l_{el}/D-Verhältnis gegeben. Hierdurch konnte die Netzfeinheit proportional zu dem FE-Netz des Grundmodells mit D = 150 mm gehalten werden. Sämtliche in der Parameterstudie herangezogenen FE-Netze können den Abbildungen A3-2 und A3-3 im Anhang entnommen werden.

4.1.3 Materialkennwerte

Auf der Grundlage der gewonnenen experimentellen Versuchsergebnisse fanden die in der nachfolgenden Tabelle 4-1 zusammengestellten Materialparameter der Betone B1 bis B5 durch Rundung in die numerischen Untersuchungen Eingang. Die Rohdichte der Betone betrug $\rho_B = 2400$ kg/m^3.

Tab. 4-1: In den FE-Berechnungen verwendeten Betonkennwerte

Beton	f_{cm} [N/mm^2]	f_{ctm} [N/mm^2]	E_{c0} [N/mm^2]	G_F [N/m]	v = const. [-]
B1 (niederfest)	20	2,3	24000	90	0,2
B2 (niederfest)	30	2,5	28000	95	0,2
B3 (normalfest)	50	3,6	32000	130	0,2
B4 (hochfest)	90	4,9	40000	150	0,2
B5 (hochfest)	110	5,6	45000	170	0,2

Auf die weitere Berücksichtigung der Querkontraktionszahl v der Betone im Rahmen der Parameterstudie wird detailliert in Abschnitt 4.1.4.3 eingegangen.

Den Elementen der Lastverteilungsstreifen wurden die Materialeigenschaften von Stahl, denen der Zwischenstreifen die Materialeigenschaften von Hartfaserplatten in Anlehnung an [157] zugewiesen (siehe Tabelle 4-2). Beide Materialien – Stahl, Hartfaser – wurden vereinfacht mit einem linear elastischen Stoffgesetz nachgebildet.

Tab. 4-2: Materialkennwerte der Lastverteilungs- bzw. Zwischenstreifen

Material	E [N/mm²]	ρ [kg/m³]	ν [-]
Stahl	210000	7830	0,3
Hartfaser	4800	900	0,2

4.1.4 Verwendete Materialgesetze

Geeignete Stoffgesetze sind für wirklichkeitsnahe Simulationen unerlässlich. Die im Folgenden vorgestellten Materialgesetze umfassen die zur numerischen Nachbildung eines Spaltzugversuchs erforderlichen Zusammenhänge. Im Anschluss an die verwendeten Versagenskriterien wird die Berücksichtigung der Heterogenität von Beton vorgestellt. Abschließend sollen unterschiedliche Möglichkeiten zur Berücksichtigung der Querdehnzahl beschrieben werden.

4.1.4.1 Versagenskriterium und Nachbruchverhalten

Infolge einer Spaltzugbeanspruchung wird im Probekörper unter der Lasteinleitung ein mehraxialer Druckspannungszustand und im mittleren Bereich des Probekörpers ein Druck-Zugspannungszustand erzeugt. Wie in Abschnitt 2.2.3 dargelegt wurde, geht mit einem Druck-Zugspannungszustand ein Rückgang der Tragfähigkeit des Betons einher. Diesem Sachverhalt wurde mit einer linearen Beziehung zwischen Druck- und Zugspannungen, wie in Abbildung 4-3, a dargestellt ist, in den Berechnungen Rechnung getragen.

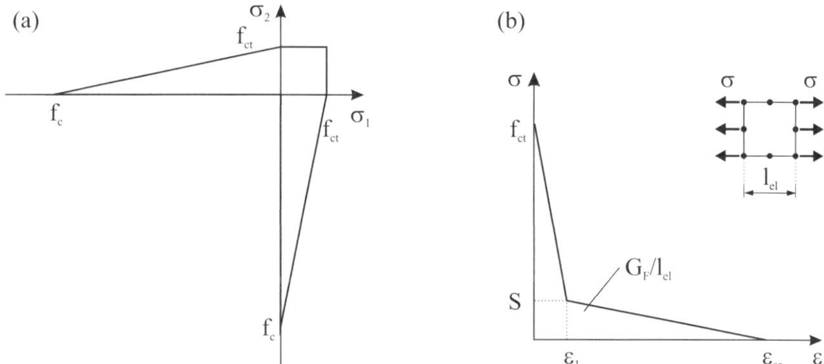

Abb. 4-3: Beschreibung des Druck-Zug- bzw. Zug-Zugfestigkeitsverhaltens (a) und des verwendeten verschmierten Risskonzepts gemäß Model Code 1990 [27] (b) in DIANA [35]

Zur Berücksichtigung des Entfestigungsverhaltens von Beton wurde in den numerischen Analysen das Crack Band Model von BAŽANT und OH [13] herangezogen (vgl. Abschnitt A1.6). Die Implementierung des Konzepts erfolgte anhand einer bilinearen Spannungs-Rissöffnungsbeziehung gemäß Model Code 1990 [27]. Die einzelnen Parameter, wie in Abbildung 4-3 b dargestellt, wurden auf der Grundlage der experimentellen Untersuchungsergebnisse nach den Gleichungen A3-1 bis A3-5 berechnet.

Die Rissaufweitung erfolgte nach dem Fixed Crack Konzept (vgl. [65]). Danach wird die Rissrichtung während der gesamten Rissaufweitung innerhalb eines Elements beibehalten. Somit können inaktive Risse, welche sich in einem früheren Belastungsschritt geöffnet und anschließend geschlossen haben, wieder aktiviert werden.

4.1.4.2 Heterogenität des Betons

Die Heterogenität des Betons wurde in Anlehnung an MECHTCHERINE [94] durch die Variation der den finiten Elementen zugewiesenen Zugfestigkeit f_{ct} berücksichtigt (siehe Abbildung 4-4). Zunächst wurden die finiten Elemente mit Hilfe eines Zufallsgenerators nach der Normalverteilung in neun Elementgruppen unterteilt. Diesen Elementgruppen wurden anschließend die jeweiligen nach der Normalverteilung erhaltenen Zugfestigkeiten $f_{ct,1}$ bis $f_{ct,9}$ zugewiesen. Der Elastizitätsmodul E_{c0} sowie die kritische Dehnung ε_{cr} wurden für alle neun Elementgruppen konstant gehalten. Die Bruchenergie G_F ($G_{F,1}$ bis $G_{F,9}$) wurde folglich entsprechend der Zugfestigkeit $f_{ct,i}$ variiert.

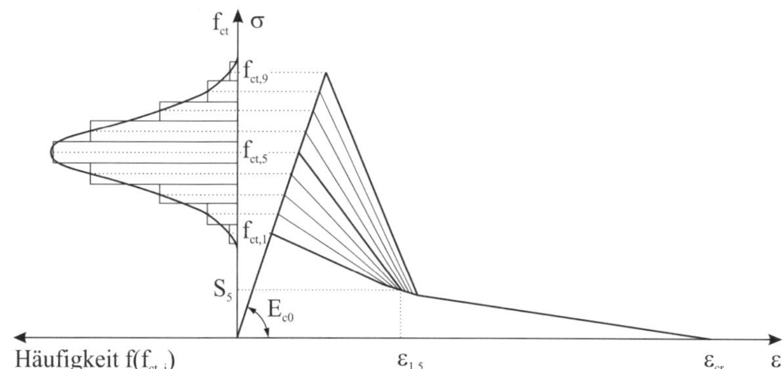

Abb. 4-4: Berücksichtigung der Heterogenität von Beton im Crack Band Model (siehe Abbildungen 4-3 und A1-10)

4.1.4.3 Berücksichtigung der Querdehnung

Wie bereits in Abschnitt 4.1.1 erwähnt wurde, erfolgt die Berücksichtigung der Querdehnzahl ν des Betons unabhängig von der Betondruckfestigkeit bzw. dem Beanspruchungsniveau des Probekörpers im Allgemeinen mit einem Wert von 0,2 in Berechnungen sowie in normativen Bemessungsgrundlagen, z. B. DIN 1045-1 bzw. *fib* 08 Bericht über den Stand der Technik [40]. Gleichzeitig ergaben Messungen von GHOSH [46] sowie von IRAVANI [72] Querdehnzahlen zwischen 0,14 und 0,27 für normalfeste bzw. hochfeste Betone. Inwieweit die Querdehnzahl einen Einfluss auf das Spaltzugverhalten zeigt, wurde daher im Rahmen einer Parameterstudie geklärt. Hierbei fand die Querdehnzahl mit Werten von $\nu = 0{,}15$; $0{,}175$; $0{,}20$; $0{,}225$ und $0{,}25$ Berücksichtigung.

Nach den experimentellen Untersuchungen zur Querdehnung des Betons unter einaxialer Druckbeanspruchung von u. a. KUPFER [84], PEREYRA [112] und YOSHIDA [159] hängt die Querdehnung des Probekörpers stark von der Beanspruchungshöhe ab. Die Querdehnzahl steigt demnach mit zunehmender Beanspruchung des Betonprobekörpers. Nach EIBL und IVÁNYI [38] korrespondiert die Querdehnung des Betons im Spaltzugversuch mit der Querdehnung in einem Druckversuch. Somit können die ermittelten Messergebnisse zur Querdehnung unter einaxialer Druckbeanspruchung aus der Fachliteratur zur numerischen Untersuchung des Spaltzugversuchs herangezogen werden.

WÜNSCHEL [157] befasste sich mit der Implementierung von beanspruchungsabhängigen Querdehnungsfunktionen im Rahmen von numerischer Simulation der Spaltzugversuche. Von den auf der Grundlage von Literaturangaben hergeleiteten Gleichungen zeichnete sich lediglich eine Beziehung, welche auf der Basis der Untersuchungsergebnisse von PEREYRA [112] angepasst worden ist, als geeignet zur numerischen Analyse des Spaltzugversuchs ab. Daher wird im Rahmen der Parameterstudie der vorliegenden Arbeit eine in Anlehnung an WÜNSCHEL [157] hergeleitete Funktion zur beanspruchungsabhängigen Querdehnung herangezogen (siehe Abbildung 4-5). Da Untersuchungsergebnisse von PEREYRA [112] lediglich zu Beanspruchungen zwischen 20 % und 100 % der Druckfestigkeit vorlagen, wurde bis zu einer Beanspruchung von 20 % der Druckfestigkeit ein Standardwert von $\nu = 0{,}2$ gemäß DIN 1045-1 und nach Überschreiten der Druckfestigkeit 0,49 für die Querdehnzahl verwendet [157].

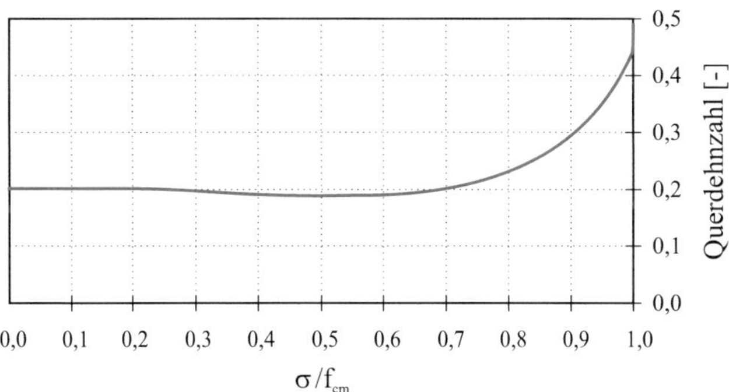

Abb. 4-5:   Schematische Darstellung der hergeleiteten Querdehnungsfunktion nach PEREYRA in Anlehnung an [157]

In den im Rahmen dieser Arbeit durchgeführten numerischen Untersuchungen wurde die Querdehnzahl ν zunächst mit konstanten Werten berücksichtigt. In weitere Analysen fand eine Querdehnzahl in Abhängigkeit vom Belastungsgrad Eingang. Hierbei steuert der Belastungsgrad des jeweiligen Elements die Größe des zu berücksichtigenden ν-Werts.

4.2 Ergebnisse der numerischen Untersuchungen

Zunächst soll kurz anhand der gewonnenen Ergebnisse der Konvergenzstudie auf die Netzempfindlichkeit des numerischen Modells in Bezug auf die Simulation von Spaltzugversuchen an einem zylindrischen Betonprobekörper mit D/L = 150/300 mm eingegangen werden. An die vorgestellte Verifizierung schließen die Ergebnisse der Parameterstudie an. Dabei werden die Ergebnisse der Parameterstudie hinsichtlich der Spaltzugfestigkeit $f_{ct,sp,cal}$ (Abschnitt 4.2.2), des Versagensmechanismus in den Simulationen (Abschnitt 4.2.3) und der Spannungsverteilung im Berechnungsmodell (Abschnitt 4.2.4) vorgestellt.

Aus Gründen der Überschaubarkeit wird bei der Darstellung der Ergebnisse ein in der nachfolgenden Tabelle 4-3 zusammengestelltes Bezeichnungssystem verwendet.

Tab. 4-3: Verwendetes Bezeichnungssystem zur Darstellung der numerischen Untersuchungsergebnisse

	Parameter	Bezeichnung		
1	Durchmesser D [mm]	D:75	D:150[a]	D:300
2	Länge L [mm]	L:75	L:150	L:300[a]
3	Breite der Lastverteilungsstreifen aus Stahl b_s [mm]	b_s:5	b_s:10[a]	b_s:20
4	Breite der Zwischenstreifen aus Hartfaser b_h [mm]	b_h:5	b_h:10	b_h:20
5	Spannungszustand	EDZ[a]	ESZ	-
6	Bruchenergie G_F [N/m]	$k^b G_F$	G_F[a]	-
7	Querdehnung [-]	ν:0,2[a]	ν:i[c]	ν:f(σ)
8	Beton	B1-B5[a]	-	-
9	Elementlänge l_{el} [mm]	l_{el}:1,875	l_{el}:3,75[a]	l_{el}:7,5
10	Material	HeM[a,d]	HoM[d]	-

a) Grundparameter
b) k = 0,1; 0,7; 1,3; 10
c) i = 0,15; 0,175; 0,20; 0,225; 0,25
d) HeM: heterogenes Material, HoM: homogenes Material

Danach steht z. B. D:150, L:300, b_h:20, EDZ, G_F, ν:0,2, B2, l_{el}:3,75, HeM für ein Berechnungsmodell mit einem Durchmesser von D = 150 mm und einer Länge von L = 300 mm. Die Belastung wurde hierbei mittels Lastverteilungsstreifen aus Hartfaser mit einer Breite von b_h = 20 mm aufgebracht. Des Weiteren wurden für die Berechnung ein ebener Dehnungszustand, die in den eigenen Experimenten ermittelte Bruchenergie G_F nach Tabelle 4-1, die Querdehnung mit einem Wert von ν = 0,2 und der Beton B2 angenommen. Die Elementlänge l_{el} betrug hierbei 3,75 mm und der Beton wurde als heterogenes Material berücksichtigt.

Falls in der Angabe einer Parameterkombination eine in der Tabelle 4-3 aufgeführte Bezeichnung nicht angegeben ist, wird ein Grundwert, wie in Tabelle 4-3 mit der Fußnote a) markiert, berücksichtigt. Danach entspricht die oben angegebene Parameterkombination b_h:20, B2. Stimmt die verwendete Parameterkombination mit den mit der Fußnote a) markierten Angaben überein, wird „Annahme: Grundparameter" angegeben.

4.2.1 Netzempfindlichkeit und Verifizierung des FE-Modells

Bei der Erstellung eines FE-Berechnungsmodells zur numerischen Untersuchung von Betonkonstruktionen müssen zwei gegenläufige Effekte beachtet werden. Einerseits soll das FE-Modell ein möglichst feines Netz aufweisen, damit eine wirklichkeitsnahe Rissentwicklung nachvollzogen werden kann. Auch die Genauigkeit der Berechnungsresultate an den Elementeknotenpunkten und somit das Gesamtergebnis bedürfen eines FE-Netzes mit geringen Elementlängen. Andererseits, wie in Abschnitt 4.1.4.1 dargelegt wurde, wirkt sich die Elementlänge l_{el} unmittelbar auf das Nachbruchverhalten des zu modellierenden Betons und somit auf die erzielten Ergebnisse aus. Sehr kleine Elementlängen l_{el} können unter Verwendung des Crack Band Models zur Berücksichtigung einer Rissentwicklung demnach unrealistische Resultate zur Folge haben [13].

Unter Berücksichtigung der oben genannten Kriterien wurden in der Konvergenzstudie FE-Netze mit Elementlängen von l_{el} = 3; 3,75; 5; 7,5 und 15 mm untersucht. Das Berechnungsmodell bildete hierbei jeweils einen Probekörper mit D/L =150/300 mm mit Lastverteilungsstreifen aus Stahl und einer Breite von b = 10 mm nach (vgl. Abbildung 4-1).

Die Konvergenzstudie wies auf eine ausgeprägte Netzempfindlichkeit des Berechnungsmodells hin, wobei Betone unterschiedlicher Druckfestigkeit auf die Variation der FE-Netzdichte verschieden reagierten (siehe Abbildung A3-4). Danach sollten für die gegebene Geometrie keine FE-Netze mit einer Elementlänge kleiner als l_{el} = 3 mm verwendet werden, da die berechneten Spaltzugfestigkeiten $f_{ct,sp,cal}$ bereits mit diesem FE-Netz im Vergleich zu den Resultaten aus Berechnungen mittels gröberer FE-Netze deutlich höhere $f_{ct,sp,cal}$-Werte lieferten.

Um das für die Parameterstudie festgelegte FE-Netz (D = 150 mm) auf Geometrien mit einem Durchmesser von D = 75 und 300 mm übertragen zu können, wurde für das Grundberechnungsmodell ein FE-Netz mit einer Elementlänge von l_{el} = 3,75 mm zugrunde gelegt. Hierdurch konnte eine hinreichende Anzahl von Elementen entlang der vertikalen Symmetrieachse des Modells – im Bereich des zu erwartenden Versagens – gewährleistet werden. Somit war ein Einfluss aus dem FE-Netz auf die zu simulierende Rissbildung auch im Falle des FE-Modells mit einem Durchmesser D = 75 mm vernachlässigbar gering.

Die Gegenüberstellung der numerisch ermittelten Spaltzugfestigkeiten $f_{ct,sp,cal}$ mit den experimentell gewonnenen Ergebnissen bildet die Verifizierung des Berechnungsmodells (siehe Abbildung 4-6). Hierzu wurden alle Einzel- ($f_{ct,sp}$) bzw. Mittelwerte ($f_{ctm,sp}$) der Spaltzugversuche unter Verwendung von Lastverteilungsstreifen aus Stahl mit einer Breite von b = 10 mm herangezogen. Die Probekörper mit D/L = 150/300 mm sind in Schalung mit Kiesgesteinskörnung hergestellt worden. Die Darstellung der Einzelergebnisse der Spaltzugversuche wurde der Angabe der jeweiligen Standardabweichung vorgezogen. Damit ist durch die Verteilung der ermittelten Messwerte eine bessere Vergleichbarkeit mit den numerischen Ergebnissen möglich. Danach zeigen die numerischen Ergebnisse unter Berücksichtigung eines heterogenen Werkstoffverhaltens mit den experimentell ermittelten Resultaten eine gute Übereinstimmung.

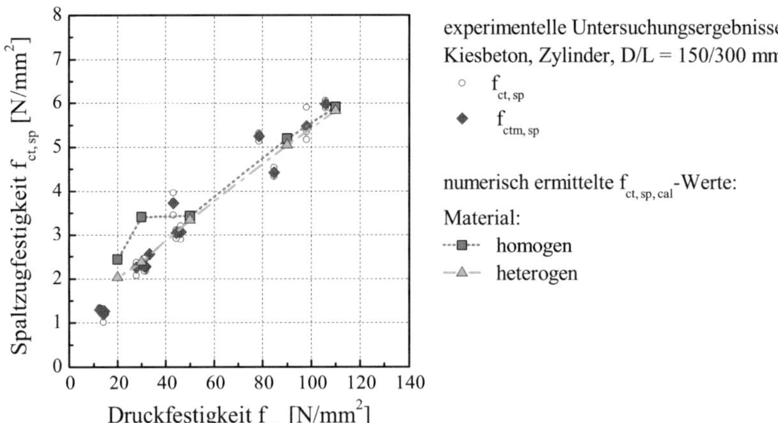

Abb. 4-6:   Einfluss der Heterogenität auf die Spaltzugfestigkeit; Annahme: Grundparameter

4.2.2   Ergebnisse der Parameterstudie: Spaltzugfestigkeit $f_{ct,sp,cal}$

Im Anschluss an die Verifizierung des Berechnungsmodells sollen im Folgenden die Ergebnisse der Parameterstudie vorgestellt werden.

Zunächst soll geklärt werden, inwieweit die Wahl des Spannungszustandes (EDZ bzw. ESZ) einen Einfluss auf die Rechenergebnisse hat. Des Weiteren wird überprüft, ob das erstellte zweidimensionale Berechnungsmodell eine Untersuchung der Längenänderung des Probekörpers erlaubt. Die großzügige Variation, mit jeweils einer Größenordnung Verringerung bzw. Erhöhung der Bruchenergie, soll die Empfindlichkeit der Spaltzugergebnisse auf diesen Parameter untersuchen. Anschließend wird auf den Einfluss der Querdehnzahl, gefolgt von dem der Zwischenstreifen auf das Spaltzugverhalten eingegangen. Die Parameterstudie schließt mit der Überprüfung eines evtl. Size Effects im numerischen Spaltzugversuch.

4.2.2.1 Einfluss des Spannungszustandes und der Länge des Probekörpers

Die Simulation eines Spaltzugversuchs an Probekörpern mit $L > D$, wie z. B. beim Standardprobekörper mit $D/L = 150/300$ mm, wird in der Regel unter der Annahme eines ebenen Dehnungszustands (EDZ) durchgeführt. Berechnungen bei kurzen Probekörpern mit $L \ll D$ hingegen liegt üblicherweise die Annahme eines ebenen Spannungszustands (ESZ) zugrunde.

Wie im vorherigen Abschnitt dargelegt wurde, erfolgte die Verifizierung des Berechnungsmodells unter der Annahme eines Probekörperdurchmessers von $D = 150$ mm, einer Probekörperlänge von $L = 300$ mm, eines ebenen Dehnungszustands sowie Lastverteilungsstreifen aus Stahl mit einer Breite von $b_s = 10$ mm.

Wie in Abbildung 4-7, links dargestellt ist, ergaben die numerischen Untersuchungen sowohl bei einer Änderung der angenommenen Länge des Berechnungsmodells von $L = 300$ mm auf $L = 150$ bzw. 75 mm als auch bei dem vorausgesetzten Spannungszustand einen vernachlässigbaren Unterschied von 1 % hinsichtlich der ermittelten Spaltzugfestigkeiten $f_{ct,sp,cal}$ (vgl. Tabelle A3-1). Die Verwendung von Zwischenstreifen aus Hartfaser führte im Vergleich zur Berücksichtigung von Lastverteilungsstreifen aus Stahl bei normalfesten Betonen (B1 bis B3) zu einer Differenz von 14 % in den $f_{ct,sp,cal}$-Werten (siehe Abbildung 4-7 rechts). Bei den hochfesten Betonen konnte kein nennenswerter Unterschied festgestellt werden.

Somit ist festzuhalten, dass das Berechnungsmodell zur Simulation des Spaltzugversuchs an Probekörpern mit einer Länge von $L = 300$ mm geeignet ist (vgl. Abbildung 4-6). Untersuchungen mit variierenden Längen bedürfen jedoch der Verwendung eines dreidimensionalen FE-Modells, da im vorliegenden Modell kein Einfluss aus der Länge resultiert (siehe Abbildung 4-7). Aus diesem Grund wurde für die weiteren Berechnungen das Berechnungsmodell mit einer Länge von $L = 300$ mm herangezogen.

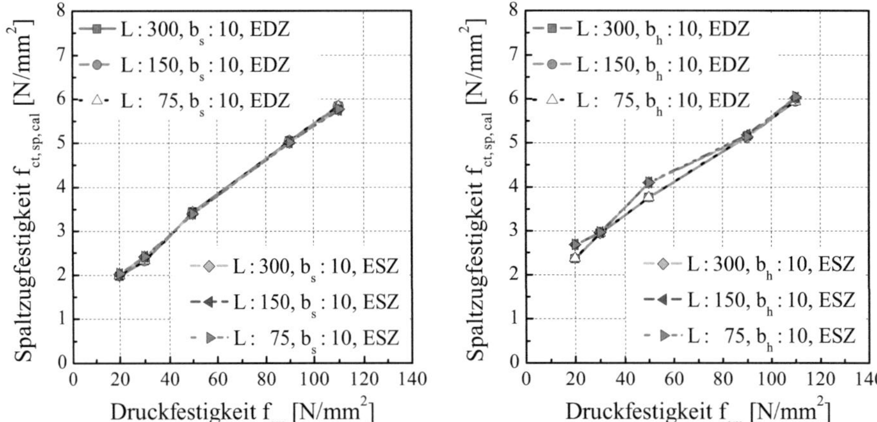

Abb. 4-7: Einfluss des verwendeten Spannungszustands und der angenommenen Länge des FE-Modells auf die berechnete Spaltzugfestigkeit $f_{ct,sp,cal}$ unter Verwendung von Lastverteilungsstreifen aus Stahl (links) und Zwischenstreifen aus Hartfaser (rechts) in Abhängigkeit der Zylinderdruckfestigkeit f_{cm}

4.2.2.2 Einfluss der Bruchenergie

Zur Untersuchung des Einflusses aus der Bruchenergie G_F auf die Ergebnisse der Spaltzugsimulationen wurde die in den Berechnungen zugrunde liegende Bruchenergie nach Tabelle 4-1 in Anlehnung an Model Code 1990 [27] mit $\pm$ 30 % ihrer ursprünglichen Größe angesetzt. Ferner wurde sie mit dem Zehnfachen bzw. einem Zehntel ihres ursprünglichen G_F-Wertes (siehe Tabelle 4-1) in den Berechnungen berücksichtigt.

Die numerischen Untersuchungen ergaben eine starke Abhängigkeit der Spaltzugfestigkeit von der Größe der Bruchenergie (siehe Abbildung 4-8). Die zehnfache Erhöhung der Bruchenergie hatte eine Zunahme der Spaltzugfestigkeit $f_{ct,sp,cal}$ von 220 % (B1) bis 190 % (B5) zur Folge. Die Reduzierung der Bruchenergie auf $0{,}1\,G_F$ führte dagegen zur Abnahme der Spaltzugfestigkeit $f_{ct,sp,cal}$ auf 70 % bei normalfesten und 80 % bei hochfesten Betonen. Mit einer Minderung der Bruchenergie um 30 % gemäß Model Code 1990 [27] wurden 10 % niedrigere $f_{ct,sp,cal}$-Werte berechnet. Durch eine Erhöhung um 30 % erreichte die Spaltzugfestigkeit $f_{ct,sp,cal}$ 20 bis 30 % höhere Werte.

Die in den numerischen Untersuchungen zugrunde gelegte Bruchenergie G_F ist in einaxialen Zugversuchen an gekerbten Prismen ermittelt worden (vgl. Abschnitt 3.1.1). Eine häufig angewandte Methode zur Bestimmung der Bruchenergie bietet z. B. der Dreipunktbiegezugversuch. Hiermit gehen allerdings höhere G_F-Werte einher als sie aus einem Zugversuch resultieren würden (siehe u. a. [80]). Eine Berücksichtigung der in einem Dreipunktbiegezugversuch ermittelten Bruchenergie könnte demzufolge zu einer Überschätzung der berechneten Spaltzugfestigkeit $f_{ct,sp,cal}$ führen. Aus diesem Grund wurde in der vorliegenden Arbeit die Bruchenergie anhand einaxialer Zugversuche ermittelt. Somit kann der Spaltzugversuch wirklichkeitsnäher nachgebildet werden.

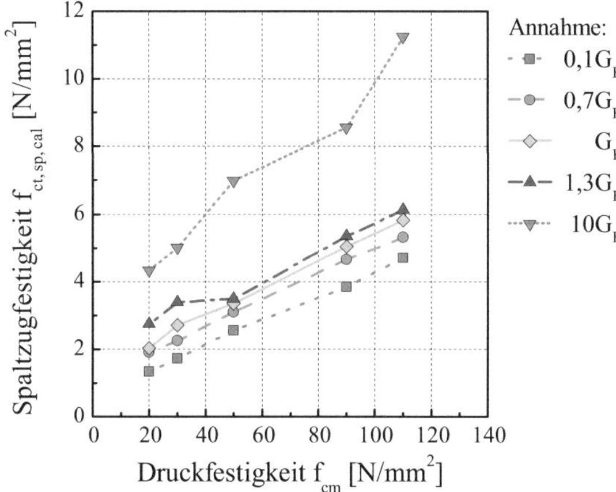

Abb. 4-8: Einfluss der Bruchenergie G_F auf die berechnete Spaltzugfestigkeit $f_{ct,sp,cal}$ in Abhängigkeit der Zylinderdruckfestigkeit f_{cm}

4.2.2.3 Einfluss der Querdehnzahl

Die numerischen Untersuchungsergebnisse zum Einfluss der Querdehnzahl ν auf die berechnete Spaltzugfestigkeit $f_{ct,sp,cal}$ in Abhängigkeit der Zylinderdruckfestigkeit f_{cm} sind in Abbildung 4-9 veranschaulicht. Die Querdehnzahl ν wurde in jedem Element mit einem konstanten Wert berücksichtigt.

Wird die berechnete Spaltzugfestigkeit $f_{ct,sp,cal}$ unter Verwendung einer Querdehnzahl von $\nu = 0{,}2$ jeweils als Bezugswert betrachtet, zeigen die Ergebnisse bei Betonen ab einer Druckfestigkeit von $f_{cm} = 50$ N/mm² (B3) nur geringfügige Unterschiede von maximal 5 %. Dahingegen konnten Abweichungen der $f_{ct,sp,cal}$-Werte bei normalfesten Betonen zwischen 40 und 95 % beobachtet werden. Diese Differenz nahm mit steigender Betongüte ab. Betone B3 bis B5 reagierten demnach auf eine Veränderung der Querdehnzahl weniger empfindlich als die Betone B1 bzw. B2.

Aus Abbildung 4-9 ist ferner ersichtlich, dass Simulationen unter Berücksichtigung einer Querdehnzahl von $\nu = 0{,}2$ zu den niedrigsten Spaltzugfestigkeiten $f_{ct,sp,cal}$ führten.

In weitere Berechnungen fand die Querdehnzahl ν in Abhängigkeit des Beanspruchungsgrades des jeweiligen Elements Eingang. Hierzu wurde die Funktion auf Grundlage der Ergebnisse nach PEREYRA [112] zugrunde gelegt (vgl. Abbildung 4-5). Das

Ziel dieser Simulationen war, Aufschlüsse darüber zu erhalten, inwieweit durch eine individuelle Anpassung der Querdehnzahl ν dem Betonverhalten im Spaltzugversuch besser begegnet werden kann.

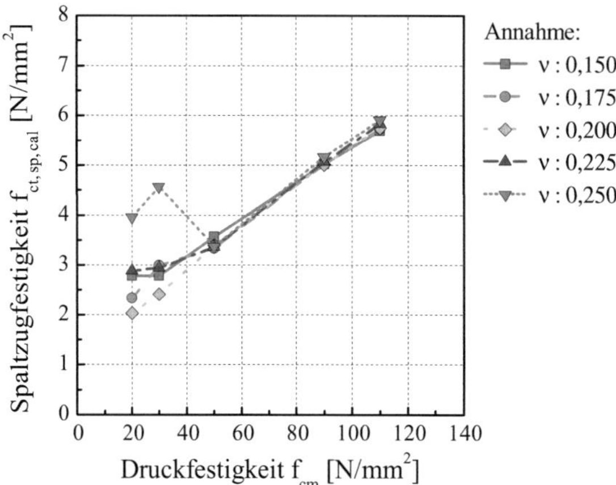

Abb. 4-9: Einfluss der Querdehnzahl ν auf die berechnete Spaltzugfestigkeit $f_{ct,sp,cal}$ in Abhängigkeit der Zylinderdruckfestigkeit f_{cm}

Mit Hilfe der in den Simulationen implementierten, beanspruchungsabhängigen Querdehnfunktion konnte lediglich für normalfeste Betone (B1, B2) ein besseres Ergebnis hinsichtlich der berechneten Spaltzugfestigkeit $f_{ct,sp,cal}$ erzielt werden als mit einem konstanten Wert von $\nu = 0{,}2$ (siehe Abbildung 4-10). Allerdings lieferten die Berechnungen mit steigender Betondruckfestigkeit zunehmend größere Abweichungen zwischen den berechneten und experimentell ermittelten Spaltzugfestigkeiten (vgl. Abbildung 4-10).

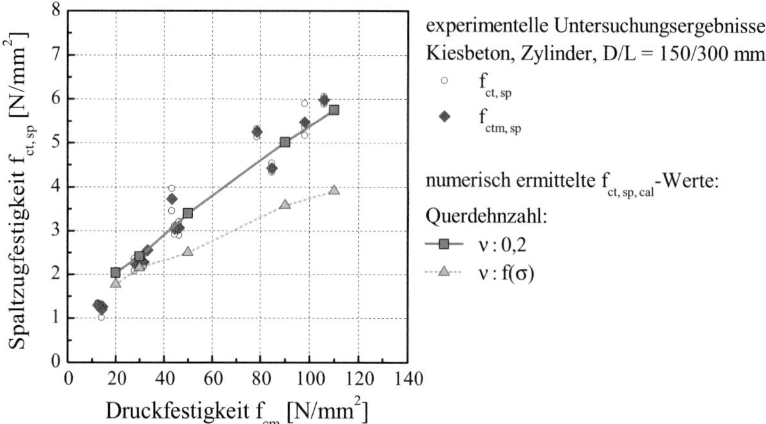

Abb. 4-10: Einfluss aus der Angabe der Querdehnzahl ν auf die berechnete Spaltzugfestigkeit $f_{ct,sp,cal}$ in Abhängigkeit der Zylinderdruckfestigkeit f_{cm}

Eine mögliche Erklärung hierfür liegt in der Herleitung der verwendeten Querdehnfunktion, die auf Basis experimenteller Untersuchungen an lediglich niederfest bis normalfesten Betonen beruhten. Da eine Übertragung dieser Beziehungen nicht ohne Weiteres auf hochfeste Betone erfolgen kann, wären weitere entsprechende Versuche notwendig.

Für die eigenen numerischen Untersuchungen kann jedoch festgehalten werden, dass die Simulation von Spaltzugversuchen unter der Annahme einer Querdehnzahl mit einer konstanten Größe von $\nu = 0{,}2$ hinreichend gute Ergebnisse liefert und somit zur Durchführung der weiteren Parameterstudie geeignet ist.

4.2.2.4 Einfluss der Lastverteilungsstreifen

Zur Auswirkung der Lastverteilungsstreifen auf das Spaltzugverhalten wurden zum einen die Breite der Lastverteilungsstreifen variiert und zum anderen mittels Verwendung von Zwischenstreifen aus Hartfaser auch der Einfluss des Materials untersucht. Hierzu wurden Lastverteilungsstreifen mit praxisrelevanten Breiten von $b = 5$, 10 und 20 mm betrachtet.

Die Durchführung der Spaltzugversuche unter Verwendung von Zwischenstreifen aus Hartfaserplatten gemäß DIN EN 12350-6 an Probekörpern aus hochfestem Beton war, wie in Abschnitt 3.2.1.1 erläutert, nicht möglich. Versuchsergebnisse für normalfeste Betone liegen jedoch vor und konnten somit zur Verifizierung der Spaltzugsimulationen unter Verwendung von Zwischenstreifen aus Hartfaser herangezogen werden. Wie aus Abbildung 4-11 rechts hervorgeht, zeigen die numerischen Ergebnisse eine gute Übereinstimmung mit der experimentell ermittelten Spaltzugfestigkeit $f_{ct,sp,cal}$.

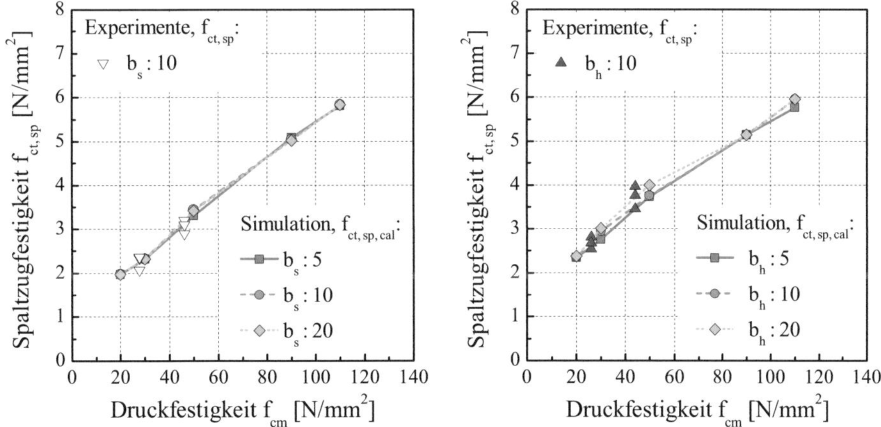

Abb. 4-11: Einfluss der Lastverteilungsstreifen auf die berechnete Spaltzugfestigkeit $f_{ct,sp,cal}$ in Abhängigkeit der Zylinderdruckfestigkeit f_{cm}; links: Lastverteilungsstreifen aus Stahl, rechts: Zwischenstreifen aus Hartfaser

Die gewonnenen Ergebnisse zeigten unabhängig vom Material der Lastverteilungsstreifen keinen nennenswerten Einfluss aus der Breite der Lastverteilungsstreifen auf die berechnete Spaltzugfestigkeit $f_{ct,sp,cal}$. Lediglich unter Verwendung von Zwischenstreifen aus Hartfaser konnte eine Differenz von 2 bis 6 % bei der Variation der Streifenbreite ermittelt werden.

4.2.2.5 Einfluss der Probekörpergröße

Zur Untersuchung des Einflusses der Probekörpergröße wurde das numerische Berechnungsmodell auf eine Größe mit einem Durchmesser von D = 75 mm verkleinert und auf D = 300 mm vergrößert. Die Elementlänge von l_{el} = 3,75 mm blieb dabei unverändert. Um der hierdurch geänderten Anzahl der Elemente Rechnung zu tragen, wurden die Berechnungen unter Berücksichtigung sowohl eines homogenen als auch eines heterogenen Materialverhaltens durchgeführt (vgl. Abbildung 4-1). Somit war über das Modell mit homogenem Materialverhalten ein direkter Vergleich der Ergebnisse möglich, da hierbei die Materialeigenschaften, insbesondere das implementierte Entfestigungsverhalten, nicht geändert worden sind.

In weiteren Berechnungen wurde, ausgehend von einer Elementlänge von l_{el} = 3,75 mm bei dem FE-Modell mit D = 150 mm, in den beiden anderen Modellen die Elementlänge proportional zum Durchmesser des FE-Modells variiert. Danach fanden FE-Modelle mit einem Durchmesser von D = 75 mm und einer Elementlänge von l_{el} = 1,875 mm sowie FE-Modelle mit einem Durchmesser von D = 300 mm und einer Elementlänge von l_{el} = 7,5 mm in die Simulationen Eingang. Somit konnten FE-Netze mit der gleichen Anzahl von Elementen erzeugt werden. Es ist allerdings festzustellen, dass mit der Änderung der Elementlänge auch eine Veränderung der Eingabewerte zur Berücksichtigung der Nachbrucheigenschaften des Betons einhergeht (siehe Abschnitte 4.1.4.1 und A3.1 im Anhang).

Sämtliche numerischen Ergebnisse zum Einfluss der Probengröße sind in Abbildung 4-12 dargestellt. Danach konnte ein geringfügiger Size Effect bei FE-Modellen mit Elementlängen von l_{el} = 3,75 mm lediglich für den Beton B3 mit einer Abweichung in den Resultaten von 3 bis 4 % ermittelt werden (siehe Abbildung 4-12, links, oben). Für die hochfesten Betone ergab das FE-Modell mit einem Durchmesser von D = 150 mm stets geringfügig höhere Spaltzugfestigkeitswerte $f_{ct,sp,cal}$ im Vergleich zu den FE-Modellen anderer Geometrien.

Die Simulationen der Spaltzugversuche unter Verwendung von Berechnungsmodellen mit konstant gehaltener Anzahl der Elemente zeigten hingegen eine starke Abhängigkeit der Spaltzugfestigkeit $f_{ct,sp,cal}$ von der Geometrie des FE-Modells (siehe Abbildung 4-12, rechts). Gleichzeitig machte sich ein Einfluss aus der Breite der Lastverteilungsstreifen b in den Berechnungen mit FE-Modellen mit einem Durchmesser von

D = 75 mm bemerkbar. Die Verwendung von breiteren Lastverteilungsstreifen führte demnach zu höheren Spaltzugfestigkeitswerten $f_{ct,sp,cal}$.

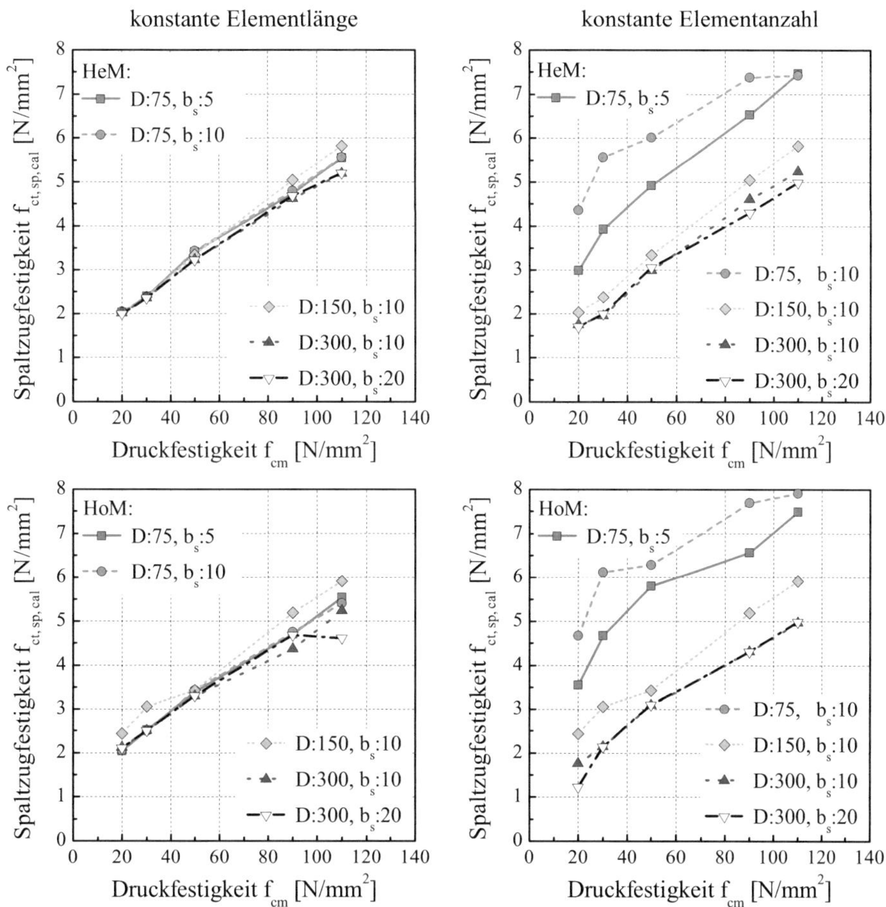

Abb. 4-12: Einfluss der Modellgröße sowie der Heterogenität auf die berechnete Spaltzugfestigkeit $f_{ct,sp,cal}$ in Abhängigkeit der Zylinderdruckfestigkeit f_{cm}; oben: heterogenes Material HeM, unten: homogenes Material HoM, links: Elementlänge l_{el}: 3,75 mm, rechts: Elementlänge l_{el}: f(D)

Die Konvergenzstudie ergab insbesondere für die Betone B1 und B3 keinen Unterschied der jeweiligen Spaltzugfestigkeiten $f_{ct,sp,cal}$ infolge einer Änderung der Elementlängen zwischen l_{el} = 3,75 und 7,5 mm (vgl. Abbildung A3-1). Somit ist ein direkter Vergleich der erzielten Ergebnisse für die FE-Modelle mit D = 150 und 300 mm und gleicher Netzfeinheit möglich (siehe Abbildung 4-12 rechts). Danach konnte ein Rückgang der Spaltzugfestigkeit $f_{ct,sp,cal}$ infolge der Vergrößerung des Berechnungsmodells von D = 150 auf 300 mm von 4 bis 10 % in Abhängigkeit von der Betonzugfestigkeit verzeichnet werden. Die Konvergenzstudie wies gleichzeitig auf ggf. zu hohe $f_{ct,sp,cal}$-

Werte unter Verwendung von Elementlängen kleiner als $l_{el} = 3$ mm hin (vgl. Abschnitt 4.2.1). Daher soll hier auf eine genaue Angabe der Spaltzugfestigkeitszunahme infolge der Reduzierung des Berechnungsmodelldurchmessers auf $D = 75$ mm – die Elementlänge betrug hierbei $l_{el} = 1,875$ mm – verzichtet werden. Die Tendenz des beobachteten Phänomens, nämlich der Anstieg der $f_{ct,sp,cal}$-Werte mit abnehmendem Durchmesser des Berechnungsmodells, bleibt jedoch weiterhin gültig.

Des Weiteren geht aus Abbildung 4-12 eine Abnahme der berechneten Spaltzugfestigkeit $f_{ct,sp,cal}$ von bis zu 10 % bei Annahme eines heterogenen Materialverhaltens gegenüber einem homogenem hervor, wobei mit steigender Betongüte eine Verringerung dieses Unterschiedes zu verzeichnen ist.

4.2.3 Ergebnisse der Parameterstudie: Versagensmechanismus im numerischen Spaltzugversuch

Wie in Abschnitt 4.2.1 dargelegt wurde, konnte das Berechnungsmodell hinsichtlich der berechneten Spaltzugfestigkeiten $f_{ct,sp,cal}$ mit einem sehr guten Ergebnis verifiziert werden. Demnach geben die in den numerischen Spaltzugversuchen an Standardprobekörpern mit $D/L = 150/300$ mm unter Verwendung von Lastverteilungsstreifen aus Stahl mit einer Breite $b = 10$ mm bzw. im Falle normalfester Betone von Zwischenstreifen aus Hartfaserplatte mit einer Breite $b = 10$ mm berechneten Spaltzugfestigkeiten $f_{ct,sp,cal}$ die experimentell ermittelten Spaltzugfestigkeiten $f_{ct,sp}$ mit einer hohen Genauigkeit wider (siehe Abbildungen 4-6 und 4-11).

Auf dieser Grundlage können weitergehende Auswertungen der Simulationen vorgenommen werden. Im gegenwärtigen Abschnitt 4.2.3 wird daher auf den Versagensmechanismus im FE-Modell in den numerischen Spaltzugversuchen eingegangen, während in Abschnitt 4.2.4 die sich in der Lastebene einstellenden Spannungsverteilungen näher erläutert werden.

Zur Veranschaulichung der Rissbildung im FE-Modell werden in den gerissenen Elementen die Rissdehnungen mittels einer Farbskala dargestellt (siehe Abbildung 4-13, unten). Die einheitliche Skalierung der Legenden zur Rissentwicklung erlaubt einen direkten Vergleich sämtlicher numerischer Ergebnisse. Bedingt durch die Skalierungsstufen können allerdings feine Risse mit Rissdehnungen kleiner als 0,0003 nicht erkannt werden, die Interpretation der gewonnenen Erkenntnisse wird jedoch durch diesen Aspekt der gewählten Darstellungsform nicht beeinträchtigt.

Der Rissbildungsprozess bzw. der Versagensmechanismus kann anhand von vier Abbildungen verfolgt werden (siehe Abbildung 4-13, unten a bis d). Wie aus den Last-Verformungsbeziehungen ersichtlich ist, stellen Rissbilder zu unterschiedlichen Belastungsstufen die Rissentwicklung im FE-Modell dar (siehe Abbildung 4-13, oben). Zunächst wird die Rissinitiierung bei 70-75 % der Höchstlast dargestellt (siehe Abbildung 4-13, unten a). Anschließend kann die Rissausbreitung beobachtet werden (siehe Abbildung 4-13, unten b). Abschließend sind die Rissbilder beim Erreichen der Höchstlast (siehe Abbildung 4-13, unten c) sowie im letzten Berechnungsschritt veranschaulicht (siehe Abbildung 4-13, unten d), in dem noch eine Konvergenz der Analyse erzielt werden konnte.

Aus Gründen der Übersichtlichkeit wurde auf die Darstellung der numerischen Ergebnisse zur Rissbildung sämtlicher untersuchten Betone B1 bis B5 verzichtet. Um einen ggf. vorhandenen Einfluss aus dem festigkeitsabhängigen Materialverhalten des Betons auf den Versagensmechanismus im numerischen Spaltzugversuch dennoch betrachten zu können, wurden die gewonnenen Erkenntnisse der Berechnungen herangezogen. Diese beschränken sich jedoch auf die Betone B1, B3 und B5, die in den nachfolgenden Abbildungen dargestellt sind.

In Abbildung 4-13 sind die Ergebnisse der Berechnungen unter der Annahme der Grundparameter (vgl. Tabelle 4-3) zusammengestellt. Danach tritt eine Rissbildung unabhängig von der Betongüte unter der Lasteinleitung ein (siehe Abbildung 4-13, unten a). Eine mögliche Erklärung hierfür liegt im gewählten Versagenskriterium für einen mehraxialen Druckspannungszustand. Danach können die von den Kontiuumselementen des nachgebildeten Probekörpers aufnehmbaren Drucknormalspannungen höchstens die einaxiale Druckfestigkeit erreichen. Somit wird die Tragfähigkeitserhöhung infolge eines mehraxialen Druck-Druckspannungszustandes nicht berücksichtigt.

Die Risse breiten sich, wie in Abbildung 4-13, unten b ersichtlich ist, in Richtung der Querschnittsmitte aus. Dabei nimmt mit steigender Betondruckfestigkeit die Breite des gerissenen Bereichs ab. Dieses Phänomen konnte auch in den Experimenten beobachtet werden und ist auf das zunehmend spröde Materialverhalten der höherfesten Betone zurückzuführen. Des Weiteren ist bei normalfesten Betonen eine vermehrte Rissbildung im mittleren Bereich des Modellquerschnitts zu beobachten (siehe Abbildung 4-13, unten b, B1 und B3).

Die größten Rissdehnungen in den einzelnen Abbildungen beim Erreichen der Höchstlast können in etwa im oberen bzw. unteren Drittel der Querschnittshöhe verzeichnet werden (siehe Abbildung 4-13, unten c). Diese Beobachtung stimmt mit den in den experimentellen Untersuchungen gewonnenen Erkenntnissen weitestgehend überein (vgl. Abschnitt 3.3.1.3).

Ferner ist beim hochfesten Beton B5 nach dem Erreichen der Höchstlast am Rand des FE-Modells eine Rissbildung infolge tangentialer Zugspannungen zu beobachten, welche durch die Längenänderung des Querschnittsumfanges, bedingt durch die Druckbeanspruchung – Zusammendrücken des Zylinders –, hervorgerufen wurden. Ein ähnliches Phänomen konnte in den Experimenten nicht beobachtet werden.

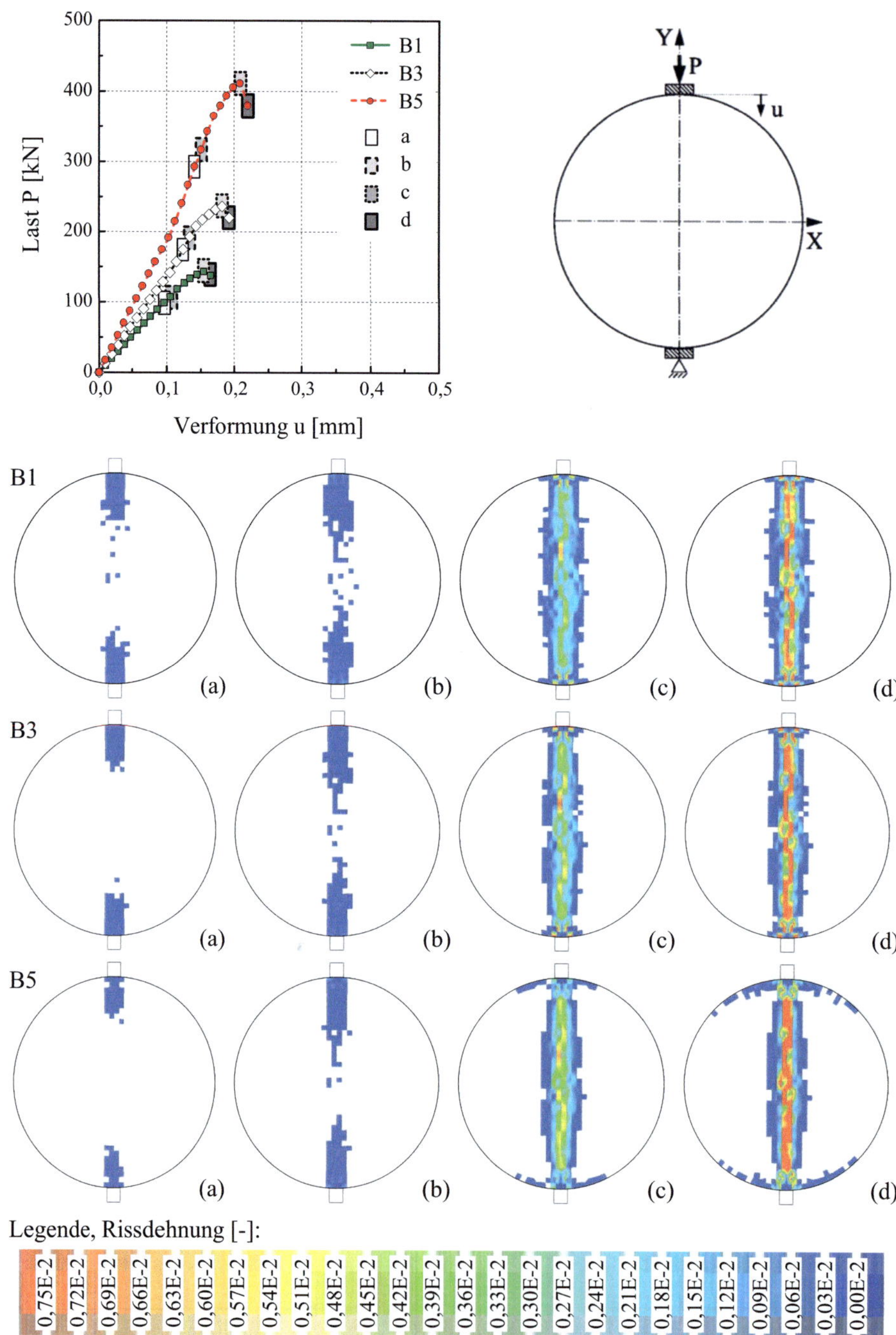

Abb. 4-13: Last-Verformungsbeziehung (oben) und Rissausbreitung im FE-Modell (unten); Annahme: Grundparameter

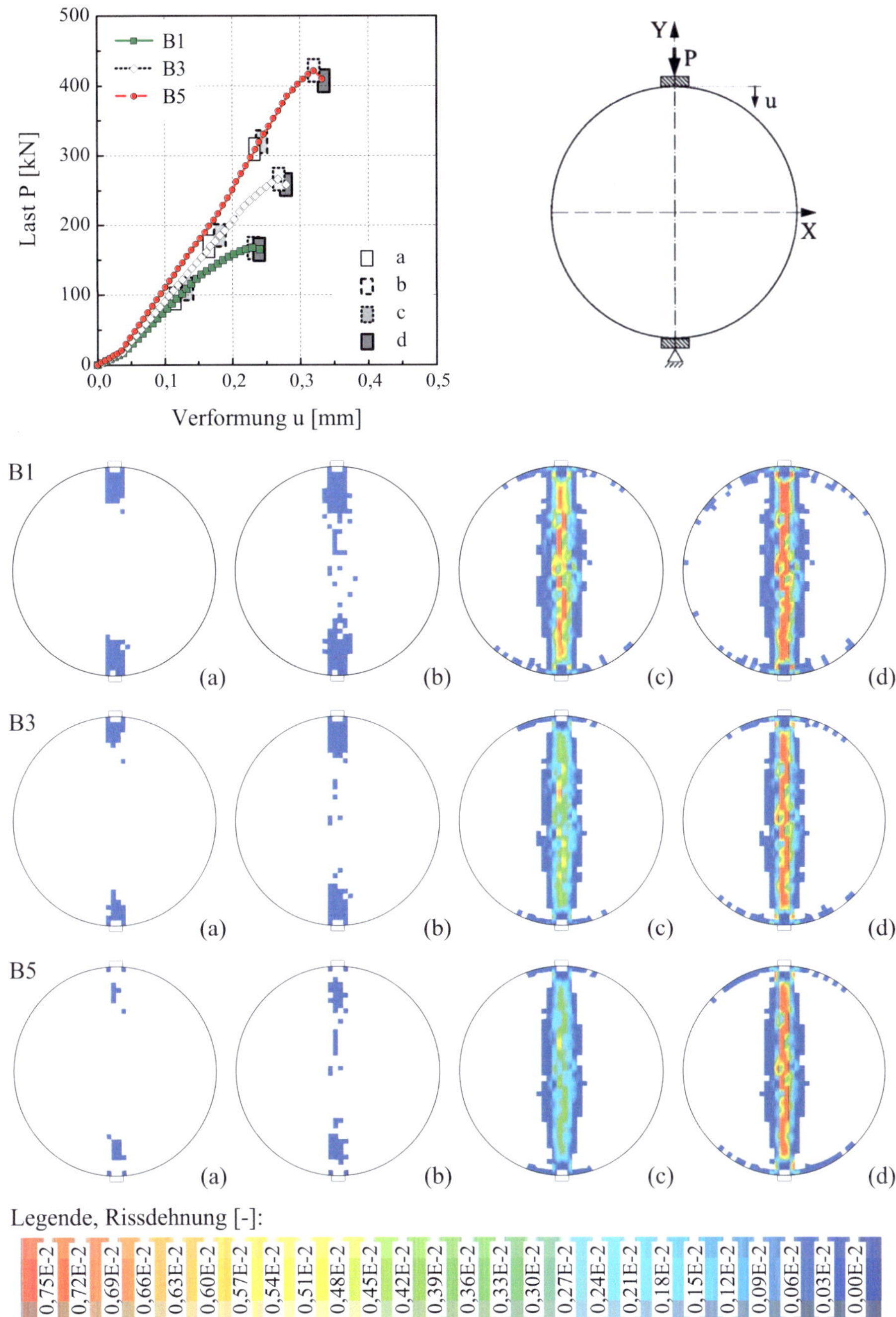

Abb. 4-14: Last-Verformungsbeziehung (oben) und Rissausbreitung im FE-Modell (unten); Annahme: b_h

Die Berücksichtigung von Zwischenstreifen aus Hartfaserplatte in den Berechnungen lieferte die in Abbildung 4-14 zusammengestellten Ergebnisse zur Rissentwicklung im numerischen Spaltzugversuch. Aufgrund der geringeren Steifigkeit der Hartfaserplatte im Vergleich zu Stahl erfolgten die Analysen in deutlich mehr Belastungsschritten. Gleichzeitig konnten 5 bis 10 % höhere Spaltzugfestigkeiten $f_{ct,sp,cal}$ erzielt werden als in den Berechnungen unter Verwendung von Lastverteilungsstreifen aus Stahl (vgl. Abbildung 4-11).

In der Simulation des Betons B5 öffneten sich die ersten Risse nicht unmittelbar unter der Lasteinleitung, sondern etwas tiefer im Modellquerschnitt (siehe Abbildung 4-14 unten a, B5). Ferner weist die Zone der gerissenen Elemente für alle untersuchten Betone einen noch schmaleren Bereich (siehe Abbildung 4-14 unten c) als in den Berechnungen unter Berücksichtigung von Lastverteilungsstreifen aus Stahl (vgl. Abbildung 4-13, unten c) auf. Des Weiteren war eine Rissbildung im Randbereich unabhängig von der Betongüte nach dem Erreichen der Höchstlast zu verzeichnen.

Weitere numerische Ergebnisse zum Versagensmechanismus in den Spaltzugsimulationen für FE-Modelle mit einem Durchmesser von D = 75 bzw. 300 mm, unter Berücksichtigung von Lastverteilungsstreifen aus Stahl unterschiedlicher Breite und einer Elementlänge von l_{el} = 3,75 mm, sind in Abbildungen A3-5 bis A3-8 zusammengestellt.

In den FE-Modellen mit einem Durchmesser von D = 75 mm war eine detaillierte Unterscheidung in den ermittelten Rissdehnungen bedingt durch die verwendete Elementlänge von l_{el} = 3,75 mm und somit infolge der vergleichsweise geringen Netzdichte nicht möglich (siehe Abbildungen A3-5 und A3-6). Tendenziell konnten dennoch die in den Berechnungsmodellen mit einem Durchmesser von D = 150 mm beobachteten Phänomene bestätigt werden (vgl. Abbildung 4-13).

Die FE-Modelle mit einem Durchmesser von D = 300 mm ermöglichten dahingegen, anhand der hohen Netzdichte, eine genaue Beobachtung der Rissfortpflanzung während der Simulationen (siehe Abbildungen A3-7 und A3-8). Sämtliche oben genannten Erkenntnisse zur Rissausbreitung im numerischen Spaltzugversuch wurden dabei bestätigt. In Abhängigkeit der Betondruckfestigkeit zeichnete sich in diesen Berechnungen allerdings ein signifikanter Unterschied in den Bereichen der gerissenen Elemente ab (siehe Abbildung A3-7, b und Abbildung A3-8, b). Danach nahm die Breite der gerissenen Elemente mit zunehmender Betongüte ab.

4.2.4 Ergebnisse der Parameterstudie: Spannungsverteilung im Spaltzugprobekörper

4.2.4.1 Numerisch ermittelte Spannungsverteilungen unter Berücksichtigung eines linear elastischen Materials

Wie bereits in Abschnitt 2.2.1 dargelegt wurde, zeichnet sich die Spannungsverteilung im Probekörper beim Spaltzugversuch durch einen höchst nichtlinearen Verlauf aus. Des Weiteren ist eine Abhängigkeit der auf der Basis der Elastizitätstheorie hergeleiteten Funktionen zu den Spannungsverteilungen von der Einleitung der Belastung erkennbar.

Aus Gründen einer präziseren Interpretation der numerisch ermittelten Spannungsverteilungen wurden zunächst Spaltzugsimulationen unter Berücksichtigung eines fiktiven linear elastischen Materials mit dem Elastizitätsmodul von Stahl durchgeführt. Hierzu fand das FE-Modell mit einem Durchmesser von $D = 150$ mm sowie mit Elementlängen von $l_{el} = 3,75$ mm Verwendung (vgl. Abbildung 4-2). Die Belastung erfolgte durch eine Einzellast, durch eine Linienlast mit einer Breite von $b = 10$ mm ($b/D = 0,07$) und durch einen Balken ($b/D \rightarrow \infty$) mit unendlicher Länge und Steifigkeit.

In Abbildung 4-15 sind die Verteilungen der Formfunktionen $c_{x,i}$ und $c_{y,i}$ der Berechnungen unter Verwendung eines linear elastischen Materials dargestellt. Hierzu wurden die in der Lastebene ermittelten horizontalen σ_x und vertikalen σ_y Spannungen mit der errechneten Spaltzugfestigkeit $f_{ct,sp,cal}$ (siehe Gleichung 2-8) normiert. Somit stellt die Abbildung 4-15 eine relative Spannungsverteilung im FE-Modell in einer Spaltzugsimulation dar und ist ferner mit der elastizitätstheoretischen Lösung direkt vergleichbar (vgl. Abbildungen 2-7 und A1-1).

Die berechneten vertikalen Formfunktionen $c_{y,i}$ ergaben eine gute Übereinstimmung mit den elastizitätstheoretischen Lösungen der Formfunktionen $c_{vy,i}$ (vgl. Abbildung 4-15, b). Die geringfügigen Unterschiede zwischen $c_{y,i}$ und $c_{vy,i}$ von 1 % sind auf die Rechengenauigkeit zurückzuführen. Die besagten Abweichungen waren ebenso bei den Verteilungen der horizontalen Formfunktionen $c_{x,i}$ zu erkennen. Hier wurden in der Querschnittsmitte des FE-Modells Formfunktionen mit $c_{x,i} > 1$ ermittelt (Abbildung 4-15, a). Formfunktionen mit $c_{vx,i} > 1$ sind jedoch nach der elastizitätstheoretischen Lösung nicht möglich (vgl. Abbildung A1-1). Des Weiteren zeigt die Formfunktion $c_{x,0}$ unter der Lasteinleitung einen ausgeprägt ungleichmäßigen Verlauf bzw. Spannungsspitzen, da infolge der applizierten singulären Einzellast das FE-Netz unproportional hohe Verschiebungen sowie Spannungen erfährt. Eine Anpassung der Netzdichte, um eine exakte Wiedergabe der elastizitätstheoretischen Lösung zu erzielen, erfolgte aus Gründen der besseren Vergleichbarkeit nicht (siehe Abschnitt 4.1.2).

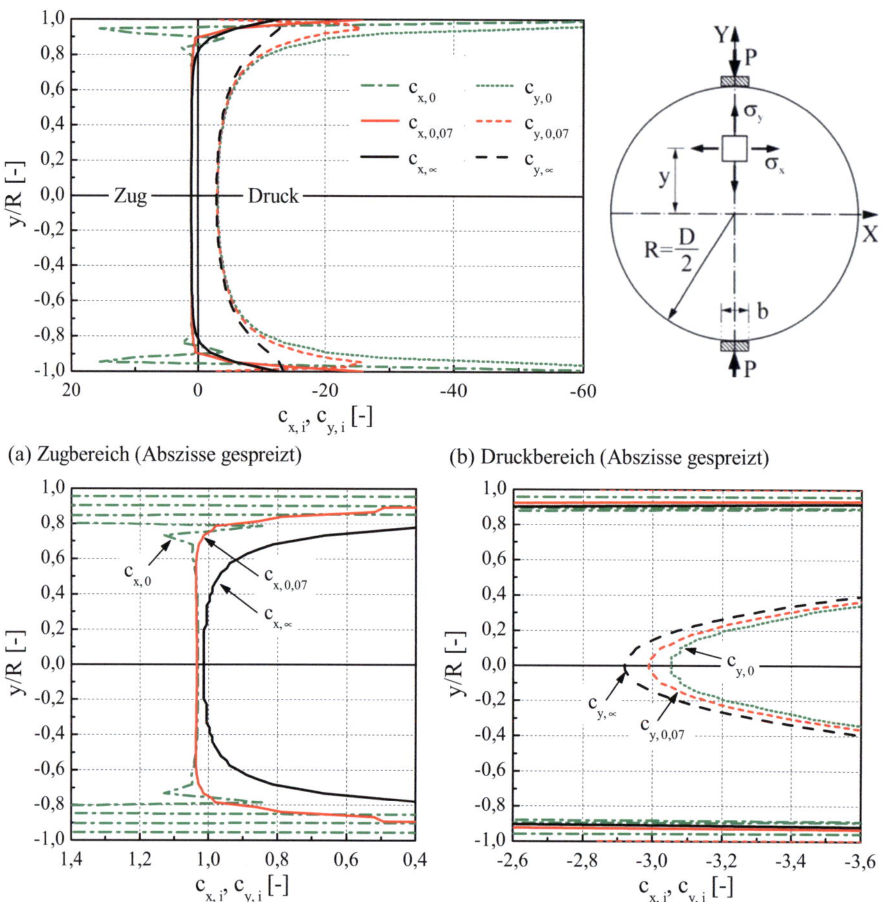

Abb. 4-15: Verteilung der Formfunktionen $c_{x,i}$ und $c_{y,i}$, mit i = b/D = 0; 0,07 und ∞ in der Lastebene infolge Spaltzugbeanspruchung

4.2.4.2 Numerisch ermittelte Spannungsverteilungen unter Berücksichtigung der Materialeigenschaften der Betone B1 bis B5

Im vorhergehenden Abschnitt 4.2.4.1 konnte das FE-Netz hinsichtlich der gewonnenen Spannungsverteilungen unter Verwendung eines linear elastischen Werkstoffs validiert werden. Diese Berechnungen bildeten die Grundlage für die nachfolgenden Untersuchungen zur Spannungsverteilung im Spaltzugprobekörper. Hierbei wurden FE-Netze mit D = 75, 150 und 300 mm, mit einer Elementlänge von l_{el} = 3,75 mm für die Betone B1 bis B5 berücksichtigt. Die Breite der Lastverteilungsstreifen variierte ferner zwischen 5 und 20 mm. Nach DIN EN 12390-6 wird die Spaltzugfestigkeit auf Basis der ermittelten Höchstlast berechnet. Folglich geben die nachfolgend dargestellten, numerisch ermittelten Spannungsverteilungen die gewonnenen Ergebnisse beim Erreichen der Höchstlast wieder.

Im Folgenden werden die Verteilungen der horizontalen σ_x bzw. vertikalen Spannungen σ_y in der Lastebene indirekt mit Hilfe der Verteilung der Formfunktionen $c_{x,i}$ bzw. $c_{y,i}$ sowie anhand der relativen Spannungsverteilungen – die Normierung erfolgt hier mit den einaxialen Festigkeitswerten – veranschaulicht (siehe z. B. Abbildung 4-16).

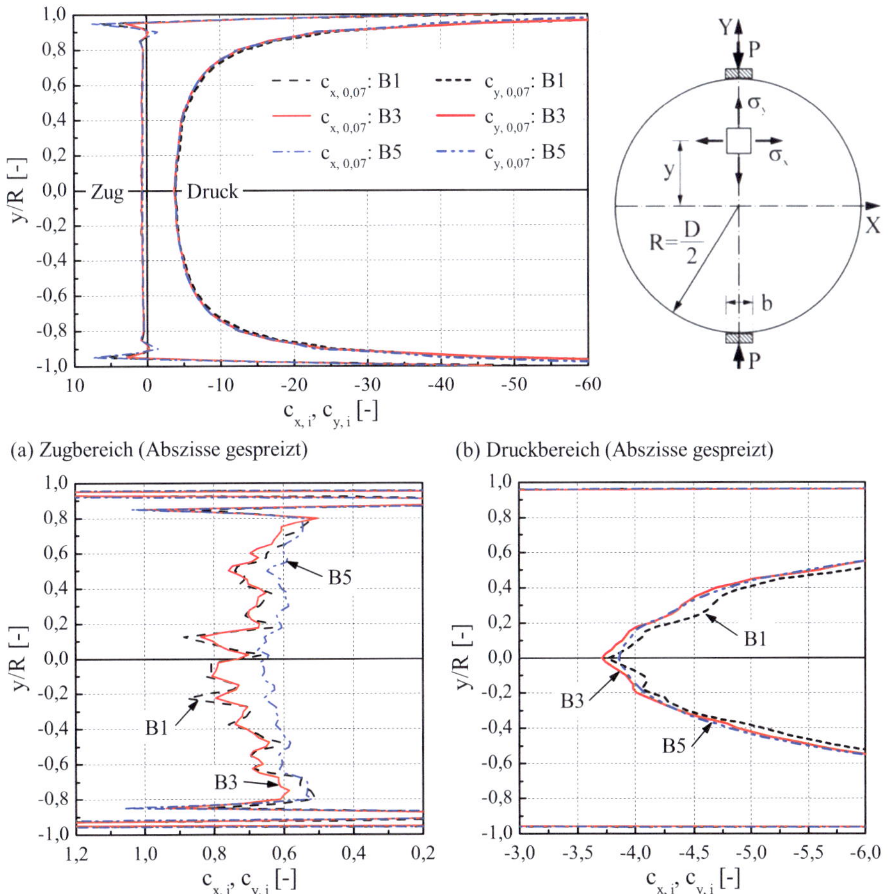

Abb. 4-16: Verteilung der Formfunktionen $c_{x,i}$ und $c_{y,i}$, mit $i = b/D = 0,07$ in der Lastebene infolge Spaltzugbeanspruchung; Annahme: Grundparameter

Wie im vorhergehenden Abschnitt beschrieben wurde (siehe Abschnitt 4.2.4.1), entspricht auch die Verteilung der Formfunktionen $c_{x,i}$ bzw. $c_{y,i}$ einer relativen Spannungsverteilung, da die in der Lastebene ermittelten horizontalen σ_x und vertikalen σ_y Spannungen mit der errechneten Spaltzugfestigkeit $f_{ct,sp,cal}$ normiert werden (siehe z. B. Abbildung 4-16). Hierdurch ist ein direkter Vergleich mit den elastizitätstheoretischen

Lösungen der Fomfunktionen $c_{vx,i}$ und $c_{vy,i}$ möglich (vgl. Abschnitt 2.2.1.2). Des Weiteren kann das Verhältnis der vertikalen zu den horizontalen Spannungen σ_y/σ_x in der Mitte des Modellquerschnitts folglich das biaxiale Druck-Zugfestigkeitsverhalten der untersuchten Betone beschrieben und somit den theoretischen Annahmen gegenübergestellt werden (vgl.).

Die relative Spannungsverteilung kann durch die Normierung der horizontalen σ_x und vertikalen σ_y Spannungen erzielt werden. Hierbei werden die genannten Spannungen im Druckbereich mit der Druck- und im Zugbereich mit der einaxialen Zugfestigkeit normiert (siehe z. B. Abbildung 4-17). Diese Darstellung gibt direkte Informationen darüber, zu welchem Anteil die in einem beliebigen Punkt der Lastebene vorherrschenden Normalspannungen die Druck- bzw. Zugfestigkeit des Materials ausschöpfen und somit Angaben über die Resttragfähigkeit des modellierten Betons.

Abbildung 4-16 gibt die Verteilung der Formfunktionen $c_{x,0,07}$ und $c_{y,0,07}$ in den Berechnungen unter Berücksichtigung des Grundmodells, Annahme: Grundparameter, wieder (vgl. Tabelle 4-3). Durch diese Formfunktionen lassen sich die horizontalen $\sigma_{x,i} = c_{x,i} \cdot f_{ct,sp,cal}$ und vertikalen Normalspannungsverläufe $\sigma_{y,i} = c_{y,i} \cdot f_{ct,sp,cal}$ unmittelbar ermitteln.

Eine Gegenüberstellung dieser Verteilungen mit der elastizitätstheoretischen Lösung zeigt in der angegebenen Skalierung eine gute Übereinstimmung (vgl. Abbildung 4-15). Werden jedoch die horizontalen bzw. vertikalen Formfunktionen im Detail betrachtet, kommen signifikante Unterschiede zum Vorschein (siehe Abbildung 4-16, a und b). Die Kurven verschieben sich sowohl im Zug- als auch im Druckbereich nach rechts. Die horizontalen Formfunktionen in der Querschnittsmitte weisen somit einen Wert von $c_{x,0,07} = 0{,}65$ bis $0{,}7$ anstatt von $c_{vx,0,07} = 1$ gemäß der elastizitätstheoretischen Lösung auf. Die vertikalen Formfunktionen ergaben einen Wert von $c_{y,0,07} = -3{,}7$ bis $-3{,}8$ anstatt von $c_{vy,0,07} = -3$ (vgl. Abbildung A1-1). Damit ergibt sich ein Verhältnis von vertikalen zu horizontalen Spannungen in der Mitte des Modellquerschnitts von $\sigma_y/\sigma_x = -4{,}9$ bis $-5{,}8$ anstatt von -3 (vgl. Abbildungen 2-7 und A1-1). Dabei ist zu beachten, dass beim Erreichen der Höchstlast bereits eine Rissbildung, bedingt durch das Überschreiten der Zugfestigkeit der jeweiligen Elemente, in der Lastebene zu beobachten ist (vgl. Abschnitt 4.2.3). Die Tragfähigkeit der gerissenen Elemente wird demnach entsprechend des zugrunde liegenden Materialgesetzes zum Entfestigungsverhalten reduziert (vgl. Abbildung 4-3, b). Folglich führt die Bildung des Verhältnisses der vertikalen Druckspannungen σ_y mit diesen reduzierten Zugspannungen σ_x zu einem höheren Quotienten. Eine Darstellung dieses Verhältnisses im Diagramm zum zweiaxialen Druck-Zugspannungszustand (vgl. Abbildung 2-9) würde daher fälschlicherweise, bedingt durch den steileren Verlauf des Zusammenhangs – die Steigung der Kurve beträgt -5 anstatt von -3 –, eine höhere Zugtragfähigkeit im Spaltzugversuch suggerieren. Da aber die Rissbildung im FE-Modell, wie in Abschnitt 4.2.3 dargelegt, nicht von der Querschnittsmitte aus – wie ursprünglich nach der Elastizitätstheorie angenommen – initiiert wird, stellt der Schnittpunkt des besagten Verhältnisses von ca. $\sigma_y / \sigma_x = -5$ mit dem Versagenskriterium im zweiaxialen Druck-Zugspannungs-zustand (siehe Abbildung 4-3 links) kein Materialversagen dar (vgl. Abbildung 2-9).

Der ungleichmäßige Verlauf der Formfunktionen ist auf die Heterogenität des Betons zurückzuführen, wobei die Ungleichmäßigkeit der Formfunktionsverteilungen bei niederfesten Betonen mit einer größeren Streubreite erscheint (siehe Abbildung A3-9).

Die relativen Spannungsverteilungen der Berechnungen unter Annahme der Grundparameter (vgl. Tabelle 4-3) sind in Abbildung 4-17 veranschaulicht. Danach betragen die Zugspannungen im mittleren Bereich des Modellquerschnittes unter Höchstlast unabhängig von der Betongüte zwischen 65 und 70 % der einaxialen Zugfestigkeit f_{ctm}. Dahingegen zeigen die relativen Druckspannungen eine starke Abhängigkeit von der Betonqualität. Der niederfeste Beton B1 weist 40 %, der normalfeste Beton B3 25 % und der hochfeste Beton B5 lediglich 20 % der einaxialen Druckfestigkeit f_{cm} im mittleren Modellquerschnitt auf.

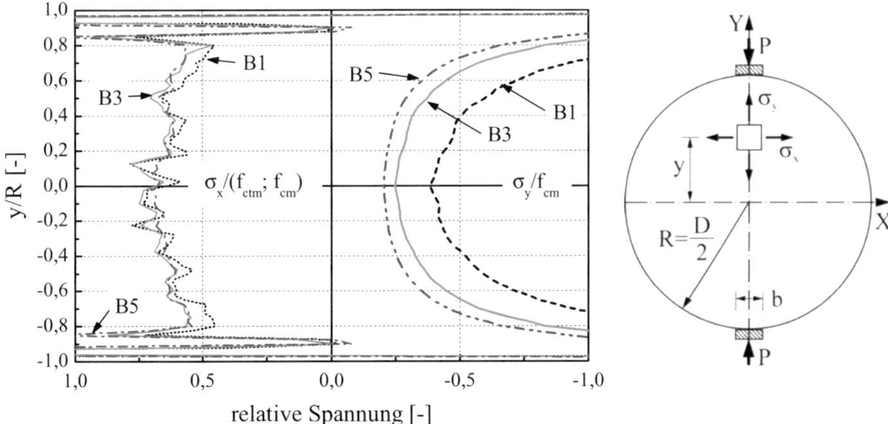

Abb. 4-17: Einfluss der Betondruckfestigkeit auf die relativen Spannungsverteilungen; Annahme: Grundparameter

Die horizontalen Zug- bzw. vertikalen Druckspannungen fallen mit der Richtung der Zug- bzw. Drucktrajektorien, also mit der Richtung der Hauptspannungen, in der Lastebene im mittleren Modellquerschnitt überein. Somit können die oben genannten zum Zeitpunkt der Höchstlast in der Querschnittsmitte auftretenden Spannungsverhältnisse für die Betone B1, B3 und B5 den Angaben zum biaxialen Festigkeitsverhalten nach dem Model Code 1990 [27] unmittelbar gegenübergestellt werden (vgl. Abbildung 2-9). Bei gleichen relativen Zugspannungen versagen demnach die Betone B5 und B3 bereits bei deutlich niedrigeren gleichzeitig wirkenden relativen Druckspannungen als der niederfeste Beton B1. Dieses Phänomen trifft im Inneren des Modells über etwa 80 % der Querschnittshöhe zu.

Wie aus Abbildung 4-18, a und b ersichtlich ist, reagieren die Formfunktionen $c_{x,0,07}$ und $c_{y,0,07}$ niederfester Betone empfindlich gegenüber dem verwendeten Material der Lastverteilungs- bzw. Zwischenstreifen. Dahingegen ist ein Unterschied in den besagten Verteilungen beim hochfesten Beton B5 lediglich im Lasteinleitungsbereich zu erkennen. Ferner zeigt der Einfluss des Materials unter Berücksichtigung von Lastverteilungsstreifen aus Stahl einen stärkeren Einfluss auf den Verlauf der horizontalen Formfunktion $c_{x,0,07}$ für den Beton B1 (siehe Abbildung A3-9).

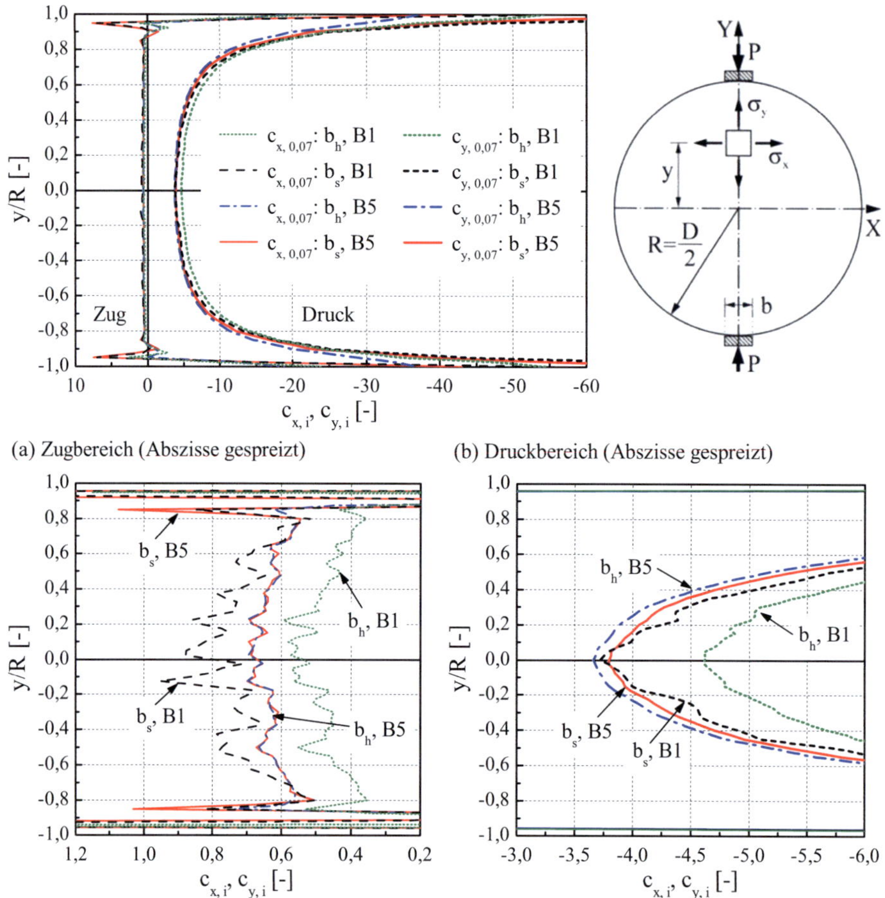

(a) Zugbereich (Abszisse gespreizt) (b) Druckbereich (Abszisse gespreizt)

Abb. 4-18: Verteilung der Formfunktionen $c_{x,i}$ und $c_{y,i}$, mit $i = b/D = 0{,}07$ in der Lastebene infolge Spaltzugbeanspruchung; Annahme: b_s, b_h

In Abbildung 4-19 sind die Ergebnisse zu relativen Spannungsverteilungen der Berechnungen unter Verwendung von Zwischenstreifen aus Hartfaser für die Betone B1, B3 und B5 gegenübergestellt. Danach betragen die im mittleren Modellquerschnitt herrschenden Zugspannungen etwa 70 % der einaxialen Zugfestigkeit f_{ctm} und stimmen somit für die Betone B3 und B5 mit den in den Berechnungen unter Annahme von Lastverteilungsstreifen aus Stahl ermittelten entsprechenden Kenngrößen (vgl. Abbildung 4-17) überein.

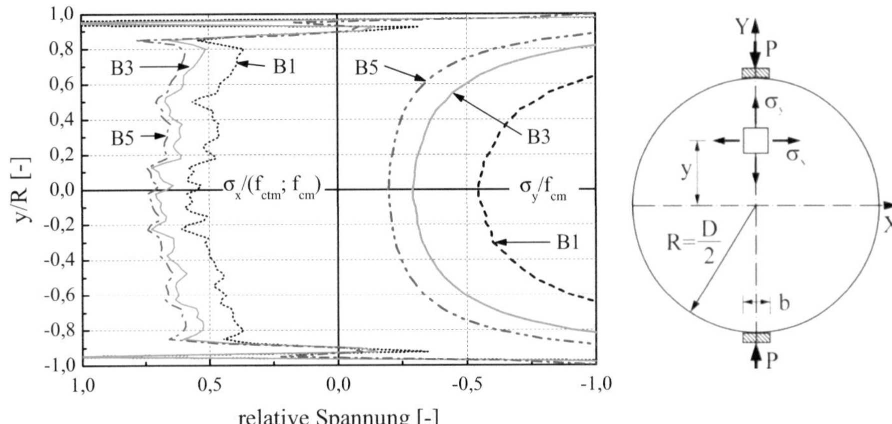

Abb. 4-19: Einfluss aus dem Material der Lastverteilungs- bzw. Zwischenstreifen auf die relativen Spannungsverteilungen; Annahme: b_h

Dieselbe Übereinstimmung der erzielten Ergebnisse für die Berechnungen unter Verwendung von Zwischenstreifen aus Hartfaser bzw. Lastverteilungsstreifen aus Stahl gilt auch für die Verteilung der relativen Druckspannungen für den Beton B5 (vgl. Abbildungen 4-17 und 4-19). Die ermittelten relativen Druckspannungsverteilungen der Betone B1 und B3 verschieben sich hingegen nach rechts. Die Druckspannungen betragen somit im mittleren Modellquerschnitt im Beton B1 55 % und im Beton B3 30 % der einaxialen Druckfestigkeit f_{cm}.

Weitere numerische Ergebnisse zur Verteilung der Formfunktionen sowie der relativen Spannungen aus den Spaltzugsimulationen unter Verwendung von FE-Modellen mit einem Durchmesser von D = 75 bzw. 300 mm, unter Berücksichtigung von Lastverteilungsstreifen aus Stahl unterschiedlicher Breite und einer Elementlänge von l_{el} = 3,75 mm, sind in den Abbildungen A3-11 bis A3-18 angegeben. Danach konnte ein Einfluss aus der Breite der Lastverteilungsstreifen auf die Verteilung der Formfunktionen $c_{x,i}$ und $c_{y,i}$ beobachtet werden (siehe Abbildungen A3-11, A3-12 und Abbildungen A3-15, A3-16). Die relativen Spannungsverteilungen der untersuchten Betone verlaufen unabhängig von den geometrischen Randbedingungen weitestgehend deckungsgleich (siehe Abbildungen A3-13, A3-14 und Abbildungen A3-17, A3-18).

Der Vergleich der Formfunktionsverteilungen bzw. des Verlaufs der relativen Spannungsverteilungen unter Berücksichtigung eines homogenen und eines heterogenen Materials sind in Abbildung A3-9 und Abbildung A3-10 dargestellt. Bei hochfesten Betonen konnte aus der Annahme eines heterogenen Materials eine geringfügige Abweichung des Verlaufs der relativen Spannungsverteilungen gegenüber dem Verlauf der Formfunktionen für das homogene Material (vgl. Abbildung A3-10) ermittelt werden. Anders verhalten sich jedoch normalfeste Betone, bei denen signifikante Unterschiede in den Verteilungen der relativen Spannungen zu verzeichnen sind.

4.2.5 Numerisch ermittelter Quotient der einaxialen Zug- zur Spaltzugfestigkeit

Die spätere Modellbildung zur Berechnung der einaxialen Zugfestigkeit aus der Spaltzugfestigkeit in Abhängigkeit der Druckfestigkeit basiert auf den experimentell gewonnenen Ergebnissen der Spaltzugversuche an Standardprobekörpern mit $D/L = 150/300$ mm sowie einer Lasteinleitung anhand von Lastverteilungsstreifen aus Stahl mit einer Breite von $b = 10$ mm. Daher werden im Folgenden die Ergebnisse der unter den oben genannten Randbedingungen durchgeführten numerischen Spaltzugversuche vorgestellt.

In Abbildung 4-20 sind die experimentell und numerisch ermittelten Verhältniswerte der einaxialen Zug- zur Spaltzugfestigkeit in Abhängigkeit der Zylinderdruckfestigkeit gegenübergestellt. Dabei wurden zusätzlich zu den Quotienten aus den Mittelwerten der einaxialen Zug- bzw. Spaltzugfestigkeiten alle möglichen Verhältniswerte aus den jeweiligen Einzelmessungen berechnet, um die Bandbreite der erzielten A-Werte zu veranschaulichen.

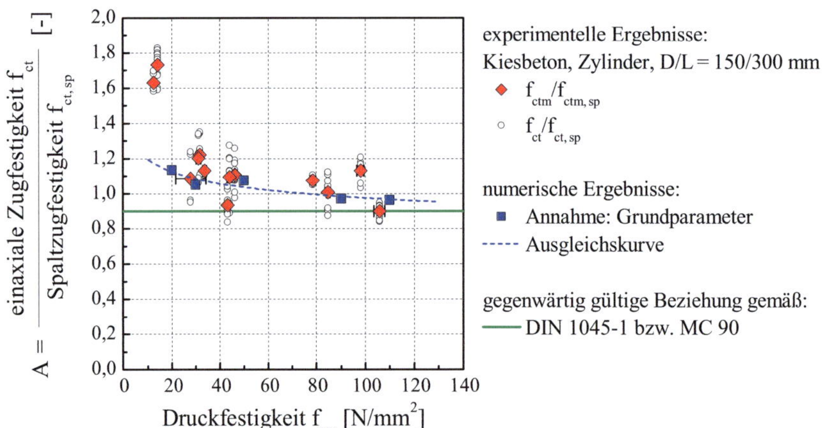

Abb. 4-20: Vergleich des numerisch ermittelten Verhältniswerts A mit den experimentellen Ergebnissen in Abhängigkeit der Zylinderdruckfestigkeit und Literaturangabe nach [27]

Analog zu den auf Basis experimenteller Ergebnisse berechneten A-Werten verzeichnen die analytisch erzielten Umrechnungsfaktoren ebenfalls eine Verringerung mit steigender Betondruckfestigkeit (siehe Abbildung 4-20). Sie fällt jedoch etwas geringer aus, und die A-Werte betragen im normalfesten Regime über 1,1 und im Bereich hochfester Betone etwa 1,0. Dennoch konnte damit auch anhand der Spaltzugsimulationen belegt werden, dass für eine Umrechnung der einaxialen Zugfestigkeit aus der Spaltzugfestigkeit kein konstanter Faktor (vgl. Abbildung 4-20 Beziehung gemäß DIN 1045-1), sondern eine festigkeitsabhängige Beziehung zugrunde gelegt werden muss.

Die Darstellung der numerisch ermittelten Verhältniswerte A über der Würfeldruckfestigkeit zeigt eine bessere Übereinstimmung mit den experimentellen Ergebnissen (siehe Abbildung A3-19). Hierzu sind die in den Berechnungen eingesetzten Zylinderdruckfestigkeiten (siehe Tabelle 4-1) nach Tabelle A1-1 in Würfeldruckfestigkeiten umgerechnet worden.

4.3 Zusammenfassung und Diskussion der gewonnenen Ergebnisse

Zur Simulation der in Abschnitt 3.2 vorgestellten Spaltzugversuche wurde zunächst ein zweidimensionales Berechnungsmodell erstellt. Dieses bildete den Versuchsaufbau an einem zylindrischen Standardprobekörper mit $D/L = 150/300$ mm nach, wobei die Beanspruchung über Lastverteilungsstreifen aus Stahl mit einer Breite von $b = 10$ mm in die Probe eingeleitet wurde.

Die Bestimmung einer geeigneten Netzdichte zur Durchführung von Spaltzugsimulationen erfolgte im Rahmen einer Konvergenzstudie. Danach wurde die Elementlänge des FE-Modells zu $l_{el} = 3,75$ mm gewählt. Die Verifizierung des Berechnungsmodells erfolgte mit Hilfe der experimentellen Untersuchungsergebnisse.

In der anschließend durchgeführten Parameterstudie wurden diverse Einflussfaktoren auf das Spaltzugverhalten numerisch untersucht. Die Ergebnisse der Berechnungen zur Untersuchung eines Einflusses der Länge des nachzubildenden Probekörpers lassen darauf schließen, dass solche Analysen eines dreidimensionalen Berechnungsmodells bedürfen. In der vorliegenden Arbeit wurden jedoch ausschließlich zweidimensionale Modelle verwendet.

Es zeigte sich, dass unterschiedliche Annahmen zur Größe der Bruchenergie G_F zu signifikanten Änderungen der berechneten Spaltzugfestigkeit $f_{ct,sp,cal}$ führten. Mit der Änderung der Bruchenergie ging eine nichtlineare Änderung der berechneten Spaltzugfestigkeit einher. Eine Erhöhung der Bruchenergie bewirkte eine ausgeprägte Zunahme der Spaltzugfestigkeit. Die den Berechnungen zugrunde gelegte Bruchenergie G_F wurde in einaxialen Zugversuchen an gekerbten Prismen ermittelt. Höhere G_F-Werte, die in anderen Versuchen, z. B. im Dreipunktbiegezugversuch, bestimmt würden, könnten demnach in einem numerischen Spaltzugversuch zu einer Überschätzung der tatsächlichen Spaltzugfestigkeit führen.

Die numerischen Untersuchungen zum Einfluss der Querdehnung von Beton bestätigten, dass die Annahme der Querdehnzahl mit einem konstanten Wert von $\nu = 0{,}2$ zur Durchführung von Spaltzugsimulationen geeignet ist. Belastungsunabhängige Querdehnzahlen führten im Bereich der normalfesten Betone zu Abweichungen von über 40 % in den $f_{ct,sp,cal}$-Werten. Berechnungen mit einer belastungsabhängigen Querdehnungsfunktion ergaben für normalfeste Betone nur geringfügige Unterschiede. Diese nahmen allerdings mit steigender Betondruckfestigkeit zu.

Die Verwendung von Zwischenstreifen aus Hartfaser bewirkte bei normalfesten Betonen eine Zunahme um 2 bis 6 % der berechneten Spaltzugfestigkeit $f_{ct,sp,cal}$ gegenüber Werten, die in Berechnungen unter Annahme von Lastverteilungsstreifen aus Stahl ermittelt wurden. Ein Unterschied im Bereich der hochfesten Betone konnte nicht festgestellt werden. Hierbei ist jedoch zu berücksichtigen, dass die Durchführung der numerischen Spaltzugversuche für hochfeste Betone unter Berücksichtigung von Zwischenstreifen aus Hartfaser nur aufgrund des verwendeten vereinfachten Stoffgesetzes zur Beschreibung des Materialverhaltens der Hartfaserzwischenstreifen, das keine Versagenskriterien hierfür enthält, möglich war. In den eigenen experimentellen Spaltzugprüfungen konnte eine Versuchsdurchführung mit Hilfe von Zwischenstreifen aus Hartfaserplatte nicht realisiert werden, da die Zwischenstreifen vorzeitig versagten.

Ein Size Effect – der Rückgang der Spaltzugfestigkeit mit zunehmender Größe des betrachteten Probekörpers – konnte lediglich in jenen Berechnungen beobachtet werden, bei denen die Elementlängen des FE-Netzes proportional zum Durchmesser des FE-Modells geändert wurden. Analog zu den experimentell gewonnenen Ergebnissen wurden auch numerisch mit steigender Betondruckfestigkeit zunehmend größere Unterschiede in den berechneten Spaltzugfestigkeiten $f_{ct,sp,cal}$ ermittelt. Danach betrug die Spaltzugfestigkeit, die unter Verwendung eines FE-Modells mit einem Durchmesser von $D = 300$ mm berechnet wurde, 90 % des $f_{ct,sp,cal}$-Wertes, der anhand eines FE-Modells mit $D = 150$ mm ermittelt wurde, bei normalfesten Betonen und 80 % bei hochfesten Betonen. Die Simulationen anhand des FE-Modells mit $D = 75$ mm deuteten auf einen ausgeprägten Size Effect hin. Durch die konstant gehaltene Anzahl der Elemente in allen untersuchten Geometrien wurde in diesem FE-Modell eine Elementlänge von $l_{el} = 1{,}875$ mm berücksichtigt. Gemäß der Konvergenzstudie geht allerdings mit einer solchen kleinen Elementlänge eine Überschätzung der tatsächlichen Spaltzugfestigkeit einher, so dass anhand der gewonnenen Ergebnisse der Berechnungsmodelle mit $D = 75$ mm eine quantitative Aussage zur wirklichkeitsnahen Größenabhängigkeit nicht möglich ist.

Die numerischen Spaltzugversuche untermauerten auch hinsichtlich des beobachteten Versagensmechanismus die experimentellen Erkenntnisse. Im Gegensatz zu den theoretischen Annahmen wurde die den Versagensprozess einleitende Rissbildung nicht in der Querschnittsmitte, sondern unter der Lasteinleitung, im oberen bzw. unteren Drittel und Viertel der Modellquerschnittshöhe, initiiert. Des Weiteren wichen die numerisch ermittelten Spannungsverteilungen in der Lastebene von den theoretischen Annahmen ab. Die beobachteten Bruchprozesse bzw. Spannungsverteilungen im Spaltzugprobekörper und die hieraus resultierenden Schlussfolgerungen lassen sich wie folgt zusammenfassen:

(1) Die Spaltzugfestigkeit wird anhand einer auf der Grundlage von elastizitätstheoretischen Überlegungen hergeleiteten Formel berechnet (siehe Gleichung 2-8) und entspricht danach der in der Mitte des Probekörpers vorherrschenden Zugspannung beim Erreichen der Höchstlast während der Spaltzugprüfung. Folglich wird ein Probekörperversagen von der Probenmitte aus in Richtung der Lasteinleitungspunkte vorausgesetzt. Gleichzeitig beträgt das Verhältnis der vertikalen Druck- zu horizontalen Zugnormalspannungen in Probenquerschnittsmitte $\sigma_y/\sigma_x = -3$, wobei die Zugspannungen ein Maximum und die Druckspannungen ein Minimum erreichen (vgl. Abbildung 2-7). Sofern das biaxiale Druck-Zugfestigkeitsverhalten des besagten linear elastischen Werkstoffs bekannt ist, kann somit, anhand des oben genannten Verhältnisses $\sigma_y/\sigma_x = -3$, auf die Resttragfähigkeit des Materials geschlossen werden (vgl. Abbildung 2-9). Dieser Sachverhalt konnte anhand eigener numerischer Spaltzugversuche unter Annahme eines linear elastischen Materials reproduziert werden (siehe Abbildung 4-15).

(2) Anders verhält sich jedoch ein nichtlinear elastischer Werkstoff, wie z. B. Beton. Bei der Belastung eines Betonprobekörpers geht mit dem Erreichen der Festigkeiten eine Rissbildung im jeweils betroffenen Element einher, wobei die geöffneten Risse weiterhin bis zum Erreichen einer kritischen Rissöffnung Spannungen übertragen können. Infolge der Rissbildung findet ferner eine Spannungsumlagerung im Probekörper statt. Nach den numerischen Ergebnissen betrugen somit beim Erreichen der Höchstlast die Zugspannungen im mittleren Bereich der Probe nur noch 60 bis 80 % der hieraus resultierenden Spaltzugfestigkeit. Diese erreichten gleichzeitig im Schnitt 60 bis 70 % der mittleren Zugfestigkeit f_{ctm}, jedoch maximal 80 bis 90 %.

(3) Die gewonnenen experimentellen sowie numerischen Ergebnisse deuten darauf hin, dass für das Versagen der Spaltzugprobe die Kombination der in der Probekörpermitte vorherrschenden hohen Zugspannungen mit hohen Druckspannungen und der Übergang von dem zwei- bzw. dreiachsigen Druckspannungszustand (Bereich unter der Lasteinleitungsstelle) in einen Druck-Zugspannungszustand (mittlerer Bereich der Probe) zur Rissbildung führt.

(4) Zur Formulierung eines für das Materialverhalten im Spaltzugversuch gültigen Versagenskriteriums ist daher die Berücksichtigung der komplexen Wechselwirkungen der besagten Spannungszustände – Druck-Zug- bzw. Druck-Druckspannungszustand – auf den Werkstoff Beton von substanzieller Bedeutung.

Das zentrale Thema der vorliegenden Arbeit bildet die festigkeitsabhängige Umrechnung der einaxialen Zugfestigkeit aus der Spaltzugfestigkeit. Sowohl experimentell als auch numerisch wurde eine abnehmende Beziehung dieser mit steigender Betondruckfestigkeit ermittelt. Danach beträgt die einaxiale Zugfestigkeit bei niederfesten Betonen das 1,2- bis 1,3-fache der Spaltzugfestigkeit und 1,0 bei hochfesten Betonen. Dies ist ein weiteres Indiz dafür, dass das Versagen der Spaltzugprobe nicht ausschließlich durch den Bereich, der unter zweiaxialer Druck-Zugbeanspruchung steht, beeinflusst wird. Wie in der Literatursichtung eingehend erläutert wurde (vgl. Abschnitt 2.2.3), verhalten sich hochfeste Betone gegenüber einer solchen Beanspruchung empfindlicher als normalfeste Betone. Folglich müsste eine festigkeitsabhängige Beziehung zwischen der einaxialen Zug- und der Spaltzugfestigkeit steigend verlaufen und somit ein Minimum im Regime normalfester und ein Maximum im Bereich hochfester Betone aufweisen. Daher sollten in zukünftigen Arbeiten verstärkt der Einfluss der Tragfähigkeit bei biaxialen Beanspruchungen für Betone unterschiedlicher Festigkeitsklassen in den numerischen Untersuchungen berücksichtigt werden.

Kapitel 5
Modellbildung

Wie in den vorherigen Kapiteln erläutert wurde (siehe Kapitel 2 bis Kapitel 4), liegt in einem Probekörper beim Spaltzugversuch ein komplexer mehraxialer Spannungszustand vor. Die experimentellen Untersuchungen ließen des Weiteren vermuten, dass für das Versagen des Spaltzugprobekörpers nicht ausschließlich der im mittleren Bereich des Probenquerschnittes vorherrschende zweiaxiale Druck-Zugspannungszustand verantwortlich ist. Die numerischen Spaltzugsimulationen konnten die genannten Beobachtungen anhand der erhaltenen Rissentwicklung nicht nur bestätigen, sondern mit Hilfe der berechneten, höchst nichtlinearen Spannungsverteilungen in der Lastebene des Probenquerschnittes hierfür eine mögliche Erklärung geben. Das zweidimensionale Berechnungsmodell erlaubte jedoch noch keine rein physikalische Klärung der im Spaltzugprobekörper ablaufenden Bruchprozesse. Weiterhin zeigt die vorliegende Arbeit hinsichtlich des Materialverhaltens im Spaltzugversuch neue Kenntnislücken auf, welche der Klärung in zukünftigen analytischen Untersuchungen bedürfen.

Aufgrund der komplexen Spannungszustände und des hoch differenzierten Materialverhaltens scheint es, dass sich derzeit noch kein analytisches Modell aufstellen lässt, das in der Lage wäre, die Vorgänge beim Spaltzugversuch mit ausreichender Genauigkeit abzubilden. Die Herleitung eines mechanisch analytischen Modells für eine Spaltzugprobe setzte die Berücksichtigung von betontechnologischen Einflüssen sowie Einflussfaktoren aus dem Versuchsaufbau voraus. Insbesondere deren kombinierte Wirkung gälte es zu verstehen. In diesem Zusammenhang konnten die nachfolgenden Fragestellungen identifiziert werden.

(1)   Die Berechnungsformel der Spaltzugfestigkeit (siehe Gleichung 2-8) deutet auf einen Size Effect hinsichtlich des Probendurchmessers hin. Die gewonnenen Ergebnisse der Spaltzugversuche bestätigten einen ausgeprägten Einfluss der Geometrie der Probe auf die Spaltzugfestigkeit (siehe Abbildung 3-12). Allerdings konnte auch ein signifikanter Einfluss der Länge des Probekörpers auf die Spaltzugfestigkeit beobachtet werden (siehe Abbildung 3-13), der gleichzeitig eine starke Abhängigkeit von der Betongüte aufweist (siehe Abbildung 3-14). Das durchgeführte Versuchsprogramm erlaubt jedoch keine differenzierte Aussage über die Größenordnung der jeweiligen Effekte der Änderung des Durchmessers bzw. der Länge der Probe.

(2)   Gleichzeitig konnte mit abnehmender Probenlänge ein zunehmend sprödes Materialverhalten des Spaltzugprobekörpers sowohl aus normalfesten (siehe Abbildung A2-3) als auch aus hochfesten Betonen (siehe Abbildung A2-5)

festgestellt werden. Eine mögliche Begründung könnten die im Spaltzugprobekörper vorherrschenden Spannungen liefern. Werden die auftretenden Spannungshöhen entlang der Längsachse des Probekörpers betrachtet, so ist ein Maximum der Spannungen auf der Stirnseite (ebener Spannungszustand) und ein Minimum im mittleren Bereich der Probe (ebener Dehnungszustand) zu verzeichnen. Mit abnehmender Probenlänge könnte demnach der Bereich höherer Spannungsniveaus ansteigen und damit ein spröderes Werkstoffverhalten einhergehen.

(3) Ein ausgeprägt sprödes Materialverhalten zeigten auch die an Bohrkernen gegenüber an in Schalung hergestellten Probekörpern ermittelten Ergebnisse. Ferner lieferten die Versuche an Bohrkernen mit steigender Betongüte zunehmend geringere Spaltzugwerte als die an in Schalung hergestellten Proben. Eine mögliche Erklärung hierfür könnte in der Lasteinleitung liegen. Mit einer Herstellung in Schalung geht eine zementleimreiche Schicht im Randbereich der Probe einher. Dieses Phänomen wird auch als Wandeffekt bezeichnet. Die Materialeigenschaften der einzelnen Betonphasen – Zementstein, Gesteinskörnung und Kontaktzone – weisen insbesondere in normalfesten Betonen maßgebenede Unterschiede auf. Die Festigkeit und Steifigkeit der Gesteinskörnung liegt signifikant höher als die der Matrix. Hiernach kann die zementleimreiche Randschicht (Pufferschicht) die Druckbeanspruchung gleichmäßig in die Probe leiten. Auf der Mantelfläche eines Bohrkerns erfolgt die Kräfteübertragung über eine ausgeprägt heterogene Oberfläche: Die Belastung greift direkt an Gesteinskörnung, Kontaktzone bzw. Zementsteinmatrix mit unterschiedlichen Elastizitätsmodulen an. Die daraus resultierenden Spannungsspitzen führen folglich zur Reduktion der Belastbarkeit der Probe.

(4) Eine Kernfrage ist, weshalb der Quotient A aus der einaxialen Zug- und der Spaltzugfestigkeit über die Druckfestigkeit unter Berücksichtigung von an Bohrkernen ermittelten Spaltzugfestigkeiten einen konstanten Wert annehmen kann. Dahingegen aber die A-Werte unter Verwendung von Spaltzugfestigkeiten, die an in Schalung hergestellten Proben bestimmt worden waren, mit steigender Betondruckfestigkeit eine abnehmende Tendenz ergeben (siehe Abbildung 3-21). Eine vermutliche Begründung könnte in den kombiniert auftretenden Effekten aus den Auswirkungen der Kontaktzone zwischen Gesteinskörnung und Zementsteinmatrix sowie die Krafteinleitung liegen. Da die eigenen Überlegungen nicht zielführend waren, bleibt die Klärung dieser Phänomenen die Aufgabe zukünftiger Arbeiten.

(5) In Splittbetonen weist die Kontaktzone durch eine bessere Verzahnung (Verbund) der Gesteinskörnung mit dem Zementstein eine höhere Beanspruchbarkeit als die eines Kiesbetons gleicher Festigkeitsklasse auf. Allerdings trägt diese Gütesteigerung in einaxialen Zugversuchen zu einer höheren Festigkeitssteigerung als in Spaltzugversuchen bei (siehe Abbildungen 3-12 und 3-20).

Folglich ergaben die Untersuchungen an Splittbetonen höhere A-Werte als die Kiesbetone (siehe Abbildung 3-21). Des Weiteren legen diese Erkenntnisse die Vermutung nahe, wonach im Probekörper infolge der Spaltzugbeanspruchung im Wesentlichen ein Druck- anstatt eines Zugversagens ausgelöst werden könnte.

Diese Beobachtungen deuten auf komplexe Spannungszustände in den Spaltzugproben und auf ein hoch differenziertes Materialverhalten von Beton mit unterschiedlichen Versagensmechanismen hin. Im Folgenden wird daher die Modellbildung zur Vorhersage des Verhältniswertes A der einaxialen Zug- zur Spaltzugfestigkeit in Abhängigkeit der Druckfestigkeit auf dem Wege der Empirie erfolgen.

Eine Übersicht der durchgeführten Schritte der Modellbildung ist in Abbildung 5-1 dargestellt. Die gewählte Vorgehensweise lässt sich in drei Einheiten unterteilen.

Die ersten Umrechnungen der Spaltzugfestigkeit in die einaxiale Zugfestigkeit rühren von einer indirekten Herleitung her (siehe z. B. [60, 120]). Hierbei wurde der Quotient der jeweiligen Regressionsbeziehungen zwischen der einaxialen Zug- und der Druckfestigkeit bzw. Spaltzug- und der Druckfestigkeit gebildet. Die Bestimmung der genannten Beziehungen erfolgte hierbei durch statistische Anpassung einer Funktionsgleichung an die zugrunde liegenden Messdaten. Inwieweit die Qualität dieser einzelnen Anpassungen die Qualität des Zusammenhangs von Verhältnis A der einaxialen Zug- zur Spaltzugfestigkeit gegenüber der Druckfestigkeit beeinflusst, konnte anhand eines Vergleichs mit den direkt an die A-Wertepaare über die Druckfestigkeit angepassten Regressionen nachgewiesen werden (siehe Abschnitt 5.1).

Anschließend widmet sich Abschnitt 5.2 der Herleitung mehrerer Beziehungsfunktionen der einaxialen Zug- zur Spaltzugfestigkeit. Abschnitt 5.3 hat zum Ziel, einen möglichen linearen Ansatz zur Beschreibung des Zusammenhanges zwischen einaxialer Zug- und Spaltzugfestigkeit zu überprüfen. Hierbei galt zu untersuchen, ob die auf die Messwerte angepasste lineare Funktionsgerade physikalisch sinnvoll, also durch den Achsenursprung verlaufen kann. Unter Berücksichtigung der hergeleiteten linearen Ansätze zum Zusammenhang zwischen Zug- und Spaltzugfestigkeit konnten diese in eine Beziehung der A-Werte und der Druckfestigkeit überführt werden. Weitere Prüfungen verschafften Klarheit darüber, inwieweit sich die somit hergeleiteten Funktionsgeraden zur Vorhersage der Quotienten der Messwerte aus den einaxialen Zug- bzw. Spaltzugfestigkeitsversuchen als geeignet erweisen.

Die Modellbildung schließt mit einer zusammenfassenden Auflistung der auf der Grundlage der ersten Unterkapitel festgelegten Umrechnungsbeziehungen A der einaxialen Zugfestigkeit aus der Spaltzugfestigkeit (Abschnitt 5.4).

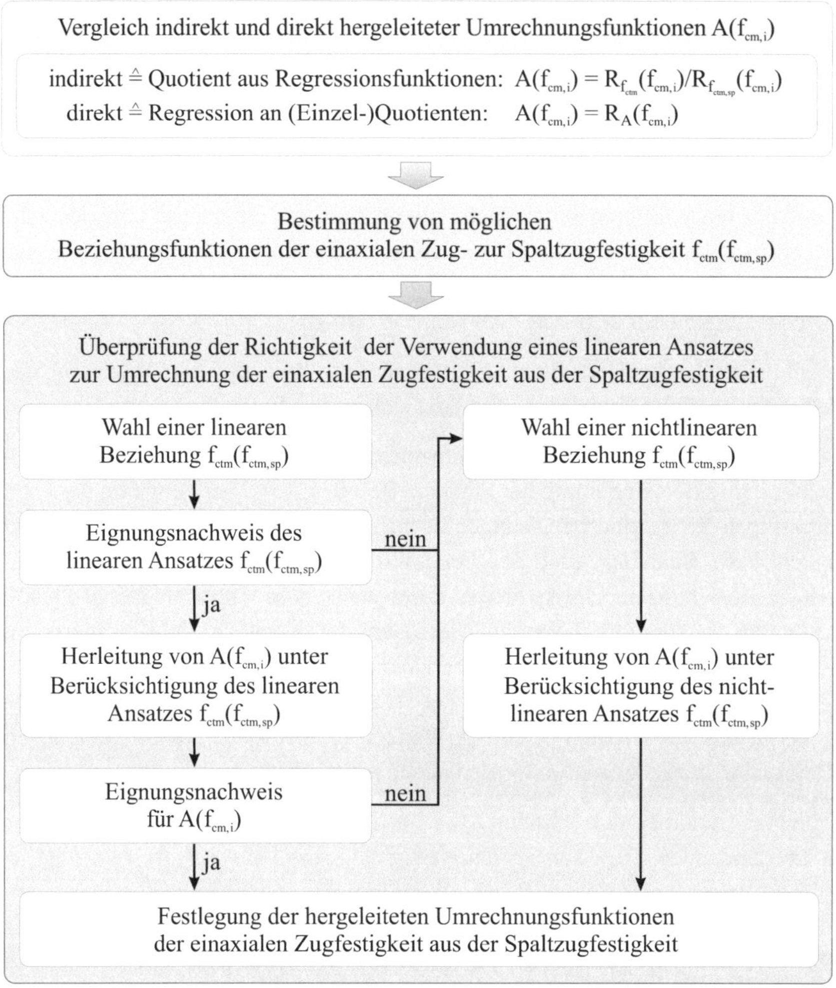

Vergleich indirekt und direkt hergeleiteter Umrechnungsfunktionen $A(f_{cm,i})$

indirekt $\triangleq$ Quotient aus Regressionsfunktionen: $A(f_{cm,i}) = R_{f_{ctm}}(f_{cm,i})/R_{f_{ctm,sp}}(f_{cm,i})$
direkt $\triangleq$ Regression an (Einzel-)Quotienten: $A(f_{cm,i}) = R_A(f_{cm,i})$

Bestimmung von möglichen
Beziehungsfunktionen der einaxialen Zug- zur Spaltzugfestigkeit $f_{ctm}(f_{ctm,sp})$

Überprüfung der Richtigkeit der Verwendung eines linearen Ansatzes
zur Umrechnung der einaxialen Zugfestigkeit aus der Spaltzugfestigkeit

Wahl einer linearen
Beziehung $f_{ctm}(f_{ctm,sp})$

Wahl einer nichtlinearen
Beziehung $f_{ctm}(f_{ctm,sp})$

Eignungsnachweis des
linearen Ansatzes $f_{ctm}(f_{ctm,sp})$

nein

ja

Herleitung von $A(f_{cm,i})$ unter
Berücksichtigung des linearen
Ansatzes $f_{ctm}(f_{ctm,sp})$

Herleitung von $A(f_{cm,i})$ unter
Berücksichtigung des nichtlinearen Ansatzes $f_{ctm}(f_{ctm,sp})$

Eignungsnachweis
für $A(f_{cm,i})$

nein

ja

Festlegung der hergeleiteten Umrechnungsfunktionen
der einaxialen Zugfestigkeit aus der Spaltzugfestigkeit

Abb. 5-1: Übersicht über die Vorgehensweise bei der Modellbildung; mit i = cyl für die mittlere Zylinderdruckfestigkeit $f_{cm,cyl} = f_{cm}$ und i = cube für die mittlere Würfeldruckfestigkeit $f_{cm,cube}$

5.1 Umrechnungsfunktion – Gegenüberstellung direkter und indirekter Bestimmung

Der Zusammenhang zwischen dem Verhältnis A der einaxialen Zug- zur Spaltzugfestigkeit und der Druckfestigkeit wird in der Regel indirekt ermittelt. Hierzu werden zunächst die Beziehungen der einaxialen Zug- zu Druck- bzw. Spaltzug- zu Druckfestigkeiten im Einzelnen bestimmt und anschließend der Quotient dieser Funktionen gebildet (siehe z. B. DIN 1045-1, [27, 40, 120]). Eine solche indirekte Vorgehensweise kann allerdings dazu führen, dass durch die zugrunde gelegten mathematischen Regressionsgleichungen der oben genannten Beziehungen deren Quotient keine festigkeitsabhängige Funktion, sondern einen konstanten Faktor ergibt (siehe z. B. DIN 1045-1, [27, 120]) oder sogar die Tendenz der A-Werte gegenüber der Druckfestigkeit verfehlt (siehe z. B. [40]). Wie in der Literatursichtung dargelegt wurde, kann dahingegen bei einer direkten Bestimmung der Beziehung zwischen dem Verhältnis A und der Druckfestigkeit ein signifikant anderer Zusammenhang gefunden werden (siehe Abbildung 2-19). Für eine direkte Bestimmung der Beziehung zwischen dem Verhältnis A und der Druckfestigkeit werden für verschieden feste Betone die jeweiligen Einzelwerte für die einaxiale Zug- bzw. Spaltzugfestigkeit bei den einzelnen Betonen zueinander ins Verhältnis gesetzt.

Um den Einfluss der indirekten Bestimmung einer Umrechnungsfunktion der einaxialen Zugfestigkeit aus der Spaltzugfestigkeit in Abhängigkeit von der Betondruckfestigkeit gegenüber einer direkten Herleitung quantifizieren zu können, wurden auf der Basis der eigenen Versuchsergebnisse die nachfolgend vorgestellten Studien durchgeführt. Die Grundlage hierzu bildeten die Messwerte der einaxialen Zugversuche an eingeschnürten Zugproben und der Spaltzugversuche an in Schalung hergestellten Probekörpern sowie an Bohrkernen unterschiedlicher Geometrien (siehe Abschnitt 3.3). Ergebnisse der Betone sowohl mit Kies als auch mit Splitt als Gesteinskörnung fanden Eingang.

Zur indirekten Bestimmung einer Umrechnung der einaxialen Zugfestigkeit aus der Spaltzugfestigkeit in Abhängigkeit von der Druckfestigkeit wurden zunächst die einzelnen Regressionsbeziehungen zwischen den einaxialen Zug- und Druckfestigkeiten $R_{f_{ctm}}(f_{cm,i})$ bzw. Spaltzug- und Druckfestigkeiten $R_{f_{ctm,sp}}(f_{cm,i})$ festgelegt, wobei i = cyl für die mittlere Zylinderdruckfestigkeit $f_{cm,cyl} = f_{cm}$ und i = cube für die mittlere Würfeldruckfestigkeit $f_{cm,cube}$ stehen. Die mathematischen Formulierungen zur Beschreibung der oben genannten Zusammenhänge sollen insbesondere die folgenden zwei Kriterien erfüllen. Zum einen müssen diese jene charakteristische Werkstoffeigenschaft der Betone berücksichtigen, nach der die einaxialen Zug- bzw. Spaltzugfestigkeiten mit zunehmender Druckfestigkeit weniger stark ansteigen als die Druckfestigkeit selbst (siehe Abbildungen 3-12 bzw. 3-20 und u. a. [60]). Zum anderen darf die Überführung einer Druckfestigkeit von $f_{cm} = 0$ N/mm^2 in die einaxiale Zug- oder Spaltzugfestigkeit, um einer physikalischen Bedeutung der besagten Beziehungen Rechnung zu tragen, ausschließlich einen Wert von 0 ergeben.

Daher eignen sich aus Gründen der einfachen Handhabung für die Praxis hauptsächlich Potenzfunktionen (Index: p) und logarithmische Funktionen (Index: l) in der wie in den Gleichungen 5-1 bis 5-4 angegebenen Grundform, mit den Parametern $p_{p,1}$ bis $p_{p,4}$ sowie $p_{l,1}$ und $p_{l,2}$, die sich aus der Regressionsanalyse ergeben.

$$R_{f_{ctm}}(f_{cm,i}): \qquad f_{ctm} = p_{p,1} \cdot f_{cm,i}^{p_{p,2}}, \text{ mit i = cyl, cube} \qquad \text{(5-1)}$$

$$R_{f_{ctm,sp}}(f_{cm,i}): \quad f_{ctm,sp} = p_{p,3} \cdot f_{cm,i}^{p_{p,4}}, \text{ mit } i = cyl, cube \tag{5-2}$$

$$R_{f_{ctm}}(f_{cm,i}): \quad f_{ctm} = p_{l,1} \cdot \ln(1 + f_{cm,i}), \text{ mit } i = cyl, cube \tag{5-3}$$

$$R_{f_{ctm,sp}}(f_{cm,i}): \quad f_{ctm,sp} = p_{l,2} \cdot \ln(1 + f_{cm,i}), \text{ mit } i = cyl, cube \tag{5-4}$$

Die festigkeitsabhängige Umrechnung der Spaltzugfestigkeit in die einaxiale Zugfestigkeit ergibt sich somit als Division der Gleichung 5-1 mit Gleichung 5-2 bzw. der Gleichung 5-3 mit Gleichung 5-4 auf indirekte Weise (siehe Gleichungen 5-5 und 5-6).

$$\frac{R_{f_{ctm}}(f_{cm,i})}{R_{f_{ctm,sp}}(f_{cm,i})}: \quad \frac{f_{ctm} = p_{p,1} \cdot f_{cm,i}^{p_{p,2}}}{f_{ctm,sp} = p_{p,3} \cdot f_{cm,i}^{p_{p,4}}}, \text{ mit } i = cyl, cube \tag{5-5}$$

$$\frac{R_{f_{ctm}}(f_{cm,i})}{R_{f_{ctm,sp}}(f_{cm,i})}: \quad \frac{f_{ctm} = p_{l,1} \cdot \ln(1 + f_{cm,i})}{f_{ctm,sp} = p_{l,2} \cdot \ln(1 + f_{cm,i})}, \text{ mit } i = cyl, cube \tag{5-6}$$

Bei der direkten Ermittlung des Zusammenhangs zwischen dem Verhältnis A der einaxialen Zug- zur Spaltzugfestigkeit und der Druckfestigkeit wurden die jeweiligen Quotienten aus den Mittelwerten der Einzelmessungen der einaxialen Zug- sowie Spaltzugversuchsserien zugrunde gelegt. Die Anpassung der Trendlinien $R_A(f_{cm,i})$ auf die so berechneten Wertepaare erfolgte analog zu den Gleichungen 5-1 bis 5-4 gemäß Gleichung 5-7 sowie Gleichung 5-8 mit den Parametern $p_{p,A1}$ bis $p_{p,A4}$ und $p_{l,A1}$ und $p_{l,A2}$. Die Gleichungen 5-7 und 5-8 weisen danach die gleiche mathematische Formulierung wie die Gleichungen 5-5 und 5-6 auf. Hierdurch wird, zusätzlich zum Vergleich über die Regressionsgüte, ein direkter Vergleich der Parameter aus Gleichung 5-5 mit denen aus Gleichung 5-7 sowie der Parameter aus Gleichung 5-6 mit denen aus Gleichung 5-8 möglich. Die Parameter der Gleichungen 5-7 und 5-8 wurden mit dem Index A unterschieden, der auf die direkte Berechnung hinweisen soll. Methodisch ist dabei zu beachten, dass bei der indirekten Berechnung gemäß Gleichung 5-5 die Parameter $p_{p,1}$ und $p_{p,2}$ des Zählers über eine Regression und die Parameter $p_{p,3}$ und $p_{p,4}$ des Nenners über eine separate Regression bestimmt werden, während bei der direkten Berechnung gemäß Gleichung 5-7 die Parameter $p_{p,A1}$ bis $p_{p,A4}$ über eine einzige Regression simultan bestimmt werden. Analoges gilt für die Ermittlung der Parameter gemäß Gleichungen 5-6 und 5-8.

$$R_A(f_{cm,i}): \quad A = \frac{p_{p,A1} \cdot f_{cm,i}^{p_{p,A2}}}{p_{p,A3} \cdot f_{cm,i}^{p_{p,A4}}}, \text{ mit } i = cyl, cube \tag{5-7}$$

$$R_A(f_{cm,i}): \quad A = \frac{p_{l,A1} \cdot \ln(1 + f_{cm,i})}{p_{l,A2} \cdot \ln(1 + f_{cm,i})}, \text{ mit } i = cyl, cube \tag{5-8}$$

Alle erstellen Regressionsbeziehungen beruhen auf der Methode der kleinsten Quadrate (siehe [58]).

Die Verwendung logarithmischer Funktionen (vgl. Gleichungen 5-3, 5-4, 5-6 und 5-8) erlaubte einen direkten Vergleich mit den Ergebnissen von REMMEL [120] (vgl. DIN 1045-1). In der weiteren Bearbeitung stellten sich diese jedoch als nicht zielführend dar, weshalb hier keine Ergebnisse dieser Gegenüberstellung gezeigt werden.

In die Untersuchungen des vorliegenden Kapitels fanden neben den angegebenen Beziehungen (siehe Gleichung 5-1 bis Gleichung 5-4) weitere aus der Literatur bekannte Funktionen zur Beschreibung des Zusammenhangs zwischen der einaxialen Zug- bzw. Spaltzug- und den Druckfestigkeiten Eingang. Ferner wurden die Formulierungen gegenwärtig gültiger Normen herangezogen (siehe Abschnitt 2.5.1), wobei diese, von wenigen Ausnahmen abgesehen, entweder direkt in die Form der Gleichungen 5-1 bis 5-4 überführt, oder mit der Einführung zusätzlicher Parameter berücksichtigt werden konnten.

Die Hauptkritik an der Anwendung von Potenzfunktionen bei den oben genannten Zusammenhängen galt den erzielten Umrechnungen im Bereich hochfester Betone (siehe z. B. [40]). Durch die Berücksichtigung eines Exponenten mit einem konstanten Wert von $p_{p,2} = 2/3$ (vgl. Gleichung 5-1) überschätzten diese Beziehungen für hochfeste Betone stets sowohl die einaxiale Zug- als auch die Spaltzugfestigkeit (siehe z. B. Abbildung 2-18). Viele Autoren sahen die Lösung hierfür in der Verwendung logarithmischer Funktionen, die im hochfesten Regime etwas flacher verlaufen und damit die Messwerte besser wiedergaben. Allerdings unterschätzten diese gleichzeitig die einaxiale Zug- bzw. Spaltzugfestigkeit für niederfeste Betone aufgrund des steilen Anstiegs logarithmischer Funktionen im Bereich kleiner Werte.

Die im Rahmen der vorliegenden Studie verwendeten logarithmischen Funktionen gaben im Einzelnen die Beziehungen zwischen einaxialen Zug- bzw. Spaltzug- und den Druckfestigkeiten, abgesehen von den oben genannten Mängeln, hinreichend gut wieder. Die Quotientenbildung dieser Funktionen führte jedoch bei der indirekten Herleitung der oben genannten festigkeitsabhängigen Umrechnung in mehreren Fällen zu Singularitäten. Aus diesem Grund werden Beziehungen auf logarithmischer Basis in den nachfolgenden Ausführungen nicht behandelt.

Dahingegen zeigten die verwendeten Potenzfunktionen kein derartiges Verhalten. Insbesondere die Beziehungen, die auf Basis der Gleichungen 5-1 und 5-2 formuliert wurden, eignen sich im gesamten Gültigkeitsbereich der untersuchten Betone zur Beschreibung der Zusammenhänge zwischen der einaxialen Zugfestigkeit und den Druckfestigkeiten bzw. der Spaltzugfestigkeit und den Druckfestigkeiten. Sollte daher zukünftig der Weg einer indirekten Bestimmung einer Umrechnungsfunktion der einaxialen Zugfestigkeit aus der Spaltzugfestigkeit in Abhängigkeit von der Druckfestigkeit beschritten werden, so wird hierzu die Wahl einer Potenzfunktion empfohlen.

Ein Vergleich der direkten und indirekten Bestimmung des Zusammenhangs zwischen dem Verhältniswert A und der Druckfestigkeit soll nun anhand exemplarischer Ergebnisse vorgestellt werden. Hierzu wurden die Ergebnisse der im Rahmen der vorliegenden Studie erzielten bestmöglichen Anpassungen herangezogen. Diese basieren auf den Gleichungen 5-1 und 5-2. Die gewonnenen Ergebnisse sind in den Abbildungen 5-2 bzw. A4-1 bis A4-3 zusammengestellt. Hierbei wurde der Zusammenhang zwischen dem Verhältnis A der einaxialen Zug- zur Spaltzugfestigkeit, $A = f_{ctm}/f_{ctm,sp}$, und der mittleren Zylinderdruckfestigkeit f_{cm} (Abbildung 5-2 links) bzw. der mittleren Würfeldruckfestigkeit $f_{cm,cube}$ (Abbildung 5-2 rechts) aufgetragen. Zugleich kann auf der zweiten Ordinate die Höhe der ermittelten einaxialen Zug- bzw. Spaltzugfestigkeit in Abhängigkeit von der Druckfestigkeit aus den Diagrammen abgelesen werden. Hierzu wurden die Mittelwerte aus mindestens drei Einzelmessungen der einaxialen Zug-, Spaltzug- sowie Druckfestigkeitsprüfung berücksichtigt. Durch die gewählte Darstellung können die einzelnen f_{ctm}-Werte und $f_{ctm,sp}$-Werte mit deren Quotienten verglichen werden. Die Standardabweichungen der Messwerte veranschaulichen horizontale bzw. vertikale Balken. Eine Angabe der Standardabweichung in Bezug auf die A-Wertepaare ist prinzipiell durch die Berechnung der Fehlerfortpflanzung aus den einzelnen Standardabweichungen der einaxialen Zug- bzw. Spaltzugfestigkeiten möglich. Hiervon wurde jedoch abgesehen, da aufgrund der Messgenauigkeit der besagten Versuche diese zu wenig aussagekräftigen, großen Streubreiten der Ergebnisse führen können. Die verwendeten Abkürzungen der jeweiligen Kombinationen sind in Tabelle 5-1 aufgeführt.

Tab. 5-1:   Material- und Formcharakteristika der Spaltzugprobekörper

Bezeichnung	Gesteinskörnung	Spaltzugprobekörper	
		Herstellungsart	D/L [mm/mm]
Ki, Ge	Kies	Schalung	150/300
Ki, BK	Kies	Bohrkern	150/300
Ki, bk	Kies	Bohrkern	75/150
Sp, Ge	Splitt	Schalung	150/300

Aus Gründen der Übersichtlichkeit wurden bei der Darstellung der gewonnenen Ergebnisse die nachfolgenden Bezeichnungen verwendet. An erster Stelle geben die Abkürzungen Ki für Kies und Sp für Splitt die verwendete Gesteinskörnungsart an. An zweiter Stelle wird auf die Art der Gewinnung der Spaltzugproben hingewiesen. Danach stehen Ge für in Schalung hergestellte Probekörper, BK für Bohrkerne mit D/L = 150/300 mm und bk für Bohrkerne mit D/L = 75/150 mm. Die Tabellen 5-2 und A4-1 bis A4-3 beinhalten die Parameter $p_{p,i}$, mit i = 1 bis 4 bzw. A1 bis A4 sowie den Standardschätzfehler $s_{y,x}$ der verwendeten Regressionsgleichungen gemäß Gleichung 5-9.

$$s_{y,x} = \sqrt{\frac{1}{n-z} \cdot \sum_{i=1}^{n} (y_i - \hat{y}_i)^2} \qquad \text{(5-9)}$$

Hierin stehen y_i für den i-ten beobachteten Wert der abhängigen Variable, $\hat{y}_i$ für den i-ten aus der Regressionsgleichung berechneten Wert der abhängigen Variablen, n für die Anzahl der Datenpaare und z für die Anzahl der Regressionsparameter, wobei als abhängige Variable die auf der Ordinate aufgetragene Messgröße definiert ist [14]. Der Standardschätzfehler spiegelt das Gütemaß nichtlinearer Regressionen wieder. Aufgrund seiner Definition weist er kein absolutes Maß auf. Daher ist ein direkter Vergleich der berechneten Standardschätzfehler lediglich für Regressionen identischer Datenpaare möglich. Ein Standardschätzfehler $s_{y,x} = 0$ stellt eine perfekte Anpassung dar.

Abbildung 5-2 veranschaulicht die Ergebnisse einer direkten sowie einer indirekten Bestimmung der festigkeitsabhängigen Umrechnung der einaxialen Zugfestigkeit aus der Spaltzugfestigkeit. Die Beziehungen zwischen einaxialer Zug- und Druck- bzw. Spaltzug- und Druckfestigkeit basieren hierbei auf Potenzfunktionen. Die Abbildung 5-2 zeigt die Ergebnisse der Versuche für Kiesbetone. Die Spaltzugfestigkeit wurde an in Schalung hergestellten Proben ermittelt.

Wie aus Abbildung 5-2 hervorgeht, bilden die verwendeten Potenzfunktionen die Beziehung zwischen der einaxialen Zug- bzw. Spaltzugfestigkeit und der Druckfestigkeit recht genau ab. Ferner legt Abbildung 5-2 die Vermutung nahe, dass die indirekte Vorgehensweise zur Bestimmung einer Umrechnung optisch sogar zu einer besseren Wiedergabe der A-Werte gegenüber einer direkten Regression führen kann. Allgemein weisen die erhaltenen direkten bzw. indirekten Umrechnungsbeziehungen lediglich geringfügige Abweichungen auf (siehe auch Abbildung A4-1 bis Abbildung A4-3). Mit der verwendeten mathematischen Formulierung der direkten Regressionen $R_A(f_{cm,i})$ konnte eine höhere Anpassungsqualität erzielt werden (siehe Tabelle 5-2).

Die A-Werte für an in Schalung hergestellten Spaltzugprobekörper aus Kiesbeton liegen im normalfesten Bereich bei etwa 1,3 bis 1,5 und nehmen mit steigender Betongüte ab. Im hochfesten Regime beträgt die einaxiale Zugfestigkeit das 0,9- bis 1,0-fache der Spaltzugfestigkeit (siehe Abbildung 5-2).

Festigkeitsabhängige Umrechnungsfunktionen unter Berücksichtigung von an Bohrkernen ermittelten Spaltzugfestigkeiten zeigen einen signifikant flacheren Verlauf (siehe Abbildungen A4-1 und A4-2). Die indirekt bestimmten Zusammenhänge lassen sogar eine mögliche konstante Beziehung zwischen dem Verhältniswert A und den Druckfestigkeiten vermuten. Unter Berücksichtigung der an großen Bohrkernen ermittelten Spaltzugfestigkeit lässt sich die einaxiale Zugfestigkeit mit einem Faktor von 1,1 bis 1,2 aus der Spaltzugfestigkeit errechnen (siehe Abbildung A4-1). Die direkt bestimmte Umrechnung der einaxialen Zugfestigkeit aus an kleinen Bohrkernen ermittelten Spaltzugfestigkeiten gibt allerdings weiterhin eine mit zunehmender Betondruckfestigkeit abfallende Tendenz wieder (siehe Abbildung A4-2). Danach beträgt der A-Wert für normalfeste Betone 0,95 bis 1,1 und für hochfeste Betone 0,85 bis 0,9.

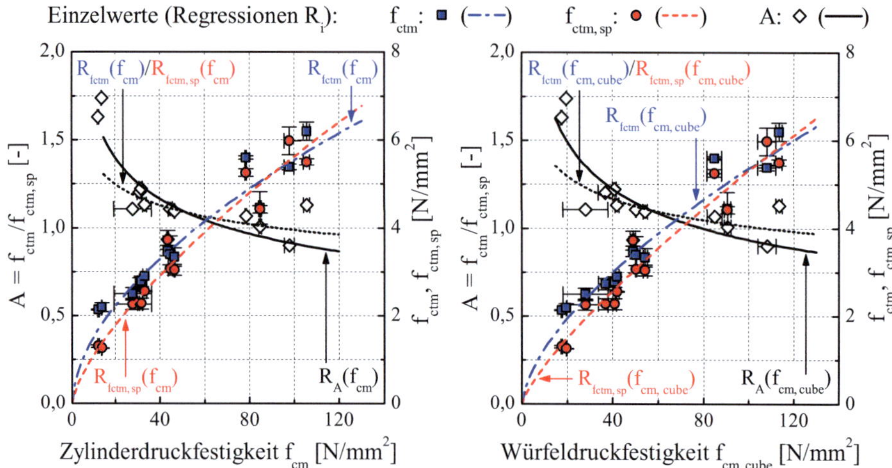

Abb. 5-2: Gegenüberstellung der direkt bzw. indirekt bestimmten Zusammenhänge zwischen dem Verhältnis A der einaxialen Zug- zur Spaltzugfestigkeit und der mittleren Zylinderdruckfestigkeit (links) bzw. der mittleren Würfeldruckfestigkeit (rechts); Angabe: Ki, Ge; Parameter nach Tabelle 5-2

Tab. 5-2: Parameter $p_{p,i}$, mit i = 1 bis 4 bzw. A1 bis A4 sowie Standardschätzfehler $s_{y,x}$ der in Abbildung 5-2 verwendeten Regressionsbeziehungen

	$p_{p,1}$	$p_{p,2}$	$p_{p,3}$	$p_{p,4}$	$p_{p,A1}$	$p_{p,A2}$	$p_{p,A3}$	$p_{p,A4}$	$s_{y,x}$
$R_{f_{ctm}}(f_{cm})$	0,403	0,569	-	-	-	-	-	-	0,19[a]
$R_{f_{ctm,sp}}(f_{cm})$	-	-	0,209	0,715	-	-	-	-	
$R_{f_{ctm}}(f_{cm,cube})$	0,295	0,630	-	-	-	-	-	-	0,20[b]
$R_{f_{ctm,sp}}(f_{cm,cube})$	-	-	0,143	0,784	-	-	-	-	
$R_A(f_{cm})$	-	-	-	-	1,542	0,959	0,491	1,228	0,15
$R_A(f_{cm,cube})$	-	-	-	-	1,640	0,914	0,457	1,206	0,16

a) $R_{f_{ctm}}(f_{cm})/R_{f_{ctm,sp}}(f_{cm})$

b) $R_{f_{ctm}}(f_{cm,cube})/R_{f_{ctm,sp}}(f_{cm,cube})$

In Schalung hergestellte Proben aus Splittbetonen erreichen für normalfeste Betone A-Werte von maximal 1,5 bis 1,6 und für hochfeste Betone A-Werte von minimal 0,95 (siehe Abbildung A4-3).

Auf Basis der im vorliegenden Kapitel gewonnenen Erkenntnisse konnte die Eignung einer indirekten Bestimmung von festigkeitsabhängigen Umrechnungen der Spaltzugfestigkeit in die einaxiale Zugfestigkeit nachgewiesen werden, sofern die zugrunde liegenden Beziehungsfunktionen die Messergebnisse gut wiedergeben. Eine direkte Bestimmung führt im Allgemeinen zu einer genaueren Beschreibung der festigkeitsabhängigen Umrechnungen der Spaltzugfestigkeit in die einaxiale Zugfestigkeit.

Zusammenführend lassen sich die folgenden Beobachtungen festhalten.

(1)   Wenn die einzelnen Regressionsbeziehungen der einaxialen Zug- zu Druck- bzw. Spaltzug- zu Druckfestigkeiten mit einer hohen Güte bestimmt werden können, so führt auch eine indirekte Bestimmung des Zusammenhangs zwischen dem Verhältnis A und den Druckfestigkeiten zu einer zutreffenden Anpassung. Allerdings soll darauf hingewiesen werden, dass aus dem besagten direkt bestimmten Zusammenhang im Allgemeinen nicht auf die einzelnen Beziehungen der einaxialen Zug- zu Druck- bzw. Spaltzug- zu Druckfestigkeiten geschlossen werden kann (siehe Tabelle 5-2 und Tabelle A4-1 bis Tabelle A4-3).

(2)   Die mathematische Formulierung der jeweiligen Regressionen entscheidet, ob eine indirekte Bestimmung des Zusammenhangs zwischen dem Verhältnis A und den Druckfestigkeiten im gesamten Wertebereich plausibel durchführbar ist. Daher müssen diese im Vorfeld auf Eignung überprüft werden.

(3)   Aufgrund der ermittelten Unterschiede in den einzelnen festigkeitsabhängigen Beziehungen müssen diese weiterhin getrennt, jeweils auf die Zylinder- sowie Würfeldruckfestigkeit bezogen, angegeben werden.

5.2   Umrechnungsfunktion zwischen einaxialer Zug- und Spaltzugfestigkeit

Das vorhergehende Kapitel befasste sich mit dem Vergleich der direkten sowie indirekten Bestimmung eines festigkeitsabhängigen Quotienten zwischen der einaxialen Zugfestigkeit und der Spaltzugfestigkeit. Die Grundlage hierfür bildeten jeweils die Beziehungen zwischen den einaxialen Zugfestigkeiten und den entsprechenden Druckfestigkeiten bzw. den Spaltzug- und den Druckfestigkeiten. Somit wurde die einaxiale Zugfestigkeit und die Spaltzugfestigkeit jeweils über die Druckfestigkeiten zueinander in Beziehung gesetzt. In vorliegendem Kapitel wird hingegen das Ziel verfolgt, eine Umrechnung direkt, auf Basis der Beziehung zwischen der einaxialen Zugfestigkeit und den jeweiligen Spaltzugfestigkeiten herzuleiten.

Hierzu wurden die an eingeschnürten Proben ermittelte einaxiale Zugfestigkeit und die Ergebnisse der Spaltzugversuche an in Schalung hergestellten Probekörpern aus Kies-

und Splittbetonen sowie an Bohrkernen aus Kiesbeton mit unterschiedlichen Geometrien zueinander in Beziehung gesetzt. Die Gegenüberstellung dieser Zusammenhänge enthalten die Abbildungen 5-3 und A4-4 bis A4-6. Die dort abgebildeten Datenpunkte veranschaulichen Mittelwerte aus mindestens drei Einzelmessungen. Des Weiteren sind die jeweiligen Standardabweichungen als horizontale und vertikale Balken dargestellt. Die verwendeten Abkürzungen der jeweiligen Kombinationen sind in Tabelle 5-1 aufgeführt.

Bei der Wahl der Funktion zur Beschreibung der Zusammenhänge zwischen der einaxialen Zugfestigkeit und den jeweiligen Spaltzugfestigkeiten spielte insbesondere jene Bedingung eine Rolle, nach der die Beziehungsgleichung im gesamten Gültigkeitsbereich physikalisch sinnvoll sein sollte. Danach müssen die Beziehungsfunktionen durch den Achsenschnittpunkt (Ursprung) verlaufen. Ein weiteres Kriterium stellte allerdings ein möglichst einfacher Aufbau der Formulierung dar, um ihre Anwendung in der Praxis zu vereinfachen.

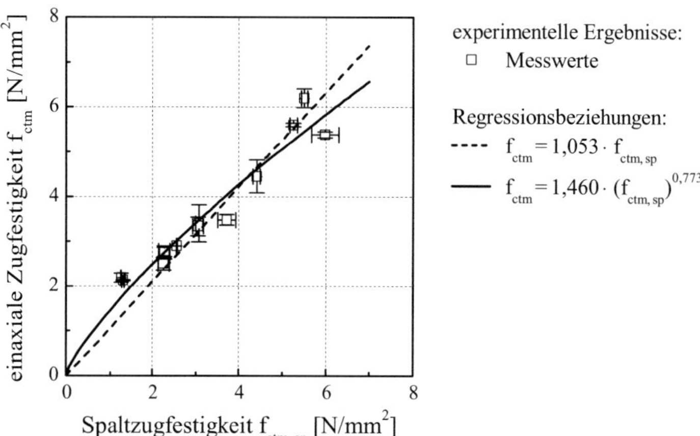

Abb. 5-3: Beziehung zwischen einaxialer Zug- und Spaltzugfestigkeit anhand von Messergebnissen bzw. Regressionsfunktionen; Angabe: Ki, Ge

Von den zahlreichen im Vorfeld betrachteten Beziehungsgleichungen zwischen einaxialer Zug- und Spaltzugfestigkeit erfüllten hauptsächlich eine lineare Formulierung nach Gleichung 5-10, mit dem Parameter $p_{lin,1}$ sowie eine Potenzfunktion gemäß Gleichung 5-11, mit den Parametern $p_{pot,1}$ und $p_{pot,2}$ die oben genannten Bedingungen.

$$f_{ctm} = p_{lin,1} \cdot f_{ctm,sp}, \text{ mit dem Parameter } p_{lin,1} \qquad (5\text{-}10)$$

$$f_{ctm} = p_{pot,1} \cdot f_{ctm,sp}^{p_{pot,2}}, \text{ mit den Parametern } p_{pot,1} \text{ und } p_{pot,2} \qquad (5\text{-}11)$$

Die einzelnen Parameter sowie die Güte der Anpassungen können für die untersuchten Beziehungen zwischen Zug- und Spaltzugfestigkeit der Tabelle 5-3 entnommen werden.

Ein Gütemaß der Regressionen stellt das Bestimmtheitsmaß R^2 nach Gleichung 5-12 dar, das jedoch nur für lineare Anpassungen gültig ist.

$$R^2 = \frac{\sum_{i=1}^{n} (\hat{y}_i - \bar{y})^2}{\sum_{i=1}^{n} (y_i - \bar{y})^2} \qquad (5\text{-}12)$$

Hierin stehen $\bar{y}$ für den Mittelwert der abhängigen Variablen, $\hat{y}_i$ für den i-ten berechneten Wert und y_i für den i-ten beobachteten Wert der abhängigen Variablen.

Tab. 5-3: Regressionscharakteristika der untersuchten Beziehungen zwischen einaxialer Zug- und Spaltzugfestigkeit

Bezeichnung	lineare Regressionsbeziehung			Potenzregressionsbeziehung		
	$p_{lin,1}$	R^2	$s_{y,x}$	$p_{pot,1}$	$p_{pot,2}$	$s_{y,x}$
Ki, Ge	1,053	0,86	0,49	1,460	0,773	0,38
Ki, BK	1,142	0,89	0,44	1,153	0,993	0,47
Ki, bk	0,897	0,83	0,54	1,155	0,850	0,54
Sp, Ge	1,044	0,37	0,92	1,708	0,730	0,52

Ein weiteres Maß, das auch bei nichtlinearen Anpassungen verwendet werden darf, ist der Standardschätzfehler $s_{y,x}$ (siehe Gleichung 5-9). In Tabelle 5-3 ist der Standardschätzfehler für die lineare und die Potenzregressionen angegeben.

Die gewählte lineare Umrechnungsbeziehung zwischen einaxialer Zug- und Spaltzugfestigkeit nach Gleichung 5-10 bietet eine einfache Möglichkeit zur Bestimmung der einaxialen Zugfestigkeit aus der an in Schalung hergestellten Proben bzw. an Bohrkernen aus Kiesbeton ermittelten Spaltzugfestigkeit (siehe Abbildungen 5-3 und A4-4 bis A4-5). Wird allerdings die Spaltzugfestigkeit an geschalten Probekörpern aus Splittbeton gewonnen, so unterschätzt die lineare Beziehung für normalfeste Betone mit einer Spaltzugfestigkeit von $f_{ct,sp} = 1,5$ bis 4 N/mm² die einaxiale Zugfestigkeit (siehe Abbildung A4-6) deutlich.

Die hergeleiteten linearen Beziehungen nach Gleichung 5-10 ergaben im Vergleich mit den aus Potenzfunktionen nach Gleichung 5-11 berechneten einaxialen Zugfestigkeitswerten aus der an Bohrkernen gewonnenen Spaltzugfestigkeit vernachlässigbar geringe Unterschiede (siehe Abbildungen A4-4 und A4-5).

Aus Gründen der einfacheren Einsatzmöglichkeit einer linearen Umrechnungsformel zwischen einaxialer Zugfestigkeit und Spaltzugfestigkeit gemäß Gleichung 5-10 wird im nachfolgenden Abschnitt die Richtigkeit bzw. die Verwendbarkeit eines linearen Ansatzes eingehender untersucht (siehe Abschnitt 5.3).

Wie aus den Abbildungen 5-3 und A4-4 bis A4-6 hervorgeht, ermöglichen die hergeleiteten Potenzfunktionen nach Gleichung 5-11 eine direkte Umrechnung der Spaltzugfestigkeit in die einaxiale Zugfestigkeit, die an in Schalung mit D/L = 150/300 mm hergestellten Proben oder an Bohrkernen mit D/L = 150/300 mm bzw. D/L = 75/150 mm ermittelt wurde.

Die in vorliegendem Kapitel hergeleiteten Umrechnungsformeln (siehe Gleichung 5-10 bzw. Gleichung 5-11) ermöglichen die direkte Berechnung der einaxialen Zugfestigkeit aus der Spaltzugfestigkeit. Gleichzeitig wurde im vorhergehenden Abschnitt 5.1 gezeigt, dass die Beziehung zwischen der Spaltzugfestigkeit und der Druckfestigkeit anhand einer Potenzfunktion (siehe Gleichung 5-2, Abbildung 5-2 und Abbildungen A4-1 bis A4-3) beschrieben werden kann. Die Division der gemäß Gleichung 5-10 bzw. Gleichung 5-11 bestimmten Zugfestigkeit und der aus der Druckfestigkeit berechneten Spaltzugfestigkeit nach Gleichung 5-2 führt folglich zu der gewünschten festigkeitsabhängigen Umrechnungsfunktion mit den Parametern $p_{lin,1}$, p_I und p_{II} (siehe Gleichungen 5-13 und 5-14).

Die Berechnung der einaxialen Zugfestigkeit aus der Spaltzugfestigkeit mittels der linearen Beziehung nach Gleichung 5-10 führt danach zu einer festigkeitsunabhängigen Umrechnung $A_{lin(PK)}$, wobei (PK) für die betrachtete Parameterkombination gemäß den Abkürzungen nach Tabelle 5-1 steht (siehe Gleichung 5-13).

$$A_{lin(PK)} = \frac{f_{ctm}}{f_{ctm,sp}} = \frac{p_{lin,1} \cdot f_{ctm,sp}}{f_{ctm,sp}} = p_{lin,1} \qquad (5\text{-}13)$$

Dahingegen liefert die Umrechnung der einaxialen Zugfestigkeit aus der Spaltzugfestigkeit unter der Verwendung der Beziehungen gemäß den Gleichungen 5-11 und 5-2 eine festigkeitsabhängige Umrechnungsfunktion $A_{pot(PK)}$ (siehe Gleichung 5-14). Im Index gibt (PK) die betrachtete Parameterkombination nach Tabelle 5-1 wieder.

$$A_{pot(PK)} = \frac{f_{ctm}}{f_{ctm,sp}} = \frac{p_{pot,1} \cdot f_{ctm,sp}^{p_{pot,2}}}{f_{ctm,sp}} = p_{pot,1} \cdot f_{ctm,sp}^{(p_{pot,2}-1)}$$

$$= p_{pot,1} \cdot (p_{p,3} \cdot f_{cm,i}^{p_{p,4}})^{(p_{pot,2}-1)} = p_I \cdot f_{cm,i}^{p_{II}} \qquad (5\text{-}14)$$

$$\text{wobei } i = cyl,\ cube$$

$$p_I = p_{pot,1} \cdot p_{p,3}^{(p_{pot,2}-1)}$$

$$p_{II} = p_{p,4} \cdot (p_{pot,2}-1)$$

Die Abbildungen 5-4 und A4-7 bis A4-9 stellen die Ergebnisse der Anwendung von Gleichung 5-13 bzw. Gleichung 5-14 graphisch dar. Danach weisen jene hergeleiteten Umrechnungen $A_{lin(PK)}$ und $A_{pot(PK)}$, mit PK = Ki,Ge und Sp,Ge, bei denen die Spaltzugfestigkeit an in Schalung hergestellten Probekörper ermittelt wurde, deutliche Unterschiede auf (siehe Abbildungen 5-4 und A4-9). Die Messdaten stimmen mit den

Ergebnissen aus den Umrechnungsfunktionen $A_{pot(PK)}$, mit PK = Ki,Ge und Sp,Ge, gut überein. Hierbei erfolgte die Bestimmung der einaxialen Zugfestigkeit mittels einer Potenzfunktion aus der Spaltzugfestigkeit (siehe Gleichung 5-14). Wurde dahingegen die einaxiale Zugfestigkeit mittels eines Umrechnungsfaktors aus der Spaltzugfestigkeit gewonnen (siehe Gleichung 5-13), so können die hergeleiteten Umrechnungsfaktoren $A_{lin(PK)}$, mit PK = Ki,Ge und Sp,Ge, zur Vorhersage der A-Werte als ungeeignet betrachtet werden.

Nach der Umrechnungsfunktion $A_{pot(Ki,Ge)}$ beträgt die einaxiale Zugfestigkeit das 1,4-fache der Spaltzugfestigkeit für niederfeste Betone (siehe Abbildung 5-4). Mit steigender Betondruckfestigkeit nimmt die Größe des A-Wertes ab und strebt für hochfeste Betone gegen 0,97.

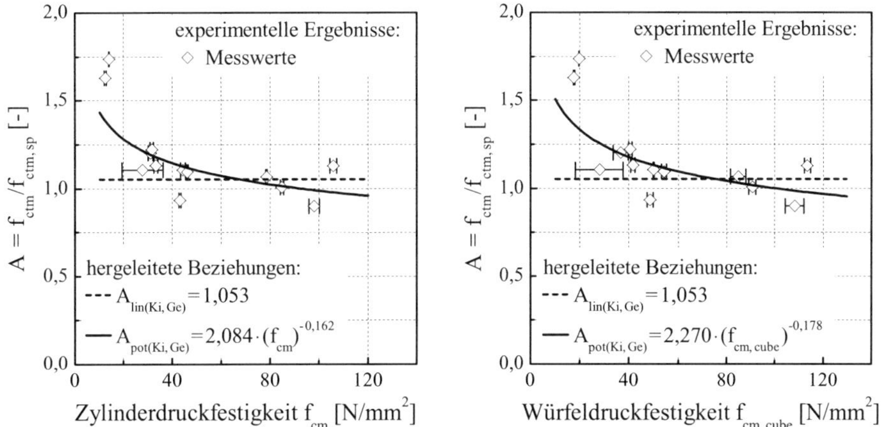

Abb. 5-4: Beziehung zwischen dem Verhältniswert A und der mittleren Zylinderdruckfestigkeit (links) bzw. der mittleren Würfeldruckfestigkeit (rechts); Angabe: Ki, Ge

Die Umrechnungsfunktion $A_{pot(Sp,Ge)}$, die auf den Ergebnissen der Spaltzugversuche an in Schalung hergestellten Splittbetonprobekörpern basiert, ergibt etwas höhere Umrechnungswerte (vgl. Abbildung A4-9). Danach soll die Spaltzugfestigkeit im Bereich niederfester Betone mit einem Faktor 1,5 und für hochfeste Betone mit einem Faktor 1,0 in die einaxiale Zugfestigkeit umgerechnet werden.

Für jene Berechnung der einaxialen Zugfestigkeit aus der Spaltzugfestigkeit, bei der die Spaltzugfestigkeit an Bohrkernen ermittelt wurde, sind die hergeleiteten Funktionen im Vergleich mit den jeweiligen Messergebnissen in den Abbildungen A4-7 bis A4-8 veranschaulicht. Erwartungsgemäß verlaufen die graphischen Lösungen der Umrechnungsfunktionen $A_{lin(PK)}$ und $A_{pot(PK)}$, mit PK = Ki,BK und Ki,bk, beinahe deckungsgleich und stimmen gut mit den Messergebnissen überein. Dies stellt ein weiteres Indiz für eine mögliche Anwendbarkeit eines konstanten Umrechnungsfaktors anstatt einer festigkeitsabhängigen Umrechnungsformel zwischen einaxialer Zug- und Spaltzugfestigkeit dar. Gleichzeitig zeigt sich bei den ermittelten Spaltzugfestigkeiten ein Size Effect. Danach beträgt die einaxiale Zugfestigkeit das 1,14-fache der an Bohrkernen mit D/L = 150/300 mm gewonnenen Spaltzugfestigkeit (siehe Abbildung A4-7). Im Gegensatz dazu soll die einaxiale Zugfestigkeit mit einem Faktor von 0,9 berechnet werden, sofern die Spaltzugfestigkeit an kleineren Bohrkernen mit D/L = 75/150 mm ermittelt wurde (siehe Abbildung A4-8).

Zum Abschluss des vorliegenden Abschnitts können die gewonnenen Erkenntnisse wie folgt zusammengefasst werden:

(1) Die auf der Basis einer Potenzfunktion nach Gleichung 5-11 hergeleitete Beziehung zwischen der einaxialen Zug- und der Spaltzugfestigkeit stellt eine praxisgerechte Möglichkeit zur Umrechnung der einaxialen Zugfestigkeit aus der Spaltzugfestigkeit dar.

(2) Eine noch einfachere Alternative zur Umrechnung der einaxialen Zugfestigkeit aus der Spaltzugfestigkeit bieten lineare Beziehungsfunktionen nach Gleichung 5-10. Allerdings konnte die Gültigkeit dieser Beziehungen lediglich für Umrechnungen nachgewiesen werden, welche auf an Bohrkernen ermittelten Spaltzugfestigkeiten beruhen. Inwieweit die besagten linearen Formulierungen für Umrechnungen, bei denen die zugrunde liegende Spaltzugfestigkeit an in Schalung hergestellten Probekörper bestimmt wurde, geeignet sind, bildet den Gegenstand des nachfolgenden Kapitels (siehe Abschnitt 5.3).

(3) Eine konstante, festigkeitsunabhängige Umrechnung – die einaxiale Zugfestigkeit berechnet sich aus der Spaltzugfestigkeit mittels eines Umrechnungsfaktors – ist genau dann gegeben, wenn sich zwischen Zug- und Spaltzugfestigkeit eine lineare Beziehung ohne Y-Achsenabschnitt herleiten lässt (siehe Gleichung 5-10). Inwieweit dies auf Grundlage der vorliegenden Messdaten möglich ist, wird mit Hilfe mathematischer Methoden im nächsten Abschnitt 5.3 untersucht.

5.3 Hypothesentests im Hinblick auf die Verwendbarkeit konstanter Umrechnungsfaktoren

Die Ergebnisse des vorhergehenden Abschnitts 5.2 legten die Vermutung einer festigkeitsunabhängigen Umrechnung der Spaltzugfestigkeit in die einaxiale Zugfestigkeit nahe. Insbesondere die Überführung der Messergebnisse von Spaltzugversuchen an Bohrkernen in die einaxiale Zugfestigkeit schien anhand eines konstanten Umrechnungsfaktors möglich zu sein.

Wie in Abschnitt 5.2 dargelegt wurde, kann eine konstante und somit festigkeitsunabhängige Umrechnung der einaxialen Zugfestigkeit aus der Spaltzugfestigkeit unter folgenden Bedingungen erhalten werden: Zwischen der einaxialen Zug- und der Spaltzugfestigkeit besteht ein linearer Zusammenhang und dessen Funktionsgerade verläuft durch den Achsenschnittpunkt (siehe Gleichung 5-10).

Zur Klärung, inwieweit die Funktionsgeraden der einzelnen linearen Beziehungen zwischen der einaxialen Zugfestigkeit und den jeweiligen Spaltzugfestigkeiten auf der Grundlage der experimentell ermittelten Ergebnisse durch den Achsenschnittpunkt verlaufen können, sollen statistische Methoden genutzt werden. Im ersten Teil des vorliegenden Abschnitts werden demnach so genannte Hypothesentests für den Y-Achsenabschnitt der besagten Funktionsgeraden $f_{ctm}(f_{ctm,sp})$ durchgeführt.

Ferner sollen weitere statistische Untersuchungen überprüfen, ob die berechneten A-Wertepaare – die einzelnen Quotienten der Mittelwerte aus den einaxialen Zug- und Spaltzugversuchsserien – in Abhängigkeit von der Druckfestigkeit eine Konstanz aufweisen können. Der zweite Teil des vorliegenden Kapitels befasst sich daher mit Hypothesentests für die Steigung der Regressionsgeraden der Umrechnungsfunktionen $A_{lin}(f_{cm,i})$, mit $i = cyl$ für $f_{cm,cyl} = f_{cm}$ für die mittlere Zylinderdruckfestigkeit und $i = cube$ für die mittlere Würfeldruckfestigkeit $f_{cm,cube}$.

Mittels Hypothesentests lässt sich mit einer gewissen Irrtumswahrscheinlichkeit, dem so genannten Signifikanzniveau, die Richtigkeit eines vermuteten Verlaufs von zu untersuchenden Funktionsgeraden – im konkreten Fall die Beziehungsfunktion zwischen einaxialer Zug- und der Spaltzugfestigkeit sowie die Funktion zwischen dem Quotienten der einaxialen Zug- zur Spaltzugfestigkeit und der Druckfestigkeit – überprüfen. Danach wird die Wahrscheinlichkeit einer Annahme, auch als Überschreitungswahrscheinlichkeit oder P-Wert bezeichnet, auf der Basis der zugrunde liegenden Messdaten berechnet [58]. Ist die berechnete Überschreitungswahrscheinlichkeit größer als das vorgegebene Signifikanzniveau α, das die Irrtumswahrscheinlichkeit angibt, so wird die getroffene Annahme bestätigt. Ist der P-Wert kleiner als α, führt dies zur Ablehnung der Hypothese (siehe Abschnitt A4.3).

Die Hypothesentests der vorliegenden Arbeit wurden in Anlehnung an MATTHÄUS [92] sowie unter der Annahme eines Signifikanzniveaus von $\alpha = 5\ \%$ durchgeführt.

5.3.1 Prüfung des Y-Achsenabschnitts der Regressionsgeraden

Zunächst soll mittels eines Hypothesentests geprüft werden, ob die Regressionsfunktion zwischen der einaxialen Zugfestigkeit und der Spaltzugfestigkeit durch den Achsenschnittpunkt ihres Koordinatensystems verlaufen kann (siehe Gleichung 5-10). Unter Verwendung einer linearen Regression gemäß Gleichung 5-15 ist demnach die Nullhypothese H_0: $p_{lin,2} = 0$ zu untersuchen.

$$f_{ctm} = p_{lin,1} \cdot f_{ctm,sp} + p_{lin,2}, \text{ mit den Parametern } p_{lin,1} \text{ und } p_{lin,2} \qquad \text{(5-15)}$$

Die Ergebnisse der durchgeführten Hypothesentests für den Achsenschnittpunkt sind in Tabelle 5-4 zusammengefasst, wobei die verwendeten Bezeichnungen der untersuchten Fälle in Tabelle 5-1 erläutert sind. Neben den linearen Regressionsparametern $p_{lin,1}$ und $p_{lin,2}$ gemäß Gleichung 5-15 sind die Güte der berechneten Regressionen mittels des Bestimmtheitsmaßes R^2 (siehe Gleichung 5-12), der P-Wert und die resultierende Aussage, häufig auch als „Antwortsatz" bezeichnet, aufgeführt.

Die Ergebnisse der durchgeführten Hypothesentests erlauben somit einen direkten Vergleich mit den gewonnenen linearen Beziehungsfunktionen (siehe Gleichung 5-10) im Abschnitt 5.2. Durch die Zulassung eines Achsenabschnittes der Funktionsgeraden mit dem Parameter $p_{lin,2}$ konnte eine deutliche Gütesteigerung der Anpassungen beobachtet werden (siehe Tabelle 5-3 und Tabelle 5-4). Um jedoch eine sinnvolle physikalische Bedeutung dieser Beziehungsfunktionen (siehe Gleichung 5-15) zu gewährleisten, müssen Einschränkungen hinsichtlich des Gültigkeitsbereichs einer möglichen Umrechnung der einaxialen Zugfestigkeit aus der Spaltzugfestigkeit festgelegt werden.

Aufgrund der Ergebnisse der Hypothesentests kann nach den berechneten Überschreitungswahrscheinlichkeiten die Beziehungsfunktionsgerade zwischen der einaxialen Zugfestigkeit und der an in Schalung hergestellten Proben aus Kiesbeton bestimmten Spaltzugfestigkeit nicht durch den Achsenschnittpunkt verlaufen. Folglich ist eine festigkeitsunabhängige Umrechnung der einaxialen Zugfestigkeit aus der besagten Spaltzugfestigkeit auf der Grundlage der Messergebnisse nicht zulässig (siehe Ki, Ge in Tabelle 5-4).

Tab. 5-4:   Ergebnisse der Hypothesentests für den Y-Achsenabschnitt mit den linearen Regressionsparametern gemäß Gleichung 5-15

Bezeichnung	lineare Regressionsparameter			P-Wert [%]	Ergebnis des Hypothesentests
	$p_{lin,1}$	$p_{lin,2}$	R^2		
Ki, Ge	0,841	0,843	0,94	0,4	$p_{lin,2} \neq 0$
Ki, BK	1,140	0,008	0,90	99,0	$p_{lin,2} = 0$
Ki, bk	0,773	0,638	0,88	30,8	$p_{lin,2} = 0$
Sp, Ge	0,847	1,260	0,88	9,7	$p_{lin,2} = 0$

Auf Grundlage des angenommenen Signifikanzniveaus α von 5 % lehnt der durchgeführte Hypothesentest einen konstanten Umrechnungsfaktor zwischen einaxialer Zugfestigkeit und der an in Schalung hergestellten Proben aus Splittbeton ermittelten Spaltzugfestigkeit trotz einer gegenteiligen visuellen Beurteilung (siehe Abbildung A4-6) nicht ab (siehe Sp, Ge in Tabelle 5-4). Eine Erklärung hierfür liegt in der großen Streuung der Messergebnisse.

Bei der Ermittlung der Spaltzugfestigkeit an Bohrkernen kann dem durchgeführten Hypothesentest zufolge eine festigkeitsunabhängige Umrechnungsfunktion zwischen einaxialer Zug- und Spaltzugfestigkeit verwendet werden (siehe Ki,BK und Ki,bk in Tabelle 5-4). Insbesondere die an Bohrkernen mit D/L = 150/300 mm ermittelte Spaltzugfestigkeit lässt sich mit Hilfe eines einfachen Umrechnungsfaktors in die einaxiale Zugfestigkeit überführen.

5.3.2 Prüfung der Steigung der Regressionsgeraden

Analog zu den zuvor durchgeführten statistischen Tests wurde auch hier eine lineare Beziehung gemäß Gleichung 5-16 zur Beschreibung des Zusammenhangs zwischen dem Verhältniswert A der einaxialen Zug- zu Spaltzugfestigkeit und der Zylinder- bzw. Würfeldruckfestigkeit zugrunde gelegt. Der Index (PK) steht hierbei für die entsprechende Parameterkombination nach Tabelle 5-1. Mit den folgenden Hypothesentests soll die Steigung bzw. die Wahrscheinlichkeit, ob die Steigung der Regressionsgeraden von Null verschieden sein kann, untersucht werden. Die Nullhypothese H_0 lautet demnach $p_{lin,1} = 0$ (vgl. Gleichung 5-16). Eine Funktionsgerade mit einer Steigung von $p_{lin,1} = 0$, welche folglich parallel zur Abszisse verläuft, stellt einen festigkeitsunabhängigen Zusammenhang zwischen den A-Werten und der Druckfestigkeit des Betons dar.

$$A_{(PK)}(f_{cm,i}) = p_{lin,1} \cdot f_{cm,i} + p_{lin,2}, \text{ mit } i = cyl, cube \qquad \textbf{(5-16)}$$

In Tabelle 5-5 sind die Ergebnisse der durchgeführten Hypothesentests zusammengestellt. Die Abkürzungen der jeweiligen Kombination können Tabelle 5-1 entnommen werden.

Tab. 5-5: Ergebnisse der Hypothesentests für die Steigung der Regressionsgeraden mit den linearen Regressionsparametern gemäß Gleichung 5-16

Kombination	lineare Regressionsparameter			P-Wert [%]	Ergebnis des Hypothesentests
	$p_{lin,1}$	$p_{lin,2}$	R^2		
$A_{Ki,\,Ge}(f_{cm})$	-0,005	1,428	0,41	1,8	$p_{lin,1} \neq 0$
$A_{Ki,\,BK}(f_{cm})$	0,001	1,082	0,07	52,8	$p_{lin,1} = 0$
$A_{Ki,\,bk}(f_{cm})$	-0,002	1,046	0,08	49,8	$p_{lin,1} = 0$
$A_{Sp,\,Ge}(f_{cm})$	-0,005	1,478	0,54	3,7	$p_{lin,1} \neq 0$
$A_{Ki,\,Ge}(f_{cm,cube})$	-0,005	1,447	0,40	2,0	$p_{lin,1} \neq 0$
$A_{Ki,\,BK}(f_{cm,cube})$	0,001	1,070	0,10	44,6	$p_{lin,1} = 0$
$A_{Ki,\,bk}(f_{cm,cube})$	-0,001	1,047	0,08	49,9	$p_{lin,1} = 0$
$A_{Sp,\,Ge}(f_{cm,cube})$	-0,003	1,404	0,38	14,3	$p_{lin,1} = 0$

Wie aus Tabelle 5-5 hervorgeht, eignen sich lediglich die an Bohrkernen ermittelten Spaltzugfestigkeiten zur festigkeitsunabhängigen Umrechnung in die einaxiale Zugfestigkeit. Wird die Spaltzugfestigkeit an in Schalung hergestellten Proben bestimmt, so muss eine von der Betondruckfestigkeit abhängige Umrechnungsfunktion zur Berechnung der einaxialen Zugfestigkeit aus der Spaltzugfestigkeit herangezogen werden.

Sofern die Spaltzugfestigkeit an in Schalung hergestellten Probekörpern ermittelt wurde, ist auf Grundlage der vorliegenden Ergebnisse eine festigkeitsunabhängige Formulierung der Umrechnung zwischen der einaxialen Zugfestigkeit und der Spaltzugfestigkeit analog zur gegenwärtig gültigen Norm DIN 1045-1 oder zum Model Code 1990 [27] auszuschließen. Eine Ausnahme bildet hierbei jedoch die Umrechnungsfunktion $A_{Sp,Ge}(f_{cm,cube})$.

5.4 Diskussion und Zusammenführung

Das Ziel der Modellbildung war es, eine Umrechnung der einaxialen Zugfestigkeit aus der Spaltzugfestigkeit auf Grundlage der experimentellen Versuchsergebnisse herzuleiten.

Zunächst wurden die gewonnenen Ergebnisse jenes häufig in der Literatur praktizierten Verfahrens bewertet, nach welchem die besagte Umrechnung durch das Dividieren der jeweiligen Beziehungsgleichungen zwischen der einaxialen Zug- zu Druckfestigkeit bzw. Spaltzug- zu Druckfestigkeit hergeleitet wird (Abschnitt 5.1). Zur mathematischen Modellierung der einzelnen Zusammenhänge zwischen einaxialer Zug- und der Druck- sowie Spaltzug- und der Druckfestigkeit eignete sich insbesondere eine Potenzformulierung nach den Gleichungen 5-1 und 5-2. Die Gegenüberstellung dieser Beziehungen mit den zugrunde liegenden Messwerten enthalten die Abbildungen 5-2 und A4-1 bis A4-3. Ferner sind die entsprechenden Parameter dieser Regressionen in den Tabellen 5-2 und A4-1 bis A4-3 aufgeführt.

Die Abbildungen 5-2 und A4-1 bis A4-3 ermöglichen ferner einen Vergleich der direkt bzw. indirekt bestimmten festigkeitsabhängigen Umrechnungsfunktionen. Danach zeigten diese nur geringe Unterschiede. Die direkt auf die A-Wertepaare angepassten Umrechnungsfunktionen führten erwartungsgemäß zu einer höheren Anpassungsgüte (siehe Tabellen 5-2 und A4-1 bis A4-3).

In Abschnitt 5.2 wurden die Zugfestigkeiten mit den jeweiligen Spaltzugfestigkeiten zueinander in Beziehung gesetzt. Die Grundlage für die mathematische Formulierung dieser Zusammenhänge beruhte auf einem linearen Ansatz nach Gleichung 5-10 sowie auf einer Potenzfunktion nach Gleichung 5-11. Allerdings konnte später mit Hilfe von Hypothesentests eine lineare Beziehung zwischen einaxialer Zug- und der Spaltzugfestigkeit nur in jenen Fällen bestätigt werden, in denen Letztere an Bohrkernen ermittelt wurde.

Unter der Voraussetzung, dass zur Ermittlung der einaxialen Zugfestigkeit eingeschnürte Proben herangezogen werden und der Spaltzugversuch unter Verwendung von Lastverteilungsstreifen aus Stahl mit einer Breite $b = 10$ mm erfolgt, lassen sich die gewünschten Umrechnungsfunktionen wie folgt zusammenstellen. Unter Berücksichtigung der an in Schalung hergestellten Kiesbetonproben mit $D/L = 150/300$ mm bestimmten Spaltzugfestigkeit gilt die Gleichung 5-17 (siehe Tabelle 5-6).

Werden dahingegen Probekörper gleicher Geometrie und Herstellungsart aber aus Splittbeton zur Bestimmung der Spaltzugfestigkeit herangezogen, so ist die Umrechnung nach Gleichung 5-18 vorzunehmen (siehe Tabelle 5-6).

Die mittels Bohrkernen ermittelte Spaltzugfestigkeit lässt sich anhand eines konstanten Umrechnungsfaktors in die einaxiale Zugfestigkeit überführen. Danach ist für Bohrkerne mit den Abmessungen $D/L = 150/300$ mm die Gleichung 5-19 zu verwenden (siehe Tabelle 5-6). Ferner lässt sich die an Bohrkernen mit $D/L = 75/150$ mm gewonnene Spaltzugfestigkeit mittels Gleichung 5-20 in die einaxiale Zugfestigkeit umrechnen (siehe Tabelle 5-6).

Tab. 5-6: Umrechnungsbeziehungen zwischen der einaxialen Zugfestigkeit und der Spaltzugfestigkeit gemäß den Gleichungen 5-10 und 5-11

Bezeichnung	Umrechnungsbeziehung (Gleichungsnummer)	
Ki, Ge	$f_{ctm} = 1,46 \cdot f_{ctm,sp}^{0,77}$	**(5-17)**
Sp, Ge	$f_{ctm} = 1,71 \cdot f_{ctm,sp}^{0,73}$	**(5-18)**
Ki, BK	$f_{ctm} = 1,14 \cdot f_{ctm,sp,core}$	**(5-19)**
Ki, bk	$f_{ctm} = 0,90 \cdot f_{ctm,sp,core}$	**(5-20)**

Die oben angegebenen Beziehungsfunktionen sind einander in Abbildung 5-5 gegenübergestellt. Danach unterscheiden sich die Ergebnisse der einzelnen Umrechnungsfunktionen für die einaxiale Zugfestigkeit im Bereich normalfester Betone mit einer Spaltzugfestigkeit von 2 N/mm^2 um 0,9 N/mm^2 sowie im hochfesten Regime bei einer Spaltzugfestigkeit von 6 N/mm^2 um 1,5 N/mm^2.

Gleichzeitig unterschätzen die gegenwärtig gültige Norm DIN 1045-1 sowie der Model Code 1990 [27] die einaxiale Zugfestigkeit in jenen Fällen, in denen die Spaltzugfestigkeit an Probekörpern mit $D/L = 150/300$ mm ermittelt wurde.

Unter Berücksichtigung der Beziehungsfunktion zwischen Spaltzugfestigkeit und Druckfestigkeit gemäß der Gleichung 5-2 konnten die oben genannten Umrechnungsformulierungen als Funktionen der Druckfestigkeit dargestellt werden.

Die somit hergeleiteten Beziehungsfunktionen zwischen dem Quotienten A – Umrechnungswert der einaxialen Zugfestigkeit aus der Spaltzugfestigkeit – und den Druckfestigkeiten lassen sich danach wie folgt formulieren. Unter Berücksichtigung von an in Schalung hergestellten Proben aus Kiesbeton ermittelten Spaltzugfestigkeiten gibt die Gleichung 5-21 den festigkeitsabhängigen Zusammenhang $A_{(Ki,Ge)}$ wieder (siehe Tabelle 5-7).

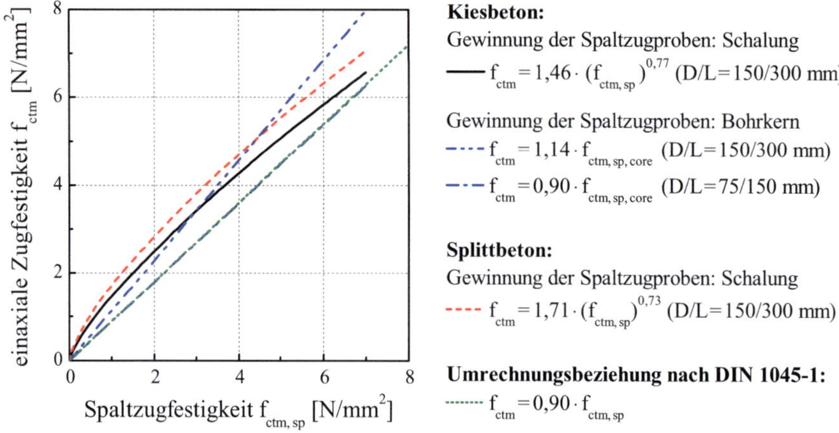

Abb. 5-5: Vergleich der hergeleiteten Beziehungsfunktionen zwischen der einaxialen Zugfestigkeit und der Spaltzugfestigkeit

Wird die Spaltzugfestigkeit weiterhin an in Schalung hergestellten Proben gewonnen, allerdings aus Splittbeton, so ist die Gleichung 5-22 zu verwenden (siehe Tabelle 5-7).

Tab. 5-7: Umrechnungsbeziehungen zwischen der einaxialen Zugfestigkeit und der Spaltzugfestigkeit in Abhängigkeit der Druckfestigkeiten gemäß den Gleichungen 5-13 bzw. 5-14

Bezeichnung	Umrechnungsbeziehung (Gleichungsnummer)	
Ki, Ge	$A_{(Ki,Ge)} = 2,08 \cdot f_{cm}^{-0,16}$ $A_{(Ki,Ge)} = 2,27 \cdot f_{cm,cube}^{-0,18}$	**(5-21)**
Sp, Ge	$A_{(Sp,Ge)} = 2,64 \cdot f_{cm}^{-0,20}$ $A_{(Sp,Ge)} = 2,70 \cdot f_{cm,cube}^{-0,20}$	**(5-22)**
Ki, BK	$A_{(Ki,BK)} = 1,14$	**(5-23)**
Ki, bk	$A_{(Ki,bk)} = 0,90$	**(5-24)**

Die Ermittlung der Spaltzugfestigkeit an Bohrkernen führt zu einer festigkeitsunabhängigen Umrechnung der einaxialen Zugfestigkeit aus der Spaltzugfestigkeit. Unter Verwendung von Bohrkernen mit D/L = 150/300 mm kann nach Gleichung 5-23 ein Faktor von $A_{(Ki, BK)}$ = 1,14 und mit D/L = 75/150 mm gemäß Gleichung 5-24 ein Faktor von $A_{(Ki, bk)}$ = 0,9 verwendet werden (siehe Tabelle 5-7).

Eine graphische Übersicht der oben genannten Zusammenhänge ist in Abbildung 5-6 gegeben.

Analog zu den Beziehungen der einaxialen Zug- zur Spaltzugfestigkeit unterschätzen die DIN 1045-1 sowie der Model Code 1990 [27] mit $A_{(DIN\ 1045)}$ = 0,90 die A-Werte, sofern die Spaltzugfestigkeit an Probekörpern mit den Abmessungen D/L = 150/ 300 mm bestimmt wird (siehe Abbildung 5-6).

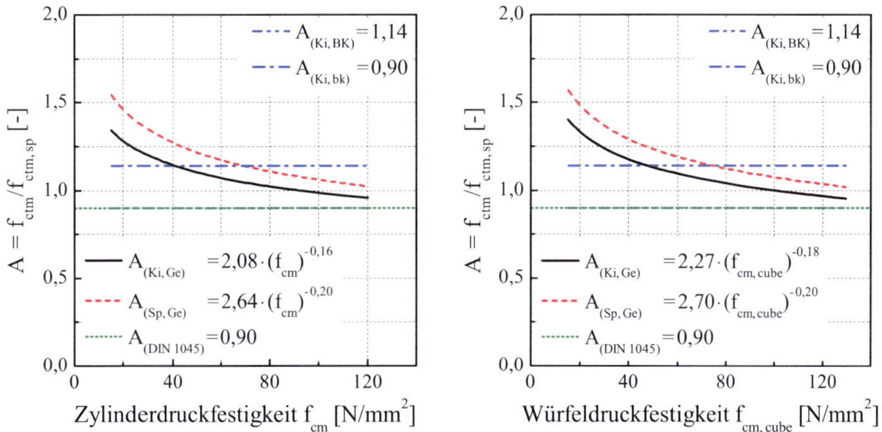

Abb. 5-6: Vergleich der hergeleiteten Beziehungen zwischen den A-Werten und der mittleren Zylinderdruckfestigkeit (links) bzw. mittleren Würfeldruckfestigkeit (rechts)

Abbildung 5-7 zeigt eine Gegenüberstellung der eigenen Ergebnisse mit Literaturwerten. Aus Gründen der besseren Vergleichbarkeit beschränken sich die dabei dargestellten eigenen Messwerte bzw. Beziehungen exemplarisch auf die Spaltzugfestigkeit, die an in Schalung hergestellten Kiesbetonproben gewonnen wurde.

Die Beziehung zwischen den Verhältniswerten A der einaxialen Zug- zur Spaltzugfestigkeit und der mittleren Zylinderdruckfestigkeit $A_{(Ki,Ge)}$ gibt visuell die Ergebnisse der in Abbildung 5-7 genannten Autoren, unter Berücksichtigung der großen Streuung der Wertepaare, gut wieder. Gleichzeitig geht aus Abbildung 5-7 hervor, dass der ursprünglich von HEILMANN [60] hergeleitete und später in nationalen wie internationalen Normen verankerte Umrechnungsfaktor von A = 0,9 (siehe Abschnitt 2.5.2) im gesamten Bereich der zugrunde liegenden Messwerte die Umrechnung der Zugfestigkeit unterschätzt. Der Unterschied zwischen dieser auf Untersuchungen von HEILMANN [60] basierten Beziehung und den eigenen Messdaten bzw. der hergeleiteten festigkeitsabhängigen Umrechnungsbeziehung nimmt mit steigender Betongüte ab.

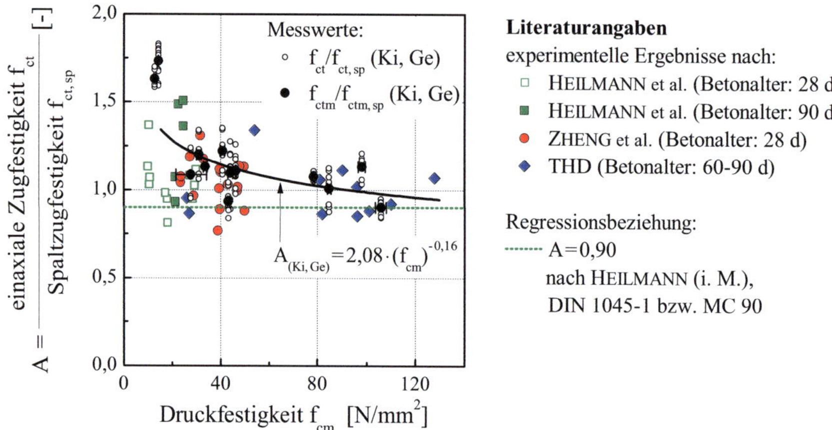

Abb. 5-7: Gegenüberstellung von eigenen Ergebnissen zum Verhältnis der einaxialen Zug- zur Spaltzugfestigkeit in Abhängigkeit der Zylinderdruckfestigkeit und Ergebnissen aus Literaturangaben; Standardabweichungen der Druckfestigkeit veranschaulichen horizontale Balken (soweit vorhanden); Literaturwerte nach [60, 27, 162, 120]

Das Ziel der vorliegenden Arbeit war die Herleitung einer, ggf. festigkeitsabhängigen, Umrechnungsfunktion zwischen der einaxialen Zugfestigkeit und der Spaltzugfestigkeit. Um aus der Druckfestigkeit über die Umrechnungsfunktion A auf die einaxiale Zugfestigkeit schließen zu können, bleibt die Kenntnis der Spaltzugfestigkeit weiterhin unerlässlich. Daher stellt eine direkte Umrechnung der Spaltzugfestigkeit in die einaxiale Zugfestigkeit eine bessere Alternative dar. Die hergeleiteten Zusammenhänge zwischen der einaxialen Zug- und den jeweiligen Spaltzugfestigkeiten nach den Gleichungen 5-17 bis 5-20 ermöglichen demnach eine adäquate Vorhersage der einaxialen Zugfestigkeit aus der Spaltzugfestigkeit.

Ausdrücklich soll darauf hingewiesen werden, dass die Größe der Spaltzugfestigkeit von diversen Faktoren beeinflusst wird (siehe Abschnitt 2.3 und Abschnitt 3.3.1). Neben den geometrischen und betontechnologischen Einflüssen spielen u. a. die Abmessungen sowie das Material der verwendeten Lastverteilungsstreifen bzw. Zwischenstreifen eine große Rolle. Daher gelten die oben angegebenen Beziehungsgleichungen der einaxialen Zug- zur Spaltzugfestigkeit lediglich unter den folgenden Voraussetzungen. Diese setzen eine Versuchsdurchführung gemäß DIN EN 12390-6 voraus, wobei die Prüfung unter Verwendung von Lastverteilungsstreifen aus Stahl mit einer Breite b = 10 mm – ohne die Verwendung von Zwischenstreifen – realisiert wird. Des Weiteren beschränken sich die Umrechnungsfunktionen unter Berücksichtigung von Bohrkernen auf die Abmessungen D/L = 150/300 sowie D/L = 75/150 mm.

Kapitel 6
Zusammenfassung und Ausblick

Das Ziel der vorliegenden Arbeit bestand in der Entwicklung einer geeigneten Umrechnungsformel für die Ermittlung der einaxialen Zugfestigkeit mit Hilfe der Spaltzugfestigkeit. Des Weiteren sollte der Versagensmechanismus einer Betonprobe im Spaltzugversuch in Abhängigkeit von der Festigkeit der Probe sowie weiterer Randbedingungen eingehend analysiert werden. Die Grundlage hierfür bildeten experimentelle und numerische Untersuchungen zum Betonverhalten im Spaltzugversuch.

Im Rahmen einer umfangreichen Literatursichtung wurde zunächst der aktuelle Stand des Wissens zu den Grundlagen des Spaltzugversuchs sowie Angaben zu den Umrechnungsbeziehungen zwischen der Spaltzugfestigkeit und der einaxialen Zugfestigkeit dargelegt und eingehend diskutiert. Hierbei konnten folgende wissenschaftliche Fragestellungen identifiziert werden:

(1)   Die zur Berechnung der Spaltzugfestigkeit zugrunde gelegte Formel basiert auf Annahmen der Elastizitätstheorie. Danach entspricht die Spaltzugfestigkeit der in der Mitte des Probekörpers infolge gegenüberliegender Einzeldrucklasten erzeugten maximalen horizontalen Zugspannung im Versagenszustand. Der Probekörper wird hierbei als aus homogenem, linear elastischem Material bestehend angenommen. Dahingegen charakterisieren den Werkstoff Beton inhomogene und nichtlinear elastische Eigenschaften. Des Weiteren findet im Betonprobekörper infolge einer Spaltzugbeanspruchung noch vor dem Versagen – vor dem vollständigen Bruch des Probekörpers – eine Mikrorissbildung statt, die eine Spannungsumlagerung in der unmittelbaren Umgebung der Risse bewirkt. In diesem Zusammenhang galt daher zu erforschen, inwieweit der Spaltzugversuch sich zur indirekten Ermittlung der Zugfestigkeit von Beton bei unterschiedlichen Randbedingungen – wie z. B. Materialverhalten, Versuchsaufbau, Geometrie – eignet.

(2)   Die in den nationalen sowie internationalen, normativen Werken verankerten Umrechnungsbeziehungen zwischen der Spaltzug- und der einaxialen Zugfestigkeit stammen aus den 1960er Jahren und beschränken sich auf die damals verwendeten normalfesten Betone bis zu einer Betonfestigkeitsklasse C55/67. Allerdings reagiert Beton mit steigender Betondruckfestigkeit zunehmend empfindlich gegenüber jenem zweiaxialen Druck-Zugspannungszustand, welcher infolge einer Spaltzugbeanspruchung im Betonprobekörper herrscht. Eine weitere Aufgabe der vorliegenden Arbeit bestand daher darin, die bereits beste-

henden Umrechnungsformeln hinsichtlich einer Verwendung für hochfeste Betone zu überprüfen und ggf. anzupassen.

(3) Obwohl die in der Fachliteratur angegebenen separaten Beziehungen zwischen der einaxialen Zug- bzw. Spaltzugfestigkeit und der Druckfestigkeit adäquat erscheinen, führt die Überführung dieser Zusammenhänge in eine Betrachtung des Verhältnisses der einaxialen Zug- zur Spaltzugfestigkeit über die Druckfestigkeit zu signifikanten Unterschieden im Vergleich zu den zugrunde liegenden Messwerten. Ein besonderes Augenmerk der vorliegenden Arbeit richtete sich demnach auf die mathematische Formulierung der Umrechnungsbeziehungen zwischen diesen Kennwerten.

Anschließend an die Literatursichtung wurde das experimentelle Versuchsprogramm vorgestellt. Mit den durchgeführten Spaltzugversuchen wurde der Einfluss unterschiedlicher Parameter auf die Spaltzugfestigkeit sowie auf den Versagensmechanismus im Probekörper untersucht. Diese Einflussparameter resultierten aus geometrischen Gegebenheiten bzw. aus der Art der Probekörpergewinnung, aus der Art der Lasteinleitung und aus der Betonzusammensetzung hinsichtlich der verwendeten Gesteinskörnungsart bzw. der Betonfestigkeitsklasse selbst. Insgesamt fanden zehn unterschiedliche Betone in die Untersuchungen Eingang.

Im Rahmen der Spaltzugversuche konnte festgestellt werden, dass sich die in der DIN EN 12390-6 vorgeschriebenen Zwischenstreifen aus Hartfaser aufgrund ihres vorzeitigen Versagens nicht zur Prüfung hochfester Betone eignen. Eine Alternative bietet eine Versuchsdurchführung ohne die Verwendung von Zwischenstreifen. Hierbei wird die Belastung durch Lastverteilungsstreifen aus Stahl in den Probekörper eingeleitet. Im Vergleich zu einer Spaltzugprüfung unter Verwendung von Zwischenstreifen aus Hartfaserplatten geht hiermit allerdings eine Verringerung der Spaltzugfestigkeit von etwa 10 % bei einer Probekörpergeometrie von D/L = 150/300 mm einher. Spaltzugversuche zum Einfluss der Probekörperlänge sowie des Materials der Zwischenstreifen deuteten ferner darauf hin, dass die Spaltzugfestigkeit unter der geometrischen Randbedingung D/L > 1 weder von der Länge des Probekörpers noch vom Material der verwendeten Zwischenstreifen abhängig ist. Eine fundierte Klärung dieser Beobachtung bedarf jedoch weiterer Untersuchungen.

Des Weiteren belegten die Ergebnisse der Spaltzugversuche an Bohrkernen mit den Abmessungen D/L = 150/300 mm bzw. D/L = 75/150 mm einen ausgeprägten Size Effect. An Bohrkernen mit D/L = 75/150 mm konnten danach stets höhere Spaltzugfestigkeiten ermittelt werden.

Die Spaltzugversuche zur Untersuchung des Versagensmechanismus im Probekörper lieferten neue Erkenntnisse über die Rissbildung während des Versuchs. Danach bildeten sich die ersten Risse unterhalb der Lasteinleitungsstelle, im oberen bzw. unteren Viertel der Probenquerschnittshöhe und weiteten sich in Richtung der Lasteinleitungsstelle aus. Dieser Sachverhalt widerspricht den theoretischen Annahmen. Nach elastizitätstheoretischen Überlegungen zum Spaltzugversuch sollten die ersten Risse in der Probekörpermitte initiiert werden.

Der Schwerpunkt der durchgeführten einaxialen Zugversuche lag auf der Ermittlung der bruchmechanischen Kennwerte – einaxiale Zugfestigkeit, Elastizitätsmodul, Bruchenergie. Diese Kennwerte bildeten die Grundlage zur wirklichkeitsnahen Nachbildung des Entfestigungsverhaltens der ausgewählten Betone in den numerischen Untersuchungen.

Die zweidimensionalen numerischen Simulationen der Spaltzugversuche betrachteten den Werkstoff Beton als heterogenes Material. Die Betrachtung erfolgte auf der Makroebene. Unter Verwendung realitätsnaher Materialgesetze wurden verschiedene Einflussfaktoren auf das Spaltzugverhalten – die Spaltzugfestigkeit, die Spannungsverteilung in der Lastebene sowie die Rissentwicklung infolge der Belastung – untersucht.

Die Ergebnisse der Simulationen bestätigten den in den Experimenten beobachteten Versagensmechanismus im Spaltzugversuch. Um die Spannungsverteilung auch unter der Lasteinleitung präziser analysieren zu können, sind weitere Simulationen mit einem speziell auf diesen Randbereich angepassten FE-Netz notwendig. Des Weiteren könnten dreidimensionale Untersuchungen mit einer Betrachtung auf der Mesoebene genauere Erkenntnisse über den Einfluss der Probenlänge auf das Spaltzugverhalten sowie den im Probekörper vorherrschenden Spannungszustand liefern. Diese Fragestellungen könnten Gegenstand zukünftiger numerischer Untersuchungen sein.

Die im Rahmen der Modellbildung hergeleiteten, praxisrelevanten Umrechnungsbeziehungen ermöglichen für Betone der Festigkeitsklasse C16/20 bis C100/115 eine einfache Berechnung der einaxialen Zugfestigkeit aus der Spaltzugfestigkeit. Sofern die Spaltzugfestigkeit an Bohrkernen ermittelt wurde, kann demnach hierfür sogar ein Umrechnungsfaktor verwendet werden.

Schließen möchte ich mit einer Anknüpfung an das die vorliegende Arbeit einleitende Zitat von HERTZ. Dieses Zitat stammt aus jener Abhandlung [63], welche von fundamentaler Bedeutung für sämtliche theoretischen Überlegungen zur Beschreibung der Spannungsverteilung im Spaltzugprobekörper ist. Die Spaltzugbeanspruchung erzeugt einen hochkomplexen Spannungszustand im Betonprobekörper. Eine vollkommene, physikalische Klärung der während des Versuchs ablaufenden Versagensprozesse bleibt auch weiterhin die Aufgabe wissenschaftlicher Untersuchungen. Mit meinen experimentellen und numerischen Untersuchungen hoffe ich, einen Teil zur Erweiterung des Kenntnisstands auf diesem Gebiet beigetragen zu haben.

Literaturverzeichnis

[1]   ACI COMMITTEE 363: State of the art report on high-strength concrete. In: ACI Journal Proceedings 81 (1984), Nr. 4, S. 364-411

[2]   ARBEITSAUSSCHUSS DIN 1048: Prüfung von Beton – Empfehlungen und Hinweise als Ergänzung zu DIN 1048. Schriftenreihe des DAfStb, Heft 422, Beuth Verlag, Berlin, 1991

[3]   AKAZAWA, T.: New testing method to find the tensile strength of concrete. In: Journal of Japan Society of Civil Engineers 29 (1943), S. 777-787
赤澤常雄: コンクリートの
壓縮に依る内部應力を求める新試驗法（壓裂強度試驗法に就て）（其の一）

[4]   AKAZAWA, T.: Splitting tensile test of cylindrical specimens. In: Journal of the Japanese Civil Engineering Institute 6 (1943), Nr. 1, S. 12-19. Republished: Tension test method for concrete. In: Bulletin RILEM 16, Paris, 1953, S. 13-23

[5]   ARIOGLU, N.; GIRGIN, Z. C.; ARIOGLU, E.: Evaluation of ratio between splitting tensile strength and compressive strength for concretes up to 120 MPa and its application in strength criterion. In: ACI Materials Journal 103 (2006), Nr. 1, S. 18-24

[6]   AWAJI, H.; SATO, S.: Diametral compressive stress considering the Hertzian contact. In: Journal of the Society of Materials Science, Japan 27 (1978), S. 336-341

[7]   BALÁZS, GY.: A beton húzószilárdságának a viszonyszámai. Tudományos közlemények 23, Közlekedési Dokumentációs Vállalat, Budapest, 1976

[8]   BARENBLATT, G. I.: The mathematical theory of equilibrium cracks in brittle fracture. In: Advances in Applied Mechanics 7 (1962), S. 56-129

[9]   BATHE, K.-J.: Finite-Elemente-Methoden. 2. Aufl. Springer-Verlag, Berlin, Heidelberg, 2002

[10]   BAŽANT, Z. P.: Size effect in blunt fracture: concrete, rock, metal. In: Journal of Engineering Mechanics 110 (1984), Nr. 4, S. 518-535

[11]   BAŽANT, Z. P.; KAZEMI, M. T.: Determination of fracture energy, process zone length and brittleness number from size effect, with application to rock and concrete. In: International Journal of Fracture 44 (1990), S. 111-131

[12]   BAŽANT, Z. P.; KAZEMI, M. T.; HASEGAWA, T.; MAZARS, J.: Size effect in brazilian split-cylinder tests: measurements and fracture analysis. In: ACI Materials Journal 88 (1991), Nr. 3, S. 325-332

[13]   BAŽANT, Z. P.; OH, B. H.: Crack band theory for fracture of concrete. In: Materials and Structures 16 (1983), Nr. 93, S. 155-177

[14]   BÁRDOSSY, A.; BECK, F.: Vorlesungsskript zu Statistik. Universität Stuttgart, Institut für Wasser- und Umweltsystemmodellierung, Sommersemester 2006

[15]   BLAAUWENDRAAD, J.; GROOTENBOER, H. J.: Essentials for discrete crack analysis. In: Advanced Mechanics of Reinforced Concrete, IABSE Reports 34, Delft University Press, Delft, 1981, S. 263-272

[16]   BONZEL, J.: Über die Spaltzugfestigkeit des Betons. In: Betontechnische Berichte (1964), Nr. 3, S. 59-96

[17]   BONZEL, J.: Über die Spaltzugfestigkeit des Betons. Forstsetzung. In: Betontechnische Berichte (1964), Nr. 4, S. 150-157

[18]   BONZEL, J.; KADLEČEK, V.: Einfluß der Nachbehandlung und des Feuchtigkeitszustands auf die Zugfestigkeit des Betons. In: Betontechnische Berichte (1970), S. 99-132

[19]   BRAMESHUBER, W.: Bruchmechanische Eigenschaften von jungem Beton. Universität Karlsruhe (TH), Institut für Massivbau und Baustofftechnologie, Diss. 1988

[20]   BRESLER, B.; PISTER, K. S.: Strength of concrete under combined stresses. In: Journal of the American Concrete Institute 30 (1958), Nr. 3, Proceedings 55 (1958), S. 321-345

[21]   CABALLERO, A.; LÓPEZ, C. M.; CAROL, I.: 3D meso-structural analysis of concrete specimens under uniaxial tension. In: Computer Methods in Applied Mechanics and Engineering 195 (2006), Nr. 52, S. 7182-7195

[22]   CARNEIRO, F. L. L. B.: A new method to determine the tensile strength of concrete. In: Proceedings of the 5th meeting of the Brazilian Association for Technical Rules ("Associação Brasileire de Normas Técnicas – ABNT") 16 September 1943. Sec. 3, S. 126-129

[23]   CARPINTERI, A.; CHIAIA, B.; FERRO, G.: Size effects on nominal tensile strength of concrete structures: multifractality of material ligaments and dimensional transition from order to disorder. In: Materials and Structures 28 (1995), Nr. 6, S. 311-317

[24]   CARPINTERI, A.; FERRO, G.; INVERNIZZI, S.: A truncated statistical model for analyzing the size-effect on tensile strength of concrete structures. In: Proceedings of the 2nd International Conference on Fracture Mechanics of Concrete Structures, F. H. Wittmann (Hrsg.), Aedificatio, Freiburg, 1995, S. 557-570

[25]   CARRASQUILLO, R. L.; NILSON, A. H.; SLATE, F. O.: Properties of high strength concrete subject to short-term loads. In: ACI Journal Proceedings 78 (1981), Nr. 3, S. 171-178

[26]   CASTRO-MONTERO, A.; JIA, Z.; SHAH, S. P.: Evaluation of damage in brazilian test using holographic interferometry. In: ACI Materials Journal 92 (1995), Nr. 3, S. 268-275

[27]   CEB – COMITÉ EURO-INTERNATIONAL DU BÉTON: CEB-FIP Model Code 1990, Bulletin D'Information, Nr. 213/214, Lausanne, 1993

[28]   CELESTINO, T.; PILTNER, R.; MONTEIRO, P. J. M.; OSTERTAG, C. P.: Fracture mechanics of marble using a splitting tension test. In: Journal of Materials in Civil Engineering 13 (2001), Nr. 6, S. 407-411

[29]   CHEN, W. F.: Limit analysis and soil plasticity. Elsevier Scientific Publishing Company, Amsterdam, 1975

[30]   CHEN, W. F.; CHANG, T. Y. P.: Plasticity solutions for concrete splitting tests. In: ASCE Journal of the Engineering Mechanics Division 104 (1978), Nr. EM3, S. 691-704

[31]   CHEN, W. F.; DRUCKER, D. C.: Bearing capacity of concrete blocks or rock. In: ASCE Journal of the Engineering Mechanics Division 95 (1969), Nr. EM4, S. 955-978

[32]   CHOINSKA, M.; DUFOUR, F.; PIJAUDIER-CABOT, G.: Matching permeability law from diffuse damage to discontinuous crack opening. In: Proceedings of the 7th International Conference on Fracture Mechanics of Concrete Structures, A. Carpinteri et al. (Hrsg.), Taylor & Francis Group, London, 2007, S. 541-547

[33]   CURBACH, M.; HAMPEL, T.: Verhalten von Hochleistungsbeton unter zweiaxialer Druck-Zug-Beanspruchung. Abschlussbericht zum Forschungsvorhaben AiF 11011 B, DBV 198, Institut für Tragwerke und Baustoffe der Technischen Universität Dresden, 1999

[34]   DAVIES, J. D.; BOSE, D. K.: Stress distribution in splitting tests. In: Journal of the American Concrete Institute 65 (1968), Nr. 8, S. 662-669

[35]   DIANA: User's Manual, Release 9.2. TNO Building and Construction Research, Delft, The Netherlands, 2007

[36]   DUDA, H.: Bruchmechanisches Verhalten von Beton unter monotoner und zyklischer Zugbeanspruchung. Schriftenreihe des DAfStb, Heft 419, Beuth Verlag, Berlin, 1991

[37]   DUGDALE, D. S.: Yielding of steel sheets containing slits. In: Journal of the Mechanics and Physics of Solids 8 (1960), Nr. 2, S. 100-104

[38]   EIBL, J.; IVÁNYI, GY.: Studie zum Trag- und Verformungsverhalten von Stahlbeton. In: Deutscher Ausschuss für Stahlbeton, Schriftenreihe des DAfStb, Heft 260, Ernst & Sohn Verlag, Berlin, 1976

[39]   FEENSTRA, P. H.: Computational aspects of biaxial stress in plain and reinforced concrete. Delft University of Technology, Diss. 1993

[40]   *fib* 08 – FEDERATION INTERNATIONAL DU BÉTON: Constitutive modelling of high strength/high performance concrete. Bulletin 42, Lausanne, 2008

[41]   FÖPPL, A.; FÖPPL, L.: Drang und Zwang. R. Oldenbourg, München und Berlin, 1920

[42]   FORSCHUNGSGESELLSCHAFT FÜR STRAßEN- UND VERKEHRSWESEN: Arbeitsanleitung zur Bestimmung der charakteristischen Spaltzugfestigkeit an Zylinderscheiben als Eingangsgröße in die Bemessung von Betondecken für Straßenverkehrsflächen. Forschungsgesellschaft für Straßen- und Verkehrswesen e. V., Köln, 2006

[43]   FROCHT, M. M.; ARBOR, A.: Recent advances in photoelasticity and an investigation of the stress distribution in square blocks subjected to diagonal compression. In: Transactions of the American Society of Mechanical Engineers, APM 53-11 (1931), S. 135-153

[44]   FROCHT, M. M.: Photoelasticity. John Wiley & Sons Inc., New York, 1948

[45]   GERSTLE, W. H.; XIE, M.: FEM modeling of fictitious crack propagation in concrete. In: Journal of Engineering Mechanics 118 (1992), Nr. 2, S. 416-434

[46]   GHOSH, R. K.: Querdehnung von Beton. In: beton (1965), Nr. 10, S. 422-426

[47]   GOODE, C. D.; HELMY, M. A.: The strength of concrete under combined shear and direct stress. In: Magazine of Concrete Research 19 (1967), Nr. 59, S. 105-112

[48]   GOODIER, J. N.: Discussion of a paper by M. M. FROCHT and A. ARBOR: Recent advances in photoelasticity and an investigation of the stress distribution in square blocks subjected to diagonal compression. In: Transactions of the American Society of Mechanical Engineers, APM 53-11 (1931), S. 149

[49]   GOPALARATNAM, V. S.; YE, B. S.: Numerical characterization of the nonlinear fracture process in concrete. In: Engineering Fracture Mechanics 40 (1991), Nr. 6, S. 991-1006

[50]   GRIEB, W. E.; WERNER, G.: Comparison of the splitting tensile strength of concrete with flexural and compressive strengths. In: Public Roads 32 (1962), Nr. 5, S. 97-106

[51]   GRUENWALD, E.: Discussion of a paper by Sven Thaulow: Tensile splitting test and high strength concrete test cylinders. In: Journal of the American Concrete Institute 29 (1957), Nr. 6, Proceedings 53 (1957), S. 1316-1318

[52]   HAMPEL, T.; CURBACH, M.: Behavior of high performance concrete under multiaxial loading. In: Proceedings of the International Symposium on High Performance Concrete, L. S. Paul (Hrsg.), Precast/Prestressed Concrete Institute, Chicago, 2000, S. 185-195

[53]   HAMPEL, T.: Experimentelle Analyse des Tragverhaltens von Hochleistungsbeton unter mehraxialer Beanspruchung. Technische Universität Dresden, Institut für Massivbau, Diss. 2006

[54]   HANNANT, D. J.; BUCKLEY, K. J.; CROFT, J.: The effect of aggregate size on the use of the cylinder splitting test as a measure of tensile strength. In: Materials and Structures 6 (1973), Nr. 31, S. 15-21

[55]   HANSEN, E. A.; LEIVO, M.; RODRIGUEZ, J.; CATHER, R.: Mechanical properties of high strength concrete - influence of test conditions, specimens and constituents. In: Proceedings of the 4th International Symposium on Utilization of High-strength/High-performance concrete, RILEM, Paris, 1996, S.187-196

[56]   HANSON, J. A.: Tensile strength and diagonal tension resistance of structural lightweight concrete. In: Journal of the American Concrete Institute, Proceedings 58 (1961), Nr. 1, S. 1-39

[57]   HANSON, J. A.: Effects of curing and drying environments on splitting tensile strength of concrete. In: Journal of the American Concrete Institute, Proceedings 65 (1968), Nr. 7, S. 535-543

[58]   HARTUNG, J.; ELPELT, B.; KLÖSENER, K.-H.: Statistik. Lehr- und Handbuch der angewandten Statistik. 15. Aufl. Oldenbourg, München. 2009

[59]   HASEGAWA, T.; SHIOYA, T.; OKADA, T.: Size effect on splitting tensile strength of concrete. In: Proceedings of the Japan Concrete Institute, 7th Conference, 1985, S. 309-312

[60]   HEILMANN, H. G.: Beziehungen zwischen Zug- und Druckfestigkeit des Betons. In: beton (1969), Nr. 2, S. 68-70

[61]   HEILMANN, H. G.; HILSDORF, H.; FINSTERWALDER, K.: Festigkeit und Verformung von Beton unter Zugspannungen. In: Schriftenreihe des DAfStb, Heft 203, Beuth Verlag, Berlin, 1969

[62]   HERRMANN, H. J.; HANSEN, A.; ROUX, S.: Fracture of disordered, elastic lattices in two dimensions. In: Physical Review B 39 (1989), Nr. 1, S. 637-648

[63]   HERTZ, H.: Ueber die Vertheilung der Druckkräfte in einem elastischen Kreiscylinder. In: Zeitschrift für Mathematik und Physik 28 (1883), S. 125-128

[64]   HILLERBORG, A.: Analysis of one single crack. In: Fracture Mechanics of Concrete, F. H. Wittmann (Hrsg.), Elsevier Science Publisher B. V., Amsterdam, 1983, S. 223-249

[65]   HILLERBORG, A.; MODEÉR, M.; PETERSSON, P.-E.: Analysis of crack formation and crack growth in concrete by means of fracture mechanics and finite elements. In: Cement and Concrete Research 3 (1976), S. 773-782

[66]   HILSDORF, H. K.: Sinn und Grenzen der Anwendbarkeit der Bruchmechanik in der Betontechnologie. In: Forschungsbeiträge für die Baupraxis: Karl Kordina zum 60. Geburtstag gewidmet. J. Eibl (Hrsg.), Verlag von Wilhelm Ernst & Sohn, Berlin, München, Düsseldorf, 1979, S. 59-73

[67]   HONDROS, G.: The evaluation of poisson's ratio and the modulus of materials of a low tensile resistance by the Brazilian (indirect tensile) test with particular reference to concrete. In: Australian Journal of Applied Science 10 (1959), S. 243-268

[68]   HORDIJK, D. A.: Local approach to fatigue of concrete. Delft University of Technology, Diss. 1991

[69]   HRENNIKOFF, A.: Solution of problems of elasticity by the framework method. ASME Journal of applied mechanics 8 (1941), S. 169-175

[70]   HUSSEIN, A.; MARZOUK, H.: Behaviour of high-strength concrete under biaxial stresses. In: ACI Materials Journal 97 (2000), Nr. 1, S. 27-36

[71]   INGRAFFEA, A. R.; SAOUMA, V.: Numerical modeling of discrete crack propagation in reinforced and plain concrete. In: Fracture Mechanics of Concrete: Structural application and numerical calculation, G. C. Sih, A. DiTommaso (Hrsg.), Martinus Nijhoff Publisher, Hingham, 1984, S. 171-225

[72]   IRAVANI, S.: Mechanical properties of high- performance concrete. In: ACI Materials Journal 93 (1996), Nr. 5, S. 416-426

[73]   IZBICKI, R. J.: General yield condition. I. plane deformation. In: Bulletin de L'Académie Polonaise des Sciences, Série des sciences techniques 20 (1972), Nr. 7-8, S. 255-262

[74]   JACCOUD, J. P.; FARRA, B.; LECLERCQ, A: Tensile strength – modulus of elasticity – bond – tension stiffening – limit state of cracking. Report to the Joint CEB/FIP Working Group on HSC/HPC. IBAP, EPF Lausanne, 1995

[75]   JENQ, Y. S.; SHAH, S. P.: A fracture toughness criterion for concrete. In: Engineering Fracture Mechanics 21 (1985), Nr. 5, S. 1055-1069

[76]   JENQ, Y. S.; SHAH, S. P.: Two parameter fracture model for concrete. In: Jounal of Engineering Mechanics 111 (1985), Nr. 10, S. 1227-1241

[77]   JENQ, Y. S.; SHAH, S. P.: Discussion on a paper by Torrent, R. J., Brooks, J. J.: Application of the highly stressed volume approach to correlated results from different tensile tests of concrete. In: Magazine of Concrete Research 37 (1985), Nr. 132, S. 168-172

[78]   JOOSTING, R.: Betonieren und Baukontrolle. In: Betonstrassen, Mitteilungsblatt der Betonstrassen AG. Wildegg (1960), Nr. 45 und Nr. 46

[79]   KARIHALOO, B. L.; SHAO, P. F.; XIAO, Q. Z.: Lattice modelling of the failure of particle composites. In: Engineering Fracture Mechanics 70 (2003), Nr. 17, S. 2385-2406

[80]   KESSLER-KRAMER, C.: Zugtragverhalten von Beton unter Ermüdungsbeanspruchung. Universität Karlsruhe (TH), Institut für Massivbau und Baustofftechnologie, Diss. 2002

[81]   KIM, J.-K.; EO, S.-H.: Size effect in concrete specimens with dissimilar initial cracks. In: Magazine of Concrete Research 42 (1990), Nr. 153, S. 233-238

[82]   KOVLER, K.; SCHAMBAN, I.; IGARASHI, S.; BENTUR, A.: Influence of mix proportions and curing conditions on tensile splitting strength of high strength concretes. In: Materials and Structures 32 (1999), S. 500-505

[83]   KÖNIG, G.; BERGNER, H.; GRIMM, R.; HELD, M.; REMMEL, G.; SIMSCH, G.: Hochfester Beton. Sachstandsbericht. Teil 2: Bemessung und Konstruktion. In: Schriftenreihe des DAfStb, Heft 438, Beuth Verlag, Berlin, 1994

[84]   KUPFER, H.: Das Verhalten des Betons unter mehrachsiger Kurzzeitbelastung unter besonderer Berücksichtigung der zweiachsigen Beanspruchung. In: Deutscher Ausschuss für Stahlbeton, Schriftenreihe des DAfStb, Heft 229, Ernst & Sohn Verlag, Berlin, 1973

[85]   KUPFER, H. B.; KUPFER, H.; STEGBAUER, A.: Die Spannungsverteilung beim Spaltzugversuch unter Berücksichtigung des nicht-linearen Verformungsverhaltens des Betons. In: Konstruktiver Ingenieurbau, Verband Beratender Ingenieure BVI (Hrsg.), Ernst & Sohn Verlag, Berlin, 1985, S. 391-393

[86]   LI, V. C.; LIANG, E.: Fracture processes in concrete and fiber reinforced cementitous composites. In: Journal of Engineering Mechanics 112 (1986), Nr. 6, S. 566-586

[87]   LILLIU, G.; VAN MIER, J. G. M.: Analysis of crack growth in the Brazilian test. In: Construction materials: theory and application. H. W. Reinhardt 60th birthday commemorative volume, R. Eligehausen (Hrsg.), Ibidem Verlag, Stuttgart, 1999, S. 123–137

[88]   LILLIU, G.; VAN MIER, J. G. M.: 3D lattice type fracture model for concrete. In: Engineering Fracture Mechanics 70 (2003), S. 927–941

[89]   LIN, Z.; WOOD, L.: Concrete uniaxial tensile strength and cylinder splitting test. In: Journal of Structural Engineering 129 (2003), Nr. 5, S. 692-698

[90]   LÓPEZ, C. M.; CAROL, I.; AGUADO, A.: Meso-structural study of concrete fracture using interface elements. I: numerical model and tensile behavior. In: Materials and Structures 41 (2008), Nr. 3, S. 583-599

[91]   LÓPEZ, C. M.; CAROL, I.; AGUADO, A.: Meso-structural study of concrete fracture using interface elements. II: compression, biaxial and Brazilian test. In: Materials and Structures 41 (2008), Nr. 3, S. 601-620

[92]   MATTHÄUS, W.-G.: Statistische Tests mit Excel leicht erklärt. Beurteilende Statistik für jedermann. B.G. Teubner Verlag, Wiesbaden, 2007

[93]   MCHENRY, D.; KARNI, J.: Strength of concrete under combined tensile and compressive stress. In: Journal of the American Concrete Institute 29 (1958), Nr. 10, Proceedings 54 (1958), S. 829-839

[94]   MECHTCHERINE, V.: Bruchmechanische und fraktologische Untersuchungen zur Rissausbreitung in Beton. Universität Karlsruhe (TH), Institut für Massivbau und Baustofftechnologie, Diss. 2000

[95]   MICHELL, J. H.: Elementary distributions of plane stress. In: Proceedings of the London Mathematical Society 23 (1900), S. 35-61

[96]   MITCHELL, N. B.: The indirect tension test for concrete. In: Journal of Materials Research and Standards (1961), Nr. Oct., S. 780-788

[97]   MOËS, N.; DOLBOW, J.; BELYTSCHKO, T.: A finite element method for crack growth without remeshing. In: International Journal for Numerical Methods in Engineering 46 (1999), S. 131-150

[98]   MÜLLER, H. S.; HILSDORF, H. K.: Constitutive relations for structural concrete. In: Selected justification notes, Comité Euro-international du Béton (CEB) (Hrsg.), Bulletin D'Information (1993), Nr. 217, S. 17-65

[99]   MÜLLER, H. S.; MALÁRICS, V.: Ermittlung der Betonzugfestigkeit aus dem Spaltzugversuch bei festen und hochfesten Betonen. Schlussbericht zum DBV 244 Forschungsvorhaben, Auftraggeber: Deutscher Beton- und Bautechnik-Verein e. V., Berlin, gefördert durch das BMWA über die AiF, Nr. 13619 N, Institut für Massivbau und Baustofftechnologie, Universität Karlsruhe, Karlsruhe, 2005

[100]   MÜLLER, H. S.; REINHARDT, H.-W.: Beton. In: Betonkalender 2009, Ernst & Sohn Verlag, Berlin, 2009, S. 1-149

[101]   NARROW, I.; ULLBERG, E.: Correlation between tensile splitting strength and flexural strength of concrete. In: Journal of the American Concrete Institute 60 (1963), Nr. 1, S. 27-38

[102]   NGO, D.; SCORDELIS, A.: Finite element analysis of reinforced concrete beams. In: Journal of the American Concrete Institute 64 (1967), Nr. 3, S. 152-163

[103]   NIELSEN, M. P.: Limit analysis and concrete plasticity. 2. Aufl. CRC Press, USA, 1998

[104]   NILSON, A. H.: Nonlinear analysis of reinforced concrete by the finite element method. Finite element analysis of reinforced concrete beams. In: Journal of the American Concrete Institute 65 (1968), Nr. 9, S. 757-766

[105]   NILSSON, S.: The tensile strength of concrete determined by splitting tests on cubes. In: Bulletin RILEM, New series 11 (1961), S. 121-125

[106]   NIWA, J.; MAEKAWA, K.; OKAMURA, H.: Non-linear finite element analysis of deep beams. In: Advanced Mechanics of Reinforced Concrete, IABSE Reports 34, Delft University Press, Delft, 1981, S. 625-638

[107]   OLESEN, J. F.: Fictitious crack propagation in fiber-reinforced concrete beams. In: Journal of Engineering Mechanics 127 (2001), Nr. 3, S. 272-280

[108]   OLESEN, J. F.; ØSTERGAARD, L.; STANG, H.: Nonlinear fracture mechanics and plasticity of the split cylinder test. In: Materials and Structures 39 (2006), Nr. 4, S. 421-432

[109]   OLSEN, N. H.: The strength of overlapped deformed tensile reinforcement splices in high strength concrete. In: Schriftenreihe der Afdelingen for Baerende Konstruktioner, Danmarks Tekniske Højskole, Heft 234, Lyngby, 1990

[110]   OLUOKUN, F. A.; BURDETTE, E. G.; DEATHERAGE, J. H.: Splitting tensile strength and compressive strength relationship at early ages. In: ACI Materials Journal 88 (1991), Nr. 2, S. 115-121

[111]   ØSTERGAARD, L.: Early-age fracture mechanics and cracking of concrete. Technical University of Denmark, Department of Civil Engineering, Diss. 2003

[112]   PEREYRA, M. N.: Querdehnung von Selbstverdichtendem Beton. Technische Universität München. Diss. 2007

[113]   PETERSSON, P. E.: Fracture energy of concrete: method of determination. In: Cement and Cocnrete Research 10 (1980), S. 78-89

[114] PETROSKI, H. J.; OJDROVIC, R. P.: The concrete cylinder: stress analysis and failure modes. In: International Journal of Fracture 34 (1987), S. 263-279

[115] PITANGUEIRA, R. L.; E SILVA, R. R.: Numerical characterization of concrete heterogeneity. In: Materials Research 5 (2002), Nr. 3, S. 309-314

[116] RAMESH, C. K.; CHOPRA, S. K.: Determination of tensile strength of concrete and mortar by the split test. In: The Indian Concrete Journal 34 (1960), Nr. 9, S. 354-357

[117] RAPHAEL, J. M.: Tensile strength of concrete. In: ACI Journal Proceedings 81 (1984), Nr. 2, S. 158-165

[118] RASHID, Y. R.: Ultimate strength analysis of prestressed concrete pressure vessels. In: Nuclear Engineering and Design 7 (1968), S. 334-344

[119] REINHARDT, H.-W.: Betontechnologie – ökologisch aktuell. In: Betonwerk + Fertigteil-Technik (1992), Nr. 2, S. 61-67

[120] REMMEL, G.: Zum Zug- und Schubtragverhalten von Bauteilen aus hochfestem Beton. In: Schriftenreihe des DAfStb, Heft 444, Beuth Verlag, Berlin, 1994

[121] RILEM RECOMMENDATION CPC 7.: Direkt Tension. 1975

[122] RINDER, T.: Hochfester Beton unter Dauerzuglast. In: Schriftenreihe des DAfStb, Heft 544, Beuth Verlag, Berlin, 2003

[123] ROCCO, C.; GUINEA, G. V.; PLANAS, J.; ELICES, M.: Size effect and boundary conditions in the Brazilian test: Experimental verification. In: Materials and Structures 32 (1999), S. 210-217

[124] ROCCO, C.; GUINEA, G. V.; PLANAS, J.; ELICES, M.: Size effect and boundary conditions in the Brazilian test: theoretical analysis. In: Materials and Structures 32 (1999), S. 437-444

[125] ROCCO, C.; GUINEA, G. V.; PLANAS, J.; ELICES, M.: Mechanisms of rupture in splitting tests. In: ACI Materials Journal 96 (1999), Nr. 1, S. 52-60

[126] ROCCO, C.; GUINEA, G. V.; PLANAS, J.; ELICES, M.: Review of the splitting-test standards from a fracture mechanics point of view. In: Cement and Cocnrete Research 31 (2001), S. 73-82

[127] ROELFSTRA, P. E.; SADOUKI, H.; WITTMANN, F. H.: Le béton numérique. In: Materials and Structures 18 (1985), Nr. 107, S. 327-335

[128] ROGGE, A.: Materialverhalten von Beton unter mehrachsiger Beanspruchung. Technische Universität Münschen, Lehrstuhl für Massivbau, Diss. 2003

[129] ROTS, J. G.: Computational modeling of concrete fracture. Delft University of Technology, Diss. 1988

[130] ROTS, J. G.; BLAAUWENDRAAD, J.: Crack models for concrete: Discrete or smeared? Fixed, multi-directional or rotating? In: HERON 34 (1989), Nr. 1

[131] RUIZ, G.; ORTIZ, M.; PANDOLFI, A.: Three-dimensional finite-element simulation of the dynamic Brazilian tests on concrete cylinders. In: International Journal for Numerical Methods in Engineering 48 (2000), S. 963-994

[132] RÜSCH, H.; HILSDORF, H.: Verformungseigenschaften von Beton unter zentrischen Zugspannungen. In: Schriftenreihe des Materialprüfungsamts für das Bauwesen, Bericht 44, Technische Hochschule München, 1963

[133]   SAOURIDIS, CH.; MAZARS, J.: A multiscale approach to distributed damage and its usefulness for capturing structural size effect. In: Cracking and damage. Strain localization and size effect, J. Mazars, Z. P. Bažant (Hrsg.), Elsevier Science Publishers LTD, London, New York, 1989, S. 391-403

[134]   SATOH, Y.: Position and load of failure in Brazilian test; A numerical analysis by Griffith criterion. In: Journal of the Society of Materials Science, Japan 36 (1987), S. 1219-1224

[135]   SCHIEßL, P.: Grundlagen der Neuregelung zur Beschränkung der Rißbreite. In: Schriftenreihe des DAfStb, Heft 400, Beuth Verlag, Berlin, 1989

[136]   SCHLANGEN, E.: Experimental and numerical analysis of fracture processes in concrete. Delft University of Technology, Diss. 1993

[137]   SELL, R.: Einfluß der Zwischenlage auf die Streuung und Größe der Spaltzugfestigkeit von Beton. In: Schriftenreihe des DAfStb, Heft 155, Beuth Verlag, Berlin, 1963

[138]   SEN, B. R.; DESAYI, P.: Determination of the tensile strength of concrete by splitting a cube along its diagonal plane. In: The Indian Concrete Journal 36 (1962), Nr. 7, S. 249-252

[139]   SPECK, K.: Beton unter mehraxialer Beanspruchung. Technische Universität Dresden, Institut für Massivbau, Diss. 2008

[140]   SPOONER, D. C.: Measurement of the tensile strength of concrete by an indirect method – the cylinder splitting test. In: Cement and Concrete Association, Technical report 42 (1969), Nr. 419, S. 1-8

[141]   STANKOWSKI, T: Numerical simulation of progressive failure in particle composites. University of Colorado at Boulder, Department of Civil, Environmental and Architectural Engineering, Diss. 1990

[142]   TANG, T.: Effects of load-distributed width on split tension of unnotched and notched cylindrical specimens. In: Journal of Testing and Evaluation 22 (1994), S. 401-409

[143]   TEDESCO, J. W.; ROSS, C. A.; KUENNEN, S. T.: Experimental and numerical analysis of high strain rate splitting tensile tests. In: ACI Materials Journal 90 (1993), Nr. 2, S. 162-169

[144]   THAULOW, S.: Tensile splitting test and high strength concrete test cylinders. In: ACI Journal 28 (1957), Nr. 7, Proceedings 53, S. 699-706

[145]   TIMOSHENKO, S.; GOODIER, J. N.: Theory of elasticity. McGraw-Hill Book Company, New York, 1951

[146]   TORRENT, R. J.: A general relation between tensile strength and specimen geometry for concrete-like materials. In: Materials and Structures 10 (1977), Nr. 58, S. 187-196

[147]   TORRENT, R. J.; BROOKS, J. J.: Application of the highly stressed volume approach to correlated results from different tensile tests of concrete. In: Magazine of Concrete Research 37 (1985), Nr. 132, S. 175-184

[148]   VAN MIER, J. G. M.; VERVUURT, A.: Numerical analysis of interface fracture in concrete using a lattice-type fracture model. In: International Journal of Damage Mechanics 6 (1997), Nr. 4, S. 408-432

[149]   VEREIN DEUTSCHER ZEMENTWERKE: 1999-2001 Tätigkeitsbericht. Bau + Technik V Verlag, Düsseldorf, 2001

[150] VERVUURT, A.: Interface Fracture in Concrete. Delft University of Technology, Diss. 1997

[151] VOELLMY, A.: Festigkeitskontrolle von Betonbelägen. In: Betonstrassen Jahrbuch, Band 3, Fachverband Zement Köln, 1957/58

[152] VONK, R. A.: Softening of concrete loaded in compression. Technische Universiteit Eindhoven, Diss. 1992

[153] WALKER, S.; BLOEM, D. L.: Effects of aggregate size on properties of concrete. In: Journal of the American Concrete Institute 32 (1960), Nr. 3, Proceedings 57 (1960/61), S. 283-298

[154] WILLAM, K.; STANKOWSKI, T.; RUNESSON, K.; STURE, S.: Simulation issues of distributed and localized failure computations. In: Cracking and damage. Strain localization and size effect, J. Mazars, Z. P. Bažant (Hrsg.), Elsevier Science Publishers LTD, London, New York, 1989, S. 363-378

[155] WITTMANN, F. H.: Structure of concrete with respect to crack formation. In: Fracture Mechanics of Concrete, F. H. Wittmann (Hrsg.), Elsevier Science Publisher B. V., Amsterdam, 1983, S. 43-74

[156] WRIGHT, P. J. F.: Comments on an indirect tensile test on concrete cylinders. In: Magazine of Concrete Research 7 (1955), S. 87-96

[157] WÜNSCHEL, S.: Numerische Untersuchungen zum Einfluss der Querkontraktionszahl auf das Spaltzugverhalten von Betonen unterschiedlicher Festigkeitsklassen. Universität Karlsruhe (TH), Institut für Massivbau und Baustofftechnologie, Diplomarbeit 2008

[158] YANG, S.; TANG, T.; ZOLLINGER, D. G.; GURJAR, A.: Splitting tension tests to determine concrete fracture parameters by peak-load method. In: Advanced Cement Based Materials 5 (1997), Nr. 1, S. 18-28

[159] YOSHIDA, H.: Über das elastische Verhalten von Beton mit besonderer Berücksichtigung der Querdehnung. Verlag von Julius Springer, Berlin, 1930

[160] ZAIN, M. F. M.; MAHMUD, H. B.; ILHAM, A.; FAIZAL, M.: Prediction of splitting tensile strength of high-perfomance concrete. In: Cement and Concrete Research 32 (2002), S. 1251-1258

[161] ZEGLER, C.: Ein neues Verfahren zur Bestimmung der Betonzugfestigkeit. In: Beton- und Stahlbetonbau 51 (1956), Nr. 6, S. 139-140

[162] ZHENG, W.; KWAN, A. K. H.; LEE, P. K. K.: Direct tension test of concrete. In: ACI Materials Journal 98 (2001), Nr. 1, S. 63-71

Normen

ASTM C496/C496M-04ε1   Standard test method for splitting tensile strength of cylindrical concrete specimens. American Society for Testing and Materials, 2004

DAFStb-RiLi „SVB"   Deutscher Ausschuss für Stahlbeton Richtlinie „Selbstverdichtender Beton", Deutscher Ausschuss für Stahlbeton (Hrsg.), Beuth Verlag, Berlin, 2003

DIN 1045   Beton und Stahlbeton. Beuth Verlag, Berlin, 1988

DIN 1045-1   Tragwerke aus Beton, Stahlbeton und Spannbeton – Teil 1: Bemessung und Konstruktion. Beuth Verlag, Berlin, 2008

DIN 1045-2   Tragwerke aus Beton, Stahlbeton und Spannbeton – Teil 2: Beton; Festlegung, Eigenschaften, Herstellung und Konformität. Beuth Verlag, Berlin, 2008

DIN EN 316   Holzfaserplatten, Beuth Verlag GmbH, 1999

DIN EN 12350-5   Prüfung von Frischbeton. Teil 5: Ausbreitmaß. Beuth Verlag, Berlin, 2000

DIN EN 12350-6   Prüfung von Frischbeton. Teil 6: Frischbetonrohdichte. Beuth Verlag, Berlin, 2000

DIN EN 12350-7   Prüfung von Frischbeton. Teil 7: Luftgehalte – Druckverfahren. Beuth Verlag, Berlin, 2000

DIN EN 12390-1   Prüfung von Festbeton.Teil 1: Form, Maße und andere Anforderungen für Probekörper und Formen. Beuth Verlag, Berlin, 2000

DIN EN 12390-2   Prüfung von Festbeton. Teil 2: Herstellung und Lagerung von Probekörpern für Festigkeitsprüfungen. Beuth Verlag, Berlin, 2000

DIN EN 12390-3   Prüfung von Festbeton.Teil 3: Druckfestigkeit von Probekörpern. Beuth Verlag, Berlin, 2002

DIN EN 12390-6   Prüfung von Festbeton. Teil 6: Spaltzugfestigkeit von Probekörpern. (einschließlich Berechtigung 1, 2006:05) Beuth Verlag, Berlin, 2001

JIS A 1113   Method of test for splitting tensile strength of concrete. Japanese Standards Association, 2006

NS 3473   Concrete structures – Design rules. Norwegian Council for Building Standardization, Oslo, 1998

Anhang 1
Anlagen zur Literatursichtung

A1.1 Motivation zur Erfindung des Spaltzugversuchs

CARNEIRO [22] kam infolge einer nicht alltäglichen Problemstellung zur Entdeckung bzw. Entwicklung dieser neuen Versuchsmethode: Eine Barockkirche, die an der Achse einer neu zu bauenden Allee lag, musste verlegt werden. Zur Umsetzung dieser Kirche kamen Transportrollen aus mit Beton gefüllten Gusseisenrohren zum Einsatz. Da während des Zweiten Weltkriegs die Eisenproduktion fast ausschließlich Kriegszwecken diente, konnten die Transportrollen nicht vollständig aus Eisen hergestellt werden. CARNEIRO, der sich seit Ende der 1930er Jahre im Rahmen seiner Tätigkeit am Brasilianischen Nationalinstitut für Technologie (INT) mit Standardfestbetonprüfungen, u. a. mit der Ermittlung der Zugfestigkeit des Betons aus dem Biegezugversuch, befasste, wurde mit der Prüfung dieser Transportrollen beauftragt. Die Rollen wurden liegend in einer Druckprüfmaschine durch Belastung mittels Drucklastverteilungsplatten auf den gegenüberliegenden Mantelflächen geprüft. Dabei stellte CARNEIRO fest, dass das Versagen der Rollen überwiegend infolge eines vertikalen Risses zwischen den Lasteinleitungsplatten eintrat. Diese Beobachtung veranlasste ihn dazu, in der brasilianischen Norm vorgeschriebene Standardzylinder, mit einem Durchmesser von D = 150 mm und einer Länge von L = 300 mm, aus Beton bzw. Mörtel analog zu prüfen (siehe Abbildung 2-1, a), um die Verifizierbarkeit der Spaltzugversuchsmethode zur Ermittlung der Betonzugfestigkeit zu überprüfen.

BARCELLOS [22] setzte die Spaltzugversuche von CARNEIRO fort. Er untersuchte eingehend den Einfluss unterschiedlicher Mischungsrezepturen sowie unterschiedlicher Prüfalter auf die Spaltzug- bzw. Druckfestigkeit. Um über die Versuchsergebnisse statistisch abgesicherte Aussagen treffen zu können, wurden jeweils zwölf Probekörper pro Serie geprüft. Anschließend stellte BARCELLOS die Spaltzugfestigkeit der Druckfestigkeit gegenüber. Das hierdurch erhaltene Verhältnis von Spaltzug- zu Druckfestigkeit zeigte äußerst geringe Streuungen. Aus seinen experimentellen Ergebnissen folgerte er, dass keiner der untersuchten Faktoren (unterschiedliche Durchmesser, Wasserzementwert, Prüfalter sowie Mischungszusammensetzung) einen Einfluss auf die Beziehung von Spaltzug- zu Druckfestigkeit hat.

Auch die Problemstellung von AKAZAWA [3] ergab sich aus dem durch den Zweiten Weltkrieg bedingten Stahlmangel. Betonkonstruktionen wurden daher möglichst ohne Bewehrung ausgeführt. Die Bemessung solcher Bauwerke erforderte allerdings exakte Kenntnisse über das Zug- bzw. Biegezugverhalten des unbewehrten Betons. Die damals verwendeten Prüfmethoden zur Untersuchung des Zugtragverhaltens von Beton waren jedoch nicht standardisiert und mit einer Reihe versuchstechnischer Probleme verbunden. Daher setzte sich AKAZAWA das Ziel, eine Prüfmethode zur Ermittlung der Zugfestigkeit des Betons mit Hilfe eines einfachen Versuchsaufbaus in einer Druckprüfmaschine zu entwickeln.

A1.2 Ergänzungen zum Abschnitt: Belastung durch eine Einzellast

FROCHT [44] gibt eine ausführliche Herleitung der Spannungsfunktionen im Spaltzugversuch wieder. Nach seiner analytischen Arbeit treten in einem beliebigen Element A einer Kreisscheibe (siehe Abbildung 2-2) folgende Spannungen, im kartesischen Koordinatensystem betrachtet, nach den Gleichungen A1-1 bis A1-3 auf.

$$\sigma_x = -\frac{2P}{\pi L}\left[\frac{\cos\varphi_1\sin^2\varphi_1}{r_1} + \frac{\cos\varphi_2\sin^2\varphi_2}{r_2} - \frac{1}{D}\right] \tag{A1-1}$$

$$\sigma_y = -\frac{2P}{\pi L}\left[\frac{\cos^3\varphi_1}{r_1} + \frac{\cos^3\varphi_2}{r_2} - \frac{1}{D}\right] \tag{A1-2}$$

$$\tau_{xy} = \frac{2P}{\pi L}\left[\frac{\cos^2\varphi_1\sin\varphi_1}{r_1} - \frac{\cos^2\varphi_2\sin\varphi_2}{r_2}\right] \tag{A1-3}$$

Hierin sind P die Last, r_1 bzw. r_2 die Entfernungen des Elements von den Lastangriffspunkten, L die Dicke und D der Durchmesser der Kreisscheibe (vgl. Abbildung 2-2). Da in der X-Y-Ebene um den Mittelpunkt des Zylinders eine symmetrische Spannungsverteilung vorliegt, können die oben genannten Beziehungen unabhängig vom Winkel φ_i, mit $i = 1$ und 2, angegeben werden [145]. Bezeichnet man x_A als die horizontale Entfernung des Elements A von der vertikalen Symmetrieachse und y_A als vertikale Entfernung von der horizontalen Symmetrieachse, so geben die Gleichungen A1-4 und A1-5 r_1 bzw. r_2 wie folgt an.

$$r_1^2 = x^2 + (R - y)^2 \tag{A1-4}$$

$$r_2^2 = x^2 + (R + y)^2 \tag{A1-5}$$

Werden in die Gleichungen A1-1 bis A1-3 die Winkel φ_1 bzw. φ_2 gemäß den Gleichungen A1-6 und A1-7 eingesetzt, ergeben sich die Beziehungen nach den Gleichungen A1-8 bis A1-10 [44].

$$\sin\varphi_1 = \frac{x}{r_1}, \ \cos\varphi_1 = \frac{R - y}{r_1} \tag{A1-6}$$

$$\sin\varphi_2 = \frac{x}{r_2}, \ \cos\varphi_2 = \frac{R+y}{r_2} \tag{A1-7}$$

$$\sigma_x = -\frac{2P}{\pi L}\left[\frac{(R-y)x^2}{r_1^4} + \frac{(R+y)x^2}{r_2^4} - \frac{1}{D}\right] \tag{A1-8}$$

$$\sigma_y = -\frac{2P}{\pi L}\left[\frac{(R-y)^3}{r_1^4} + \frac{(R+y)^3}{r_2^4} - \frac{1}{D}\right] \tag{A1-9}$$

$$\tau_{xy} = \frac{2P}{\pi L}\left[\frac{(R-y)^2 x}{r_1^4} - \frac{(R+y)^2 x}{r_2^4}\right] \tag{A1-10}$$

Danach gelten für alle Punkte auf der horizontalen Achse (y = 0) die Gleichungen A1-11 bis A1-13 [44].

$$\sigma_x = \frac{2P}{\pi LD}\left[\frac{D^2 - 4x^2}{D^2 + 4x^2}\right]^2 \tag{A1-11}$$

$$\sigma_y = -\frac{2P}{\pi LD}\left[\frac{4D^4}{(D^2 + 4x^2)^2} - 1\right] \tag{A1-12}$$

$$\tau_{xy} = 0 \tag{A1-13}$$

Aus Gründen der Übersichtlichkeit werden in der vorliegenden Arbeit die Formfunktionen c_{hx} und c_{hy} eingeführt. Mit Hilfe dieser Formfunktionen nach Gleichungen A1-14 und A1-15 lassen sich die oben genannten horizontalen (σ_x) und vertikalen (σ_y) Spannungen unmittelbar berechnen (siehe Gleichungen A1-16 und A1-17).

$$c_{hx} = \left[\frac{(D^2 - 4x^2)}{(D^2 + 4x^2)}\right]^2 \tag{A1-14}$$

$$c_{hy} = -\left[\frac{4D^4}{(D^2 + 4x^2)^2} - 1\right] \tag{A1-15}$$

$$\sigma_x = \frac{2P}{\pi LD}c_{hx} \tag{A1-16}$$

$$\sigma_y = \frac{2P}{\pi LD}c_{hy} \tag{A1-17}$$

A1.3 Ergänzungen zum Abschnitt:
Belastung durch eine Linienlast

Nach AWAJI und SATO [6] tritt im Mittelpunkt des Probekörpers infolge einer Belastung P, wie in Abbildung 2-6, a dargestellt, eine horizontale Spannung nach Gleichung A1-18, mit P = pb, auf.

$$\sigma_x = \frac{2P}{\pi LD}\left[1 - 1{,}15\left(\frac{b}{D}\right)^2 + 0{,}22\left(\frac{b}{D}\right)^3\right] \tag{A1-18}$$

Nach HONDROS [67] (vgl. Abbildung 2-6, b) ergibt sich auf der vertikalen Symmetrieachse folgende horizontale Spannungsfunktion σ_x nach Gleichung A1-19, mit P = pb.

$$\sigma_x = \frac{2P}{\pi}\left[\frac{\left(1 - \frac{r^2}{R^2}\right)\sin 2\alpha}{1 - 2\frac{r^2}{R^2}\cos 2\alpha + \frac{r^4}{R^4}} - \tan^{-1}\frac{1 + \frac{r^2}{R^2}}{1 - \frac{r^2}{R^2}}\tan\alpha\right] \tag{A1-19}$$

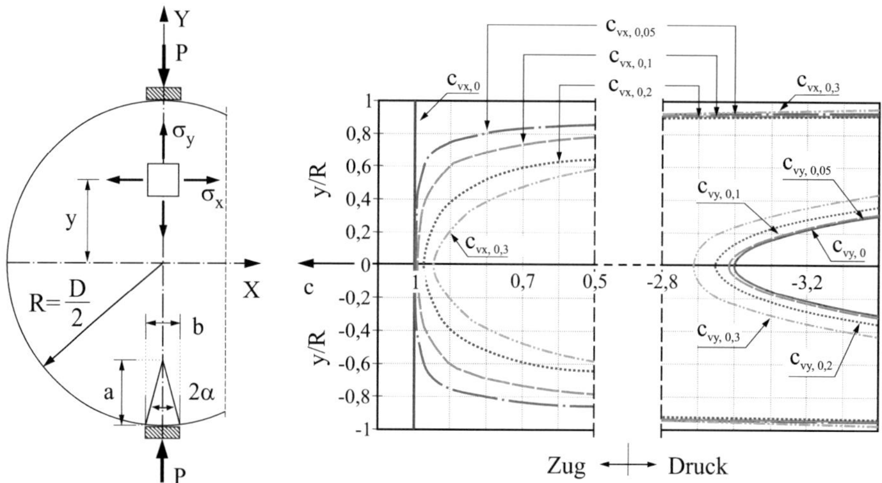

Abb. A1-1: Vergrößerte Darstellung der Verteilungen der Formfunktionen $c_{vx,i}$ und $c_{vy,i}$, mit i = b/D = 0; 0,05; 0,1; 0,2 und 0,3 in der Lastebene der durch diametral auf Druck beanspruchten Kreisscheibe

A1.4 Berechnungsansätze zur Ermittlung der Spaltzugfestigkeit an prismatischen Probekörpern

Die Anordnungsmöglichkeiten zur Prüfung prismatischer Probekörper im Spaltzugversuch veranschaulicht Abbildung A1-2.

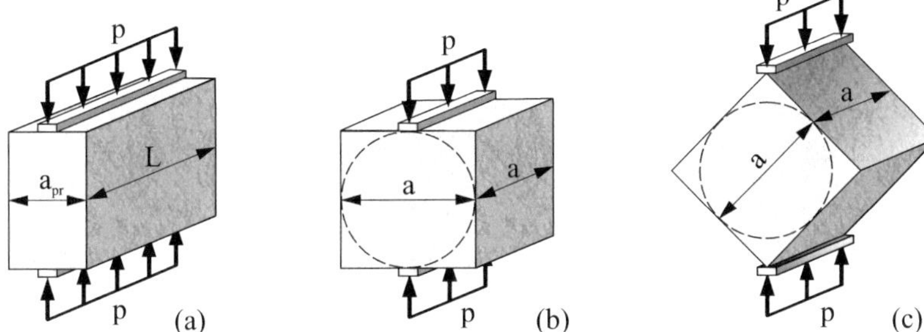

Abb. A1-2: Anordnungsmöglichkeiten zur Prüfung prismatischer Probekörper im Spaltzugversuch; (a) für normal anliegende Prismen, (b) für normal anliegende Würfel und (c) für diagonal auf den Kanten eingebaute Würfel

Die Spaltzugfestigkeit $f_{ct,sp}$ an prismatischen Probekörpern kann für normal aufliegend eingesetzte Würfel (siehe Abbildung A1-2, b) gemäß Gleichung A1-20 berechnet werden [105, 138].

$$f_{ct,sp,cube,normal} = \frac{2P_{max}}{\pi a^2} = 0{,}64\,\frac{P_{max}}{a^2} \tag{A1-20}$$

Für Prismen gleicher Versuchsanordnung (siehe Abbildung A1-2, a) gilt hingegen Gleichung A1-21.

$$f_{ct,sp,pr,normal} = \frac{2P_{max}}{\pi a_{pr}L} = 0{,}64\,\frac{P_{max}}{a_{pr}L} \tag{A1-21}$$

Werden die Würfel diagonal in die Prüfmaschine eingesetzt (siehe Abbildung A1-2, c), so ist Gleichung A1-22 zur Ermittlung der Spaltzugfestigkeit zu verwenden.

$$f_{ct,sp,cube,diagonal} = 0{,}52\,\frac{P_{max}}{a^2} \tag{A1-22}$$

Hierbei sind a die Kantenlänge und P mit P = pa bzw. P = pL die gemessene Höchstlast.

A1.5 Ergänzungen zum Abschnitt: Modelle zur Beschreibung der Abhängigkeit des Betontragverhaltens von der Probekörpergröße im Spaltzugversuch

In der Bruchprozesszone eines Betonprobekörpers (siehe Abbildung A1-3) können über die Rissflanken weiterhin Spannungen übertragen werden. Die Größe der Bruchprozesszone hängt vom Größtkorn sowie von der Sprödigkeit des Betons ab.

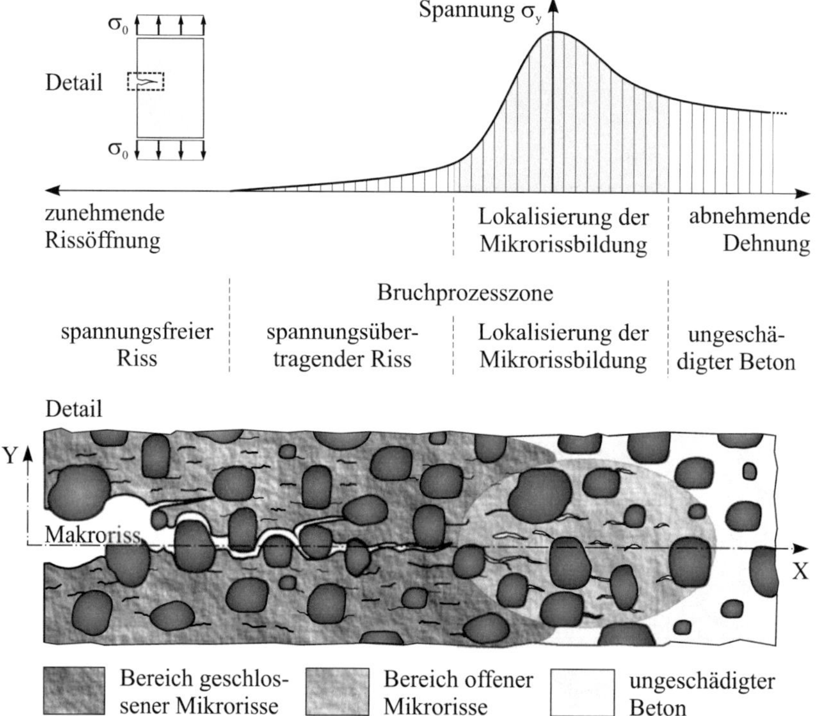

Abb. A1-3: Spannungsübertragung über einen Riss in einem Bauteil aus Beton und schematische Darstellung der Spannungen σ_y entlang der X-Achse in Anlehnung an [10, 94]

Das Two Parameter Model von JENQ und SHAH [75, 77] und das Size Effect Law (SEL) von BAŽANT et al. [11, 12] gehören zu den wichtigsten Ansätzen der so genannten Modelle des äquivalenten elastischen Risses. Diese Konzepte basieren auf der Grundlage der LEBM und gehen von der Annahme aus, dass in einem Bauteil ein Riss mit einer Länge von a_0 bereits vor der Belastung vorhanden ist (siehe Abbildung A1-4). Wird das Bauteil einer einaxialen Zugbeanspruchung unterworfen, breitet sich der Anriss noch vor dem Erreichen der Höchstlast stabil und langsam aus. Erst, wenn der Riss eine kritische Länge von a_c erreicht, tritt instabiles Risswachstum ein. Durch die

Einführung von mindestens einem zusätzlichen Materialparameter kann die kritische Risslänge a_c ermittelt und können damit die jeweiligen Versagenskriterien aufgestellt werden.

Gemäß dem **Two Parameter Model** von JENQ und SHAH [75, 76, 77] kann die kritische Risslänge a_c mit Hilfe von zwei Parametern, der kritischen Rissöffnungsverschiebung (CTOD$_c$ = Critical Crack Tip Opening Displacement, vgl. Abbildung A1-4) bzw. mit dem kritischen Spannungsintensitätsfaktor K_{Ic}^S berechnet werden, wobei die Bezeichnung K_{Ic}^S zur Unterscheidung vom klassischen Spannungsintensitätsfaktor K_{Ic} nach der Irwin-Theorie dient. Beide Parameter können experimentell, z. B. durch Biegezugversuche an gekerbten Balken, bestimmt werden. Des Weiteren ergaben experimentelle Untersuchungen, dass diese Parameter weder von der Probekörpergröße noch von der Geometrie abhängen, so dass diese als Materialkennwerte angesehen werden können.

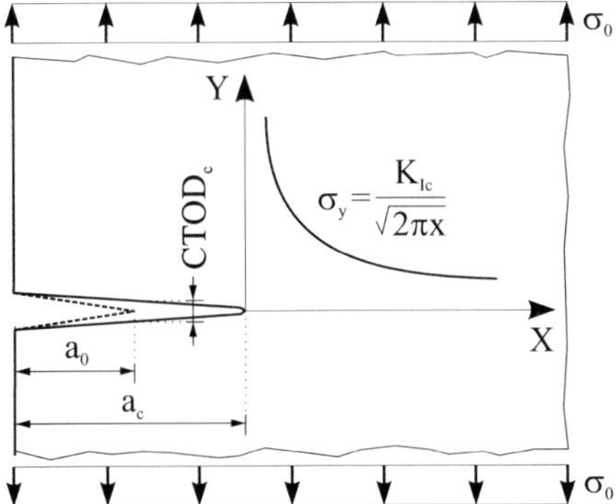

Abb. A1-4: Rissspitzenfeld in einem linear elastischen Material bei einaxialer Zugbeanspruchung (Rissöffnungsverschiebung (CTOD$_c$) und kritischer Rissintensitätsfaktor K_{Ic}) in den Modellen des äquivalent elastischen Risses

Abbildung A1-5 veranschaulicht die Vorhersage der Spaltzugfestigkeit nach dem Two Parameter Model. Danach strebt die Spaltzugfestigkeit mit steigender Probekörpergröße einen Endwert von $(4K_{Ic}^S)/(\pi\sqrt{Q})$ an. Der Parameter Q wurde hierbei zur Beschreibung der Sprödigkeit eines Werkstoffs eingeführt und kann wie folgt berechnet werden (siehe Gleichung A1-23).

$$Q = \left(\frac{E \cdot CTOD_c}{K_{Ic}^S} \right)^2 \tag{A1-23}$$

Hierin beschreibt E den Elastizitätsmodul des Betons. Mit zunehmender Sprödigkeit nimmt der Wert des Parameters Q ab [76]. Für eine kleine Probekörpergeometrie liefert die analytische Vorhersage im Vergleich zur experimentell ermittelten Spaltzugfestigkeit geringere Werte.

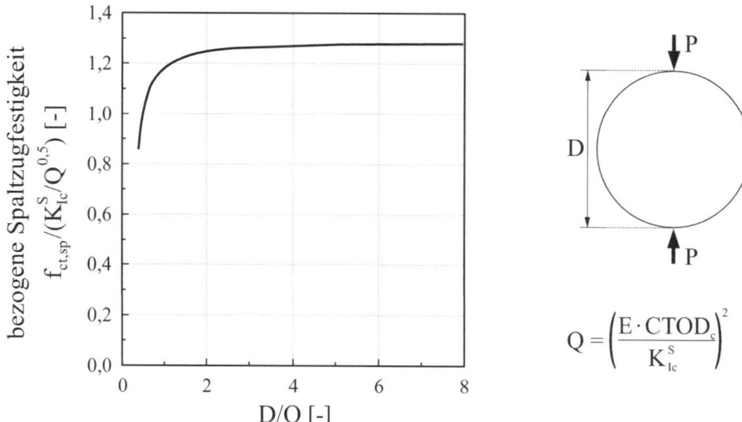

Abb. A1-5: Vorhersage der Spaltzugfestigkeit nach dem Two Parameter Model [77]

Nach dem **Size Effect Law** (SEL) von BAŽANT et al. [11, 12] kann die maximale Lastaufnahmefähigkeit in Abhängigkeit der Probekörpergröße für kleine Betonprobekörper nach dem konventionellen Versagenskriterium gemäß der Festigkeitslehre und für sehr große Betonbauteile nach dem Versagenskriterium der LEBM bestimmt werden.

Für die dazwischenliegenden Probekörpergrößen kann die folgende Beziehung nach Gleichung A1-24 verwendet werden.

$$\sigma_N = \frac{B \cdot f_{ct}}{\sqrt{1 + \dfrac{d}{\lambda_0 \cdot d_{max}}}} \qquad\qquad \text{(A1-24)}$$

Hierbei beschreiben σ_N die nominale Festigkeit (kritische Spannung), f_{ct} die Zugfestigkeit des Betons, B und λ_0 empirische Konstanten, d die so genannte maßgebende Probekörpergröße sowie d_{max} die maximale Korngröße. Wie in Abbildung A1-6 dargestellt, kann ein unendlich großer Probekörper nach dem SEL keine Zugfestigkeit aufweisen. Dies steht im Widerspruch zu experimentellen Untersuchungen, in denen ungekerbte sehr große Bauteile eine geringe Belastbarkeit zeigten.

Zur Herleitung des SEL ging BAŽANT von geometrisch ähnlichen Probekörpern mit einem bereits vorhandenen Riss bzw. mit einer Kerbe der Länge a_0 aus. Die Länge dieses Risses wurde dabei proportional zur Probekörpergröße angenommen ($a_0/$ d = konstant). Die Verwendung des SEL im Falle ungekerbter Probekörper ist nur bedingt möglich, da in einem heterogenen Werkstoff wie z. B. Beton die Risslänge a_0, die zur Rissausbreitung führt, als von der Probekörpergröße unabhängig anzusehen ist.

Um den unterschiedlichen Einfluss der Risslänge a_0 bei ungekerbten Probekörpern mit zu berücksichtigen, gaben KIM und EO [81] in Gleichung A1-24 die empirische Konstante λ_0 als eine Funktion von a_0/d an (siehe Gleichung A1-25).

$$\sigma_N = \frac{B \cdot f_{ct}}{\sqrt{1 + \dfrac{d}{f\left[\dfrac{a_0}{d}\right] \cdot d_{max}}}} \tag{A1-25}$$

Durch die Einführung dieser monoton abnehmenden Funktion f(a_0/d) konnten mit zunehmender Probekörpergröße steigende λ_0-Werte erreicht werden, wodurch eine schwächere Abnahme der nominalen Festigkeit erzielt wurde.

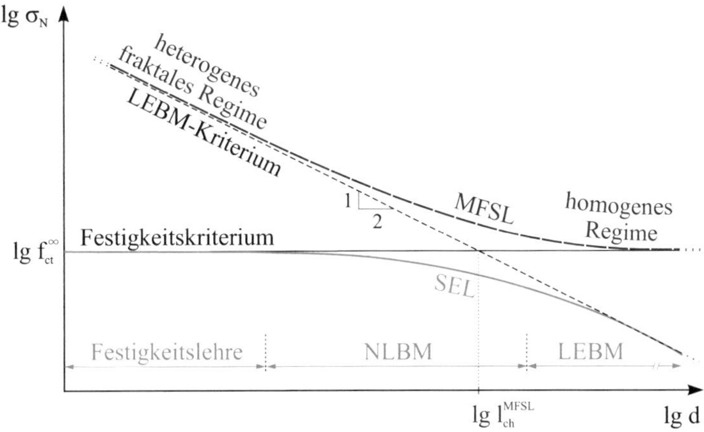

Abb. A1-6: Einfluss der Größe des Betonprobekörpers auf die nominale Festigkeit σ_N nach dem Size Effect Law (SEL) bzw. nach dem Multifractal Scaling Law (MFSL) unter einaxialer Zugbeanspruchung, in Anlehnung an [10, 24, 94]

Leider ist eine exakte Herleitung der Funktion f(a_0/d) schwierig, da die Erfassung der Risslänge zum Zeitpunkt des Versagens mit messtechnischen Problemen verbunden ist. Daher wurde das folgende empirisch modifizierte Size Effect Law von KIM und EO [81] und BAŽANT et al. [12] nach Gleichung A1-26 vorgeschlagen.

$$\sigma_N = \frac{B \cdot f_{ct}}{\sqrt{1 + \dfrac{d}{\lambda_0 \cdot d_{max}}}} + \sigma_{si} \tag{A1-26}$$

Hierbei steht σ_{si} für die von der Probekörpergröße unabhängige Festigkeit. Dieser Ansatz liefert im Vergleich zu Gleichung A1-25 nur geringfügig unterschiedliche Trendlinien [81]. BAŽANT et al. [12] gelang mit Hilfe der Gleichung A1-26 eine bessere Anpassung der Trendlinie an die experimentellen Ergebnisse der Spaltzugversuche und somit eine genauere Vorhersage.

Das **Multifractal Scaling Law** (MFSL) von Carpinteri et al. [23, 24] ermöglicht ähnlich zum SEL nach BAŽANT et al. eine Abschätzung der maximalen Belastbarkeit eines

Bauteils aus Beton in Abhängigkeit der Bauteilgröße. Nach dem MFSL kann der Grad der Heterogenität eines Bauteils aus Beton auf den unterschiedlichen Betrachtungsebenen [155] – Mikroebene: Zementsteinmatrix, Gesteinskörnung sowie Kontaktzone werden separat betrachtet; Mesoebene: große Poren, Risse werden mitberücksichtigt; Makroebene: makroskopische Betrachtungsweise (vgl. Abschnitt 2.4.2) der Werkstoffeigenschaften – mit Hilfe der Ansätze der fraktalen Geometrie beschrieben werden. Im Gegensatz zum SEL spielt hierbei rein physikalisch betrachtet die Festigkeitslehre im homogenen Regime eine Rolle, da ein großes Bauteil mit einer heterogenen Mikrostruktur aufgrund seiner Abmessungen auf der Makroebene als homogene Struktur betrachtet werden kann (siehe Abbildung A1-6 und Abbildung A1-7). Dabei nähert sich das MFSL asymptotisch dem LEBM-Kriterium im fraktalen Regime an, wo die Heterogenität des Werkstoffs bezogen auf seine Größe an Bedeutung gewinnt. Das MFSL kann wie folgt nach Gleichung A1-27 angegeben werden.

$$\sigma_N = f_{ct}^\infty \cdot \sqrt{1 + \frac{l_{ch}^{MFSL}}{d}} \qquad\qquad \textbf{(A1-27)}$$

Hierbei beschreiben f_{ct}^∞ die Zugfestigkeit eines unendlich großen Probekörpers, d die maßgebende Abmessung des Probekörpers und l_{ch}^{MFSL} die mikrostrukturabhängige charakteristische Länge, die die Sprödigkeit des Werkstoffs widerspiegelt.

Wie in Abbildung A1-7 veranschaulicht wird, stellt das MFSL im Vergleich zum SEL eine bessere Vorhersage zur Abschätzung der Spaltzugfestigkeit in Abhängigkeit des Probekörperdurchmessers dar.

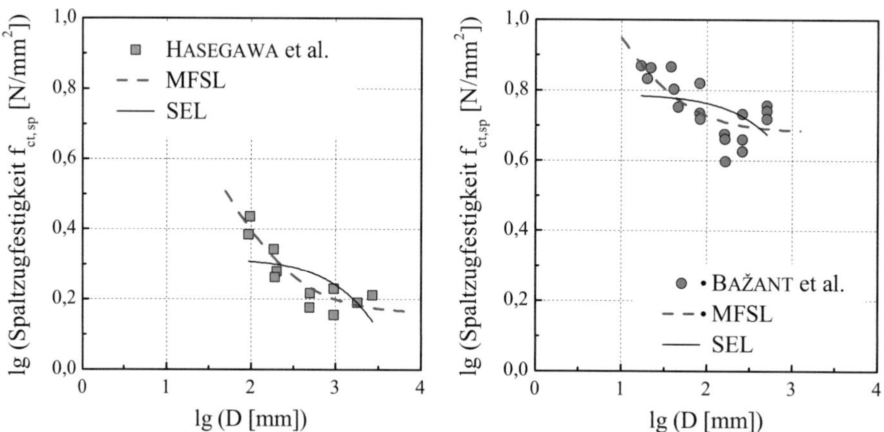

Abb. A1-7: Abhängigkeit der Spaltzugfestigkeit von der Probekörpergröße nach dem Size Effect Law (SEL) bzw. nach dem Multifractal Scaling Law (MFSL) angewandt auf die Messwerte von HASEGAWA et al. [59] (links) sowie BAŽANT et al. [23] (rechts)

Der **Highly Stressed Volume** (HSV) Ansatz von TORRENT und BROOKS [147] basiert auf dem Materialverhalten des Betons bzw. betonähnlicher Werkstoffe, wonach ein Versagen des Materials infolge spröden Materialverhaltens bei Zugbeanspruchung eintritt. Das HSV ist demnach als das Volumen definiert, in dem mindestens 95 % der im Material vorherrschenden maximalen Zugspannungen auftreten. Im Falle des Spaltzugversuchs wird das HSV als 6 % des Gesamtvolumens des Probekörpers nach Gleichung A1-28 angesetzt [146].

$$HSV = 0{,}0475 \cdot D^2 L \qquad\qquad\qquad \textbf{(A1-28)}$$

Hierbei stehen D für den Durchmesser und L für die Länge des Probekörpers. Mit zunehmender Probekörpergröße steigt nach der Weibull-Theorie die Wahrscheinlichkeit des Auftretens eines schwachen Elements, was zum vorzeitigen Versagen und somit zu einer geringeren Festigkeit führt. Dies spiegelt sich auch im HSV-Ansatz nach Gleichung A1-29 wider.

$$f_{ct} = BV^{-a} \qquad\qquad\qquad \textbf{(A1-29)}$$

Danach soll neben der Zugfestigkeit f_{ct} auch die Spaltzug- bzw. Biegezugfestigkeit des Betons mit Hilfe des Volumens V und der Parameter B bzw. a abgeschätzt werden können. Wobei der Parameter B die an einem Probekörper mit 1 cm^3 Volumen ermittelte Spaltzugfestigkeit und a das Maß für die Empfindlichkeit des Materials gegenüber den Änderungen des HSVs wiedergibt. Durch die Erweiterung des bestehenden probabilistischen HSV-Ansatzes mit einem bruchmechanischen Schädigungsmodell – Continuous Damage Model (CDM) – konnte zwischen den unterschiedlichen Zugfestigkeiten eine bessere Korrelation festgestellt werden [77]. Dennoch bleibt der Ansatz nach TORRENT und BROOKS für die praktische Anwendung durch die zusätzlich erforderliche Bestimmung der Parameter B sowie a nur bedingt geeignet.

A1.6 Ergänzungen zum Abschnitt: Konzepte zur Beschreibung des Entfestigungsverhaltens von Beton

Die Resttragfähigkeit des Betons kann nach einer Rissöffnung mit Hilfe der so genannten Kohäsionsrissmodelle beschrieben werden. Danach können über einen bereits geöffneten Riss aufgrund von Materialbrücken und Rissverzahnung noch Spannungen senkrecht zu den Rissufern bis zum Erreichen der kritischen Rissbreite w_{cr} übertragen werden (siehe Abbildung A1-8 sowie Abbildung A1-3). Der Riss breitet sich aus, sobald die Spannung an der Risswurzel die Zugfestigkeit f_{ct} überschreitet.

Die ersten Konzepte der Kohäsionsrissmodelle wurden von BARENBLATT [8] und von DUGDALE [37] basierend auf der LEBM entwickelt. Durch die Annahme eines plastischen Bereichs in der Nähe der Rissspitze, in dem Kohäsionskräfte wirken, konnten Spannungssingularitäten vermieden werden. Der Verlauf dieser Kohäsionskräfte hängt im Ansatz nach BARENBLATT von den Verformungen ab. Dadurch, dass DUGDALE von einem ideal elastoplastischen Material ausging, wurde in seinem Konzept ein konstanter Verlauf zugrunde gelegt.

Die Kohäsionsrissmodelle lassen sich im Hinblick auf die Rissausbreitung in die Konzepte des diskreten Risses sowie in die Konzepte des verschmierten Risses einteilen. Die Unterschiede zwischen den oben genannten Ansätzen werden im Folgenden geschildert.

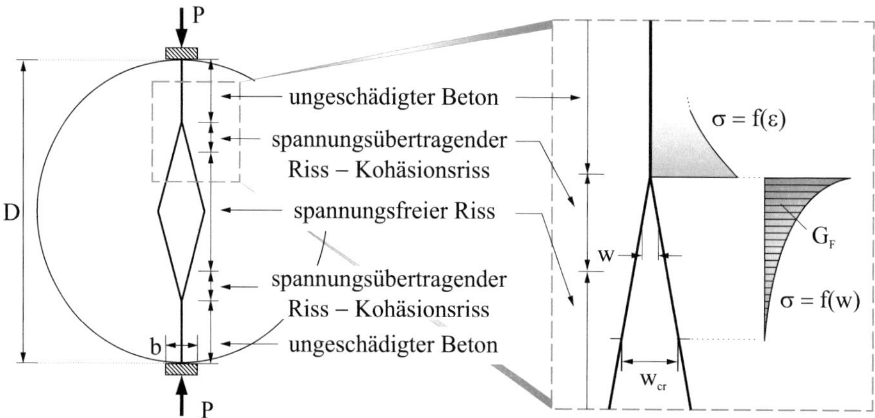

Abb. A1-8: Spannungsübertragung über einen Riss hinweg im Spaltzugversuch nach dem Konzept des Kohäsionsrissmodells, modifizierte Darstellung gemäß [64, 124]

Die ersten Anwendungen des **Konzepts des diskreten Risses** zur Untersuchung von Stahlbetonbalken wurden von NGO und SCORDELIS [102] bzw. von NILSON [104] vorgenommen. Hierbei kamen Materialmodelle auf der Grundlage der LEBM zum Einsatz. Mit dem **Fictitious Crack Model** (FCM) erweiterten HILLERBORG et al. [65] die oben geschilderten Ansätze für den Werkstoff Beton mit einem nichtlinear elastischen Materialverhalten, indem in der Nähe der Rissspitze, in der so genannten Prozesszone (vgl. Abbildung A1-3), nichtlineare Verformungsanteile berücksichtigt wurden. Nach dem FCM kann die Spannungs-Verformungsbeziehung (siehe Abbildung A1-8 rechts und Abbildung A1-9) in eine Spannungs-Dehnungsbeziehung für den ungeschädigten, rissfreien Beton und in eine Spannungs-Rissöffnungsbeziehung für den Kohäsionsriss zerlegt werden. Dabei stellt die Fläche unter der Spannungs-Rissöffnungskurve die zur Rissöffnung erforderliche Energie – die Bruchenergie G_F – dar. Danach kann die Bruchenergie G_F nach Gleichung A1-30 berechnet werden.

$$G_F = \int_0^{w_{cr}} \sigma\,dw \qquad\qquad \textbf{(A1-30)}$$

Hierbei gibt w_{cr} die kritische Rissöffnung an, bei der über den Riss keine Spannungen mehr übertragen werden können.

Um die Sprödigkeit eines Materials zu charakterisieren, schlug PETERSSON [113] einen neuen Materialparameter – die charakteristische Länge l_{ch} – nach Gleichung A1-31 vor.

$$l_{ch} = \frac{G_F \cdot E}{f_{ct}^2} \qquad\qquad \textbf{(A1-31)}$$

Ähnlich zur Sprödigkeitszahl Q nach JENQ und SHAH (siehe Gleichung A1-23) stellt auch die charakteristische Länge l_{ch} einen Materialkennwert ohne einen direkten physikalischen Bezug dar. Sie entspricht der halben Länge eines Probekörpers unter einaxialer Zugbeanspruchung, die während des Bruchprozesses genau so viel gespeicherte elastische Verformungsenergie freisetzt, wie zur vollständigen Trennung des Probekörpers erforderlich ist. Mit abnehmendem l_{ch}-Wert nimmt die Sprödigkeit des Materials zu.

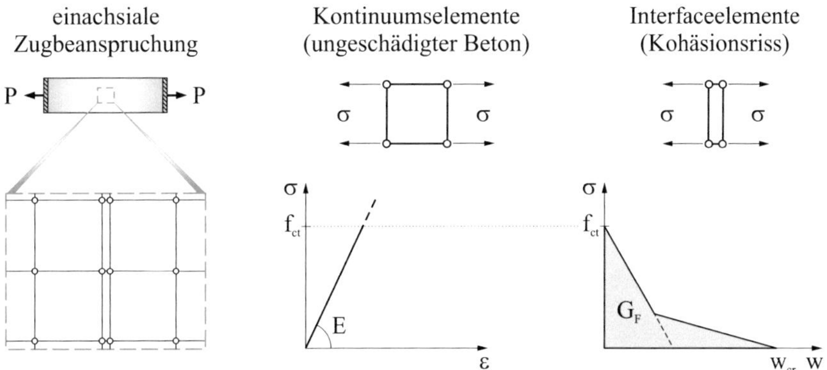

Abb. A1-9: Ansatz des Fictitious Crack Models in FE-Berechnungen (in Anlehnung an [94])

Ein Nachteil des FCM ist, dass die Prozesszone im Beton als unendlich schmal betrachtet wird. Folglich muss der Risspfad im diskretisierten FE-Netz des zu modellierenden Bauteils im Voraus angegeben sein. Hierbei wird der Beton mit Hilfe von Kontinuumselementen und der Risspfad mittels Interfaceelementen [45, 71, 102, 129] (siehe Abbildung A1-9) oder anhand von Kontinuumselementen nachgebildet [49, 86, 106]. Um die oben genannten Schwächen zu beheben, wurden Methoden erarbeitet, die eine Rissbildung in alle möglichen Richtungen erlauben [15] oder das Problem durch automatische Netzaktualisierung umgehen [45]. Mit Hilfe leistungsfähigerer Rechner konnten MOËS et al. [97] später eine Methode vorstellen, die zwar auf dem Konzept des diskreten

Risses basiert, aber dennoch eine vom FE-Netz unabhängige Rissbildung ohne Netzaktualisierung erlaubt.

Der erste Ansatz unter den **Konzepten des verschmierten Risses** wurde von RASHID [118] erarbeitet. Dabei werden die Rissdeformationen über ein Rissband verschmiert. In den numerischen Anwendungen wird hierdurch ein Übergang von Dehnungen auf Rissöffnungen nicht notwendig. Der Vorteil dieses Konzepts liegt darin, dass der Risspfad nicht vordefiniert werden muss. Die ursprünglich starke Abhängigkeit der erzielten Rechenergebnisse vom FE-Netz konnte mit dem Verschmieren des Entfestigungsverhaltens über die Elementlänge behoben werden. Eine Möglichkeit hierfür bietet z. B. das von BAŽANT und OH [13] entwickelte **Crack Band Model** (CBM).

Wie in Abbildung A1-10 rechts dargestellt, werden nach dem CBM die Dehnungen ε des Materialmodells in Abhängigkeit von der Elementlänge l_{el} so angesetzt, dass die in den gerissenen Elementen dissipierten Energien jeweils der Bruchenergie G_F entsprechen.

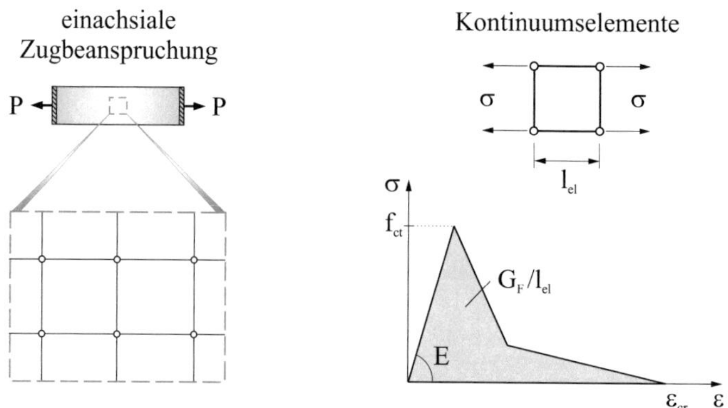

Abb. A1-10: Implementierung des Crack Band Models in FE-Berechnungen (in Anlehnung an [94])

Der abfallende Ast der σ-ε-Beziehung wird häufig durch eine lineare bzw. multilineare (siehe Abbildung A1-10) Funktion beschrieben. In der Fachliteratur finden sich weitere unterschiedliche Exponentialformulierungen [36, 68].

Die Konzepte des verschmierten Risses können nach ROTS und BLAAUWENDRAAD [130] in so genannte Fixed Smeared Crack und Rotating Smeared Crack Modelle unterteilt werden. Beim erstgenannten Ansatz wird die Rissrichtung während der vollständigen Rissöffnung beibehalten, beim Letzteren orientiert sich die Rissrichtung immer normal zur Richtung der Hauptzugspannung.

A1.7 Ergänzungen zum Abschnitt:
Simulation des Spaltzugversuchs auf der Mesoebene

Die ersten mesoskopischen Modelle zur Untersuchung des Betontragverhaltens rühren vom so genannten numerischen Beton nach ROELFSTRA et al. [127] her. Hierbei wurden die Zementsteinmatrix und die kreisrund nachgebildeten Gesteinskörnungen mit Kontinuumselementen angesetzt. Ein ähnliches Modell stellte auch STANKOWSKI [141] vor. Er diskretisierte die Gesteinskörnungen allerdings polygonal um ein gleichmäßiges FE-Netz zu erzielen. Ein Schwachpunkt dieser Modelle ist die mangelhafte Berücksichtigung der Kontaktzone. Entweder wird diese bei den numerischen Untersuchungen überhaupt nicht betrachtet oder die Realisierung erfolgt durch Kontinuumselemente. Die Nachbildung der dünnen Verbundschicht erfordert ein sehr feines FE-Netz und führt hierdurch nicht nur zu erheblichem Rechenaufwand, sondern ggf. auch zu numerischen Problemen. VONK [152] umging dieses Problem, indem er die Verbundzone zwischen Zementsteinmatrix und Gesteinskörnung mit Hilfe von Interfaceelementen modellierte. Die Interfaceelemente hatten hierbei keine physikalische Höhe und verfügten über ein Materialgesetz mit Nachbruchverhalten.

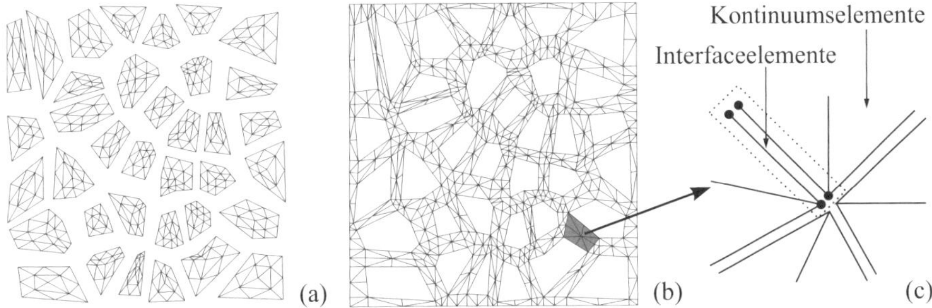

Abb. A1-11: FE-Modell nach LÓPEZ et al. [91] zur Simulation von Beton im Spaltzugversuch; (a) Gesteinskörnungen, (b) Zementsteinmatrix, (c) Detail der Diskretisierung

Auf den Arbeiten von STANKOWSKI [141] und VONK [152] basiert das Modell von LÓPEZ et al. [90, 91] (siehe Abbildung A1-11 und vgl. [154]). Die Interfaceelemente stellen alle möglichen Risspfade dar. Sie können die Rissentwicklung durch die implementierten Stoffgesetze zur Berücksichtigung des Entfestigungsverhaltens simulieren. Den Kontinuumselementen wurden linear elastische Eigenschaften zugewiesen. Ein Nachteil des Modells besteht darin, dass die Rissinitiierung nicht an einer beliebigen Stelle eintreten kann, sondern an die definierten Interfaceelemente gebunden ist. Dadurch wird eine Rissaufweitung durch die Gesteinskörnung nicht möglich. Somit beschränkt sich diese Formulierung auf die Simulation normalfester Betone mit Kiesgesteinskörnung. Dies konnte mit Hilfe experimenteller Untersuchungen untermauert werden. Das zweidimensionale Modell von LÓPEZ et al. [90, 91] wurde zur Untersuchung von einaxialer Zugbeanspruchung des Betons zu einer dreidimensionalen Formulierung erweitert [21].

Eine weitere Möglichkeit zur numerischen Nachbildung des Betons auf der Mesoebene bietet die Gruppe der Lattice-Modelle. Die ersten Ansätze der Lattice-Modelle basieren auf Fachwerkmodellen [69], wobei die Lattice Elemente (Fachwerk-)Stäbe bilden. Die Grundelemente späterer Modelle bestehen aus Euler-Bernoulli-Balken mit zwei Knotenpunkten [62, 79, 87, 88]. Diese können gleichmäßig – die Balken umschließen ein regelmäßiges Dreieck (siehe Abbildung 1-12) oder Viereck [62] – sowie stochastisch geordnet diskretisiert werden [148]. Der Beton kann als heterogenes Zwei- oder Dreiphasensystem berücksichtigt werden, indem den Balkenelementen der Elastizitätsmodul bzw. die Biegesteifigkeit sowie die Festigkeit der jeweiligen Phase – Zementsteinmatrix, Gesteinskörnung, Verbundzone – zugeordnet werden (siehe Abbildung A1-12). Trotz des spröden Materialverhaltens der Balkenelemente – das Versagen tritt beim Erreichen der gegebenen Festigkeit ein, folglich fällt der jeweilige Balken aus – kann ferner ein strukturbedingtes Nachbruchverhalten ermittelt werden [150]. Somit sind mittels Lattice-Modellen phänomenologische Untersuchungen, wie z. B. Rissinitiierung, -aufweitung, Größeneffekt etc., möglich.

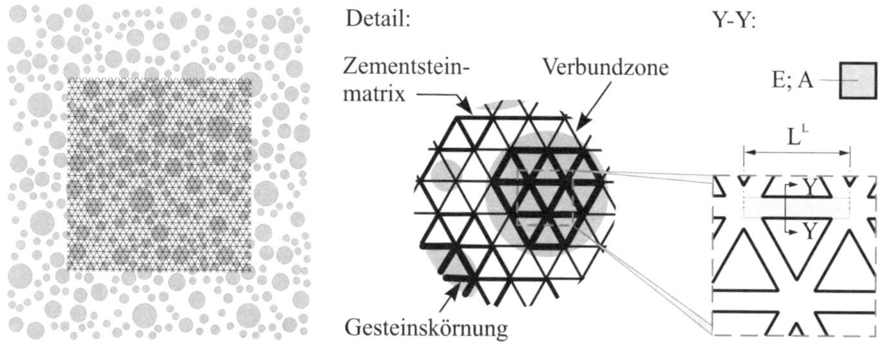

Abb. A1-12: Lattice-Modell nach SCHLANGEN [136], wobei E dem Elastizitätsmodul, A dem Querschnitt und L^L der Länge des Lattice-Elements entsprechen. Darstellung gemäß [79, 88]

LILLIU und VAN MIER [87] untersuchten das Betonverhalten bzw. die Rissentwicklung im Spaltzugversuch experimentell sowie numerisch unter Verwendung des zweidimensionalen Delfter Lattice-Modells [136, 148, 150]. Um den theoretischen Annahmen Rechnung zu tragen (vgl. Abschnitt 2.2), wurden bei den experimentellen Untersuchungen dünne Scheiben mit D/L = 75 bis 150/10 mm verwendet. Experimente und Numerik ergaben übereinstimmend eine multiple Rissbildung. Neben dem vertikalen Trennriss waren keilförmige Ausbrüche unter der Lasteinleitung, begleitet von radialen, von Probekörperrand ausgehenden Rissen zu beobachten.

A1.8 Ergänzungen zum Abschnitt: Auswirkung der Betondruckfestigkeit auf die Spaltzug- bzw. einaxiale Zugfestigkeit

Tab. A1-1: Einfluss der Probekörpergeometrie und der Nachbehandlung auf die Druckfestigkeit des Betons (in Anlehnung an [149]); mit den Umrechnungsfaktoren k_i werden für $i = GP$ die Größe der Probe, für $i = FP$ die Form der Probe und für $i = AN$ die Art der Nachbehandlung berücksichtigt

	k_i [-]		
	$\leq$ C12/15	$\geq$ C20/25	$\geq$ C55/67
$f_{c,cube,150} = k_{GP} \cdot f_{c,cube,200}$	1,05	1,05	1,05
$f_{c,cube,150} = k_{AN} \cdot f_{c,cube,150,dry}$	0,92	0,92	0,95
$f_{c,cyl, D/L = 150/300} = k_{FP} \cdot f_{c,cube,150}$	0,76	0,81	0,86

Tab. A1-2: Zusammenhang zwischen der Spaltzugfestigkeit $f_{ctm,sp}$ [N/mm^2] und den Betondruckfestigkeiten [N/mm^2] nach der Literatur

	$f_{ctm,sp}$ [N/mm^2]		
	$\leq$ C12/15	$\geq$ C20/25	$\geq$ C55/67
HEILMANN [60]	$0{,}34 \cdot f_{cm}^{2/3}$	$0{,}32 \cdot f_{cm}^{2/3}$	$0{,}30 \cdot f_{cm}^{2/3}$
REMMEL [120]	$2{,}22 \cdot \ln(1 + (f_{cm}/10))$		
DIN 1045-1[a]	$0{,}33 \cdot f_{ck}^{2/3}$		siehe[b]
fib 08 [40]	$2{,}329 \cdot \ln(f_{cm}) - 4{,}71$		
MC 90 [27][a]	$1{,}56 \cdot (f_{ck}/10)^{2/3}$		
OLSEN [109]	$(1/0{,}6) \cdot (f_{cm}/10)^{1/2}$		
ACI 363R-84 [1]	k. A.	$0{,}59 \cdot f_{cm}^{1/2}$ $(21 < f_{c,cyl} < 83$ [N/mm^2])	

a) Die Beziehung wurde auf der Grundlage der in der genannten Literatur angegebenen Zusammenhänge zwischen der einaxialen Zugfestigkeit und Druckfestigkeit bzw. der einaxialen Zugfestigkeit und der Spaltzugfestigkeit hergeleitet.

b) $f_{ctm,sp} = (2{,}12 \cdot \ln(1 + (f_{cm}/10)))/0{,}9$

Tab. A1-3: Zusammenhang zwischen der einaxialen Zugfestigkeit f_{ctm} [N/mm^2] und den Betondruckfestigkeiten f_{ctm} [N/mm^2] nach der Literatur

	f_{ctm} [N/mm^2]		
	$\leq$ C12/15	$\geq$ C20/25	$\geq$ C55/67
HEILMANN [60]	$0{,}30 \cdot f_{cm}^{2/3}$	$0{,}28 \cdot f_{cm}^{2/3}$	$0{,}27 \cdot f_{cm}^{2/3}$
REMMEL [120]	$2{,}12 \cdot \ln(1 + (f_{cm}/10))$		
DIN 1045-1	$0{,}30 \cdot f_{ck}^{2/3}$		siehe[a]
fib 08 [40]	$2{,}635 \cdot \ln(f_{cm}) - 6{,}322$		
MC 90 [27]	$1{,}4 \cdot (f_{ck}/10)^{2/3}$		
HANSEN et al. [55]	$(2/3) \cdot 0{,}30 \cdot f_{ck}^{0,6}$		$2{,}7 \; (\geq$ C70/80$)$

a) $f_{ctm} = 2{,}12 \cdot \ln(1 + (f_{cm}/10))$

Anhang 2
Anlagen zu den experimentellen Untersuchungen

A2.1 Ergebnisse der Spaltzugversuche

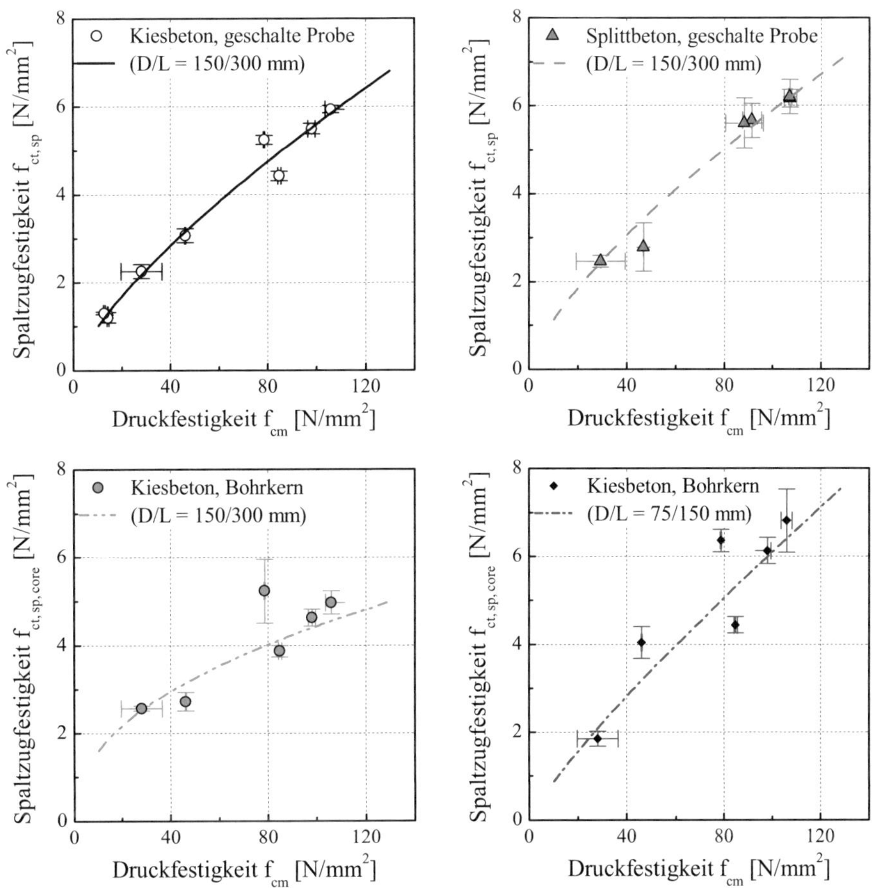

Abb. A2-1: Einfluss der Zylinderdruckfestigkeit des Betons, der verwendeten Gesteinskörnungsart und der Art der Probekörpergewinnung auf die Spaltzugfestigkeit; Standardabweichungen der Spaltzugfestigkeit und der Druckfestigkeit veranschaulichen vertikale und horizontale Balken

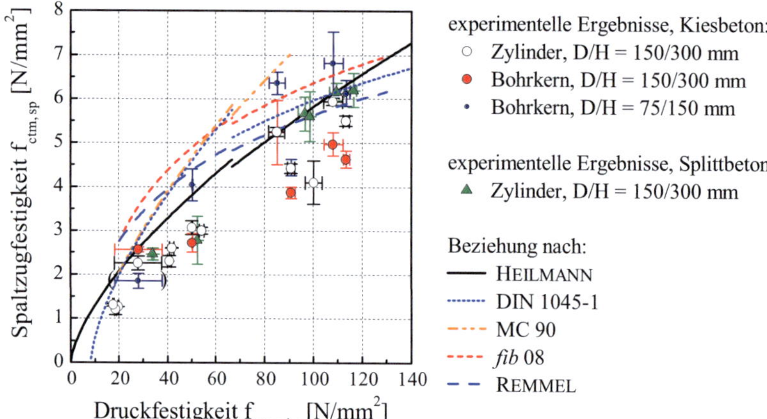

Abb. A2-2: Einfluss der Würfeldruckfestigkeit des Betons, der verwendeten Gesteinskörnungsart und der Art der Probekörpergewinnung auf die Spaltzugfestigkeit; Standardabweichungen der Spaltzugfestigkeit und der Druckfestigkeit veranschaulichen vertikale und horizontale Balken; Literaturangaben nach [60, 27, 40, 120]; die jeweiligen Gleichungen sind in Tabelle A1-2 angegeben

Tab. A2-1: Einfluss der Betonfestigkeit, der verwendeten Gesteinskörnungen und der Art der Gewinnung bzw. der Abmessungen des Probekörpers auf die Spaltzugfestigkeit (Standardabweichung in Klammern)

Beton	$f_{ctm,sp}$ [N/mm²]	$f_{ctm,sp,core}^{a}$ [N/mm²]	$f_{ctm,sp,core}^{b}$ [N/mm²]
NK-1	2,3 (0,16)	2,6 (0,06)	1,9 (0,17)
NK-2	3,1 (0,16)	2,7 (0,21)	4,0 (0,36)
HK-1	5,2 (0,10)	5,2 (0,73)	6,4 (0,25)
HK-2	5,5 (0,12)	4,6 (0,19)	6,1 (0,30)
NS-1	2,5 (0,13)	-	-
NS-2	2,8 (0,55)	-	-
HS-1	5,8 (0,57)	-	-
HS-2	6,2 (0,39)	-	-
SVK	3,8 (0,10)	-	-
SVS	3,3 (0,31)	-	-

a) D/L = 150/300 mm
b) D/L = 75/150 mm

Tab. A2-2: Einfluss des verwendeten Zwischenstreifenmaterials und der Länge des Probeköpers auf die Spaltzugfestigkeit (Standardabweichung in Klammern)

D/L [mm]	Material der Zwischen-streifen	NK-1	HK-2
		$f_{ctm,sp}$ [N/mm^2]	$f_{ctm,sp}$ [N/mm^2]
150/300	Stahl	2,3 (0,11)	5,5 (0,38)
	Buche	2,7 (0,16)	6,6 (0,32)
150/150	Stahl	2,9 (0,13)	6,6 (0,60)
	Buche	3,1 (0,12)	6,8 (0,44)
150/75	Stahl	3,0 (0,31)	6,8 (0,11)
	Buche	3,1 (0,13)	6,7 (0,20)

A2.2 Versagensmechanismus im Spaltzugversuch

Tab. A2-3: Einfluss der Betongüte und der Länge des Probekörpers auf die Risssequenz im Spaltzugversuch (Standardabweichung in Klammern)

Kennwert	D/L [mm/mm]	NK-4	HK-3
$f_{cm,cube}$ [N/mm^2]	-	41,8 (0,85)	100,1 (3,59)
$f_{ctm,sp}$ [N/mm^2]	150/300	2,6 (0,02)	4,0 (0,51)
	150/75	3,1 (0,08)	5,9 (0,22)
	300/150	2,6 (0,30)	4,6 (0,43)

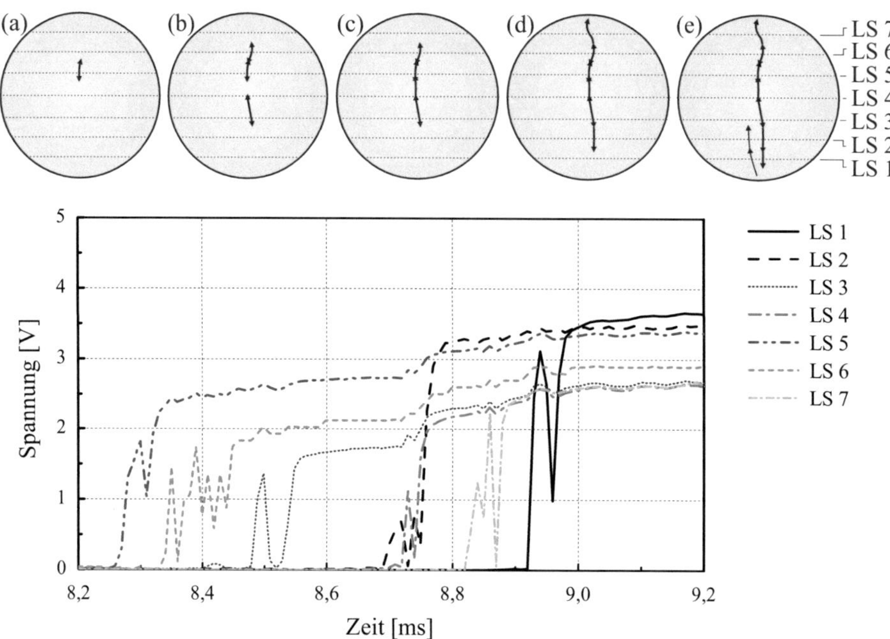

Abb. A2-3: Risssequenz im Spaltzugprobekörper mit D/L = 150/75 mm aus normal-festem Kiesbeton (NK-4); oben: Videoaufnahmen, unten: Messdaten

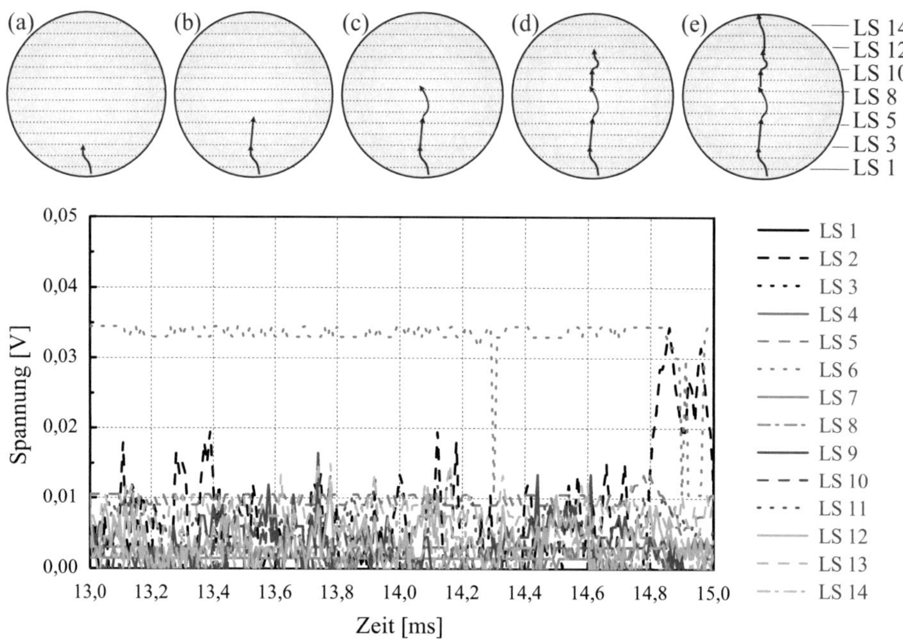

Abb. A2-4: Risssequenz im Spaltzugprobekörper mit D/L = 300/150 mm aus normal-festem Kiesbeton (NK-4); oben: Videoaufnahmen, unten: Messdaten

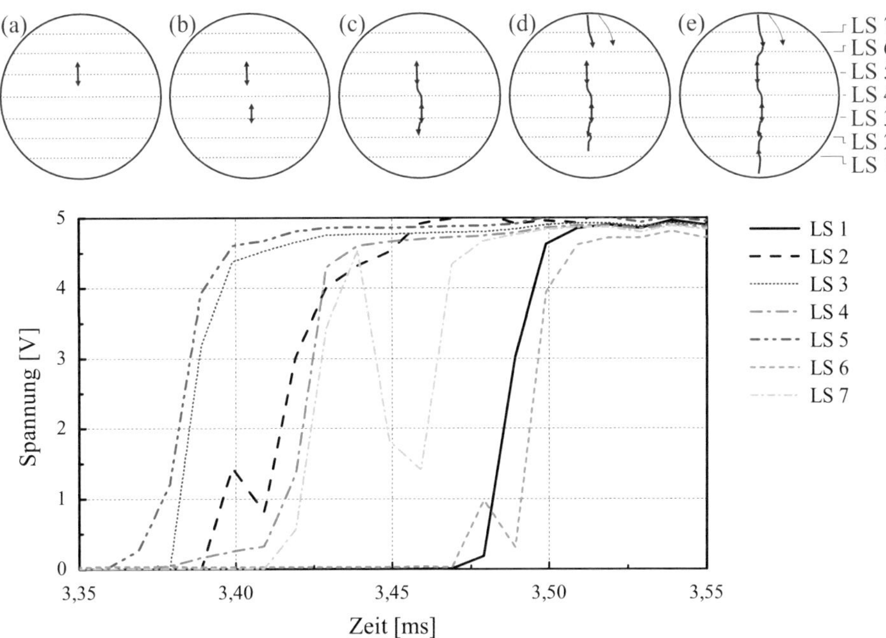

Abb. A2-5: Risssequenz im Spaltzugprobekörper mit D/L = 150/75 mm aus hochfestem Kiesbeton (HK-3); oben: Videoaufnahmen, unten: Messdaten

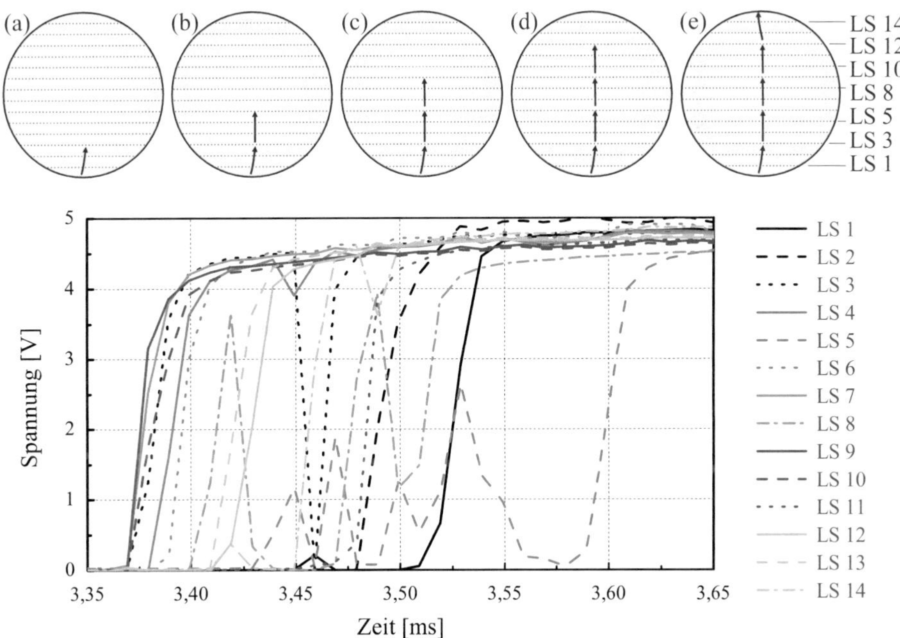

Abb. A2-6: Risssequenz im Spaltzugprobekörper mit D/L = 300/150 mm aus hochfestem Kiesbeton (HK-3a); oben: Videoaufnahmen, unten: Messdaten

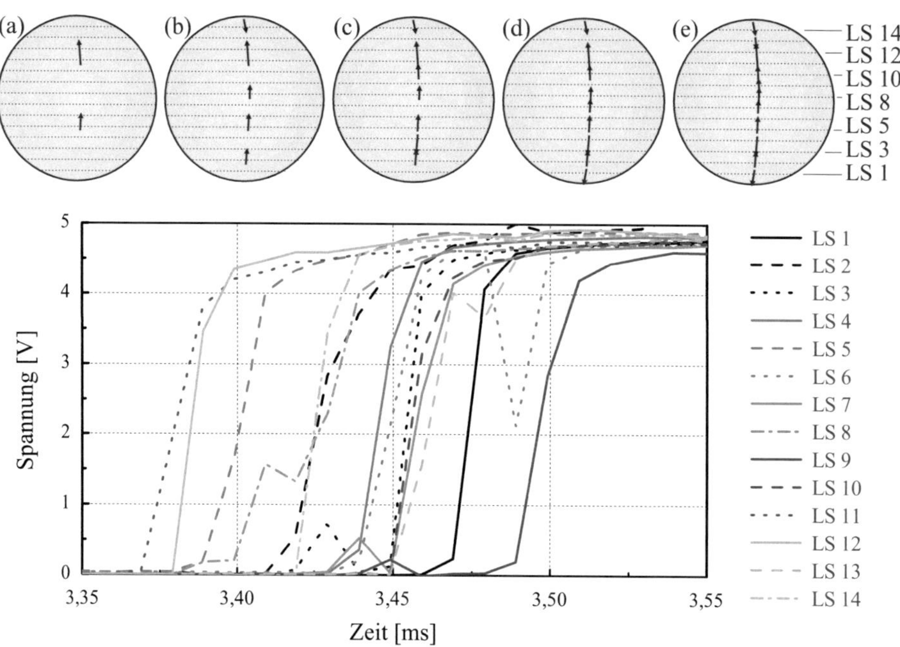

Abb. A2-7: Risssequenz im Spaltzugprobekörper mit D/L = 300/150 mm aus hochfestem Beton (HK-3b); oben: Videoaufnahmen, unten: Messdaten

A2.3 Ergebnisse der einaxialen Zugversuche

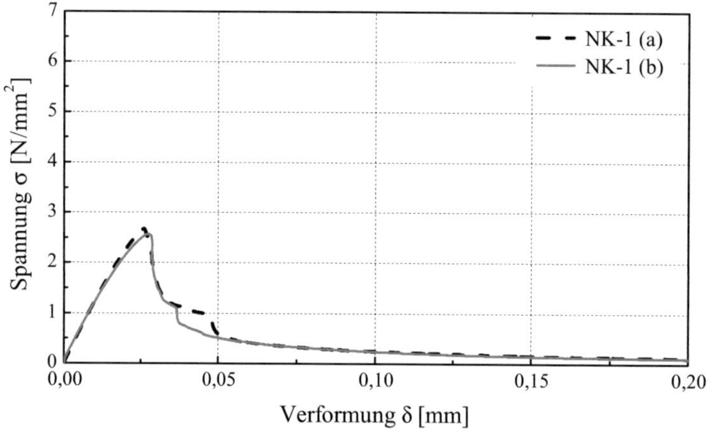

Abb. A2-8: Spannungs-Verformungsbeziehung ungekerbter Zugprobekörper

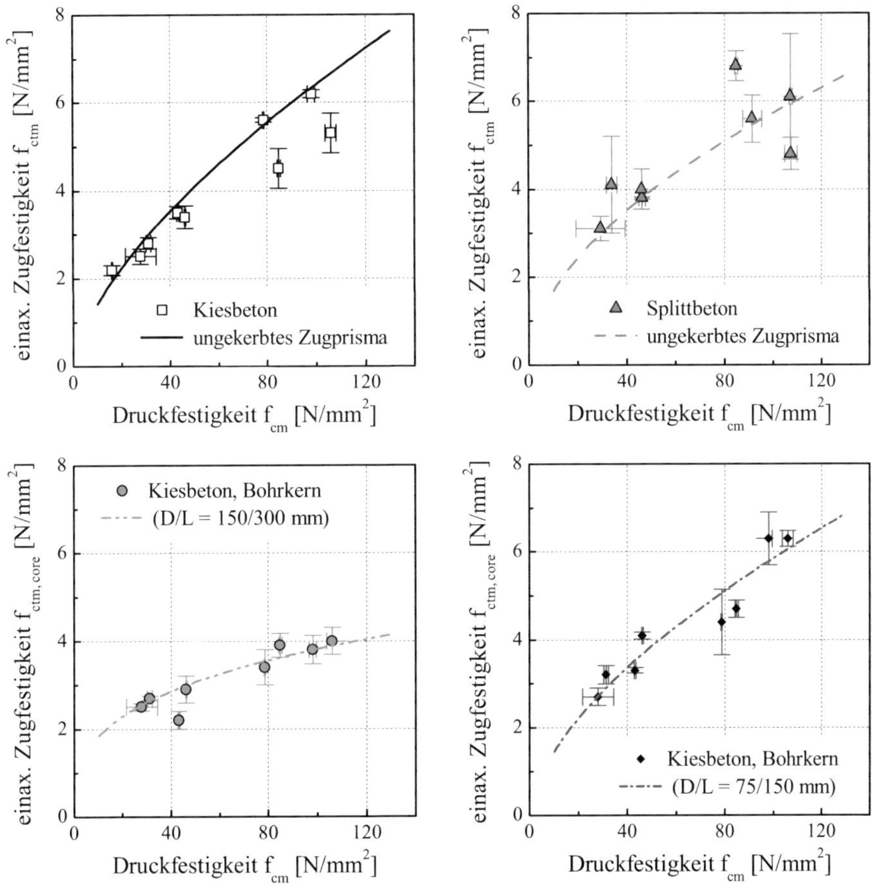

Abb. A2-9: Abhängigkeit der einaxialen Zugfestigkeit von der Zylinderdruckfestigkeit und der Geometrie des Probekörpers; Standardabweichungen der einaxialen Zugfestigkeit und der Druckfestigkeit veranschaulichen vertikale und horizontale Balken

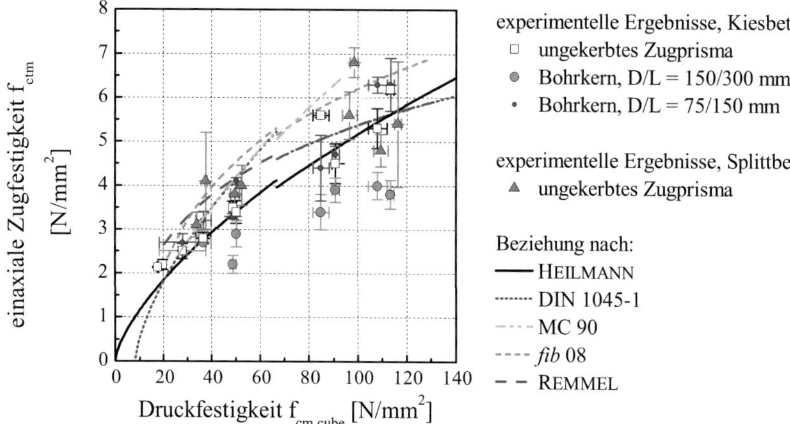

Abb. A2-10: Abhängigkeit der einaxialen Zugfestigkeit von der Würfeldruckfestigkeit und der Geometrie des Probekörpers, Standardabweichungen der einaxialen Zugfestigkeit und der Druckfestigkeit veranschaulichen vertikale und horizontale Balken; Literaturangaben nach [60, 27, 40, 120]; die jeweiligen Gleichungen sind in Tabelle A1-3 angegeben

Tab. A2-4: Ergebnisse der einaxialen Zugversuche an ungekerbten Prismen mit verjüngtem Mittelquerschnitt und an Bohrkernen (Standardabweichung in Klammern)

Beton	f_{ctm} [N/mm^2]	$f_{ctm,sp,core}$ [a] [N/mm^2]	$f_{ctm,sp,core}$ [b] [N/mm^2]	E_{c0m} [10^3 N/mm^2]	ε_c [‰]
NK-1	2,5 (0,17)	2,5 (0,08)	2,7 (0,20)	24,6 (0,52)	0,102 (0,007)
NK-2	3,4 (0,26)	2,9 (0,31)	4,1 (0,08)	29,4 (0,11)	0,116 (0,014)
HK-1	5,6 (0,05)	3,4 (0,40)	4,4 (0,74)	36,4 (0,39)	0,161 (0,008)
HK-2	6,2 (0,10)	3,8 (0,33)	6,3 (0,60)	42,4 (0,26)	0,161 (0,002)
NS-1	3,1 (0,28)	-	-	30,1 (0,15)	0,104 (0,010)
NS-2	4,0 (0,46)	-	-	33,5 (0,68)	0,109 (0,006)
HS-1	6,8 (0,34)	-	-	42,0 (0,67)	0,170 (0,010)
HS-2	6,2 (0,39)	-	-	46,3 (0,97)	0,135 (0,002)
SVK	4,0 (0,11)	-	-	30,7 (0,76)	0,133 (0,002)
SVS	5,4 (0,34)	-	-	33,5 (0,30)	0,147 (0,006)

a) D/L = 150/300 mm
b) D/L = 75/150 mm

A2.4 Verhältnis A in Abhängigkeit der Druckfestigkeit

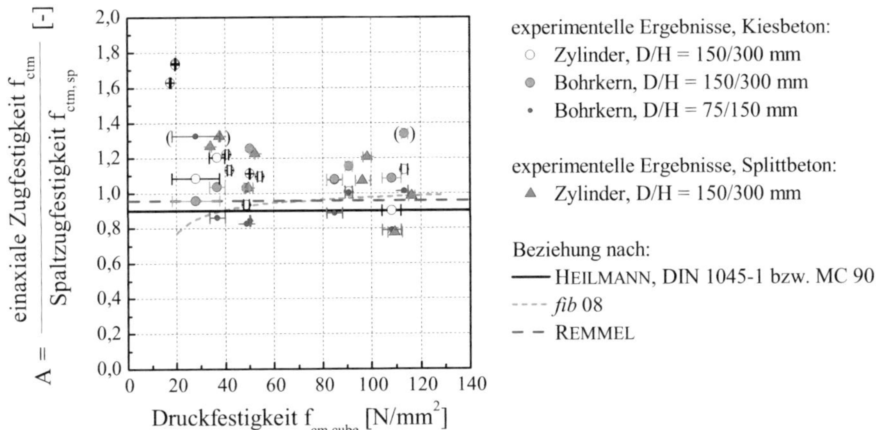

Abb. A2-11: Verhältnis der einaxialen Zug- zur Spaltzugfestigkeit in Abhängigkeit der Würfeldruckfestigkeit; Standardabweichungen der Druckfestigkeit veranschaulichen horizontale Balken; herangezogene Literaturangaben nach [60, 27, 40, 120]

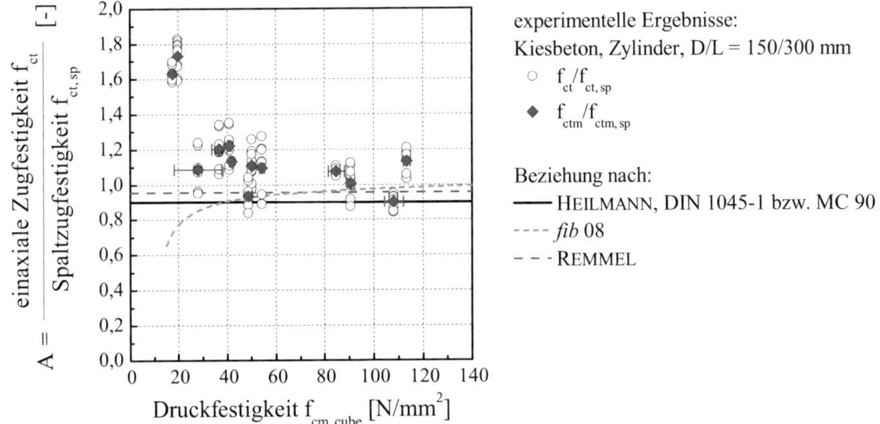

Abb. A2-12: Verhältnis der einaxialen Zug- zur Spaltzugfestigkeit in Abhängigkeit der Würfeldruckfestigkeit für in Schalung hergestellte Probekörper mit D/L = 150/300 mm aus Kiesbeton; Standardabweichungen der Druckfestigkeit veranschaulichen horizontale Balken; herangezogene Literaturangaben nach [60, 27, 40, 120]

Anhang 3
Anlagen zu den numerischen Untersuchungen

A3.1 Verwendetes Konzept zur Berücksichtigung des Entfestigungsverhaltens in DIANA

Zur Berücksichtigung des Entfestigungsverhaltens von Beton wurde in den numerischen Analysen das Crack Band Model von BAŽANT und OH [13] herangezogen (vgl. Abschnitt A1.6) und vereinfacht anhand einer bilinearen Spannungs-Rissöffnungsbeziehung gemäß Model Code 1990 [27] in den numerischen Untersuchungen implementiert (siehe Abbildung 4-3 b). Hierbei können die einzelnen Kennwerte wie folgt nach den Gleichungen A3-1 bis A3-5 berechnet werden.

$$S = 0{,}15 \cdot f_{ct} \tag{A3-1}$$

$$w_1 = 2\frac{G_F}{f_{ct}} - 0{,}15 w_{cr} \tag{A3-2}$$

$$w_{cr} = \alpha \frac{G_F}{f_{ct}}, \text{ mit } \alpha = 7 \tag{A3-3}$$

$$\varepsilon_1 = \frac{w_1}{l_{el}} \tag{A3-4}$$

$$\varepsilon_{cr} = \frac{w_{cr}}{l_{el}} \tag{A3-5}$$

A3.2 Verwendete FE-Netze

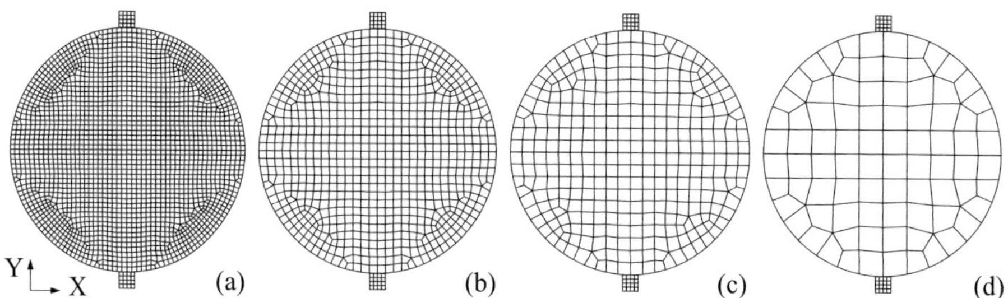

Abb. A3-1: Weitere in der Konvergenzstudie verwendete FE-Netze für einen zu modellierenden Probekörper mit einem Durchmesser von D = 150 mm und Lastverteilungsstreifenbreiten von b = 10 mm; l_{el} = 3 (a), 5 (b), 7,5 (c) und 15 (d) mm

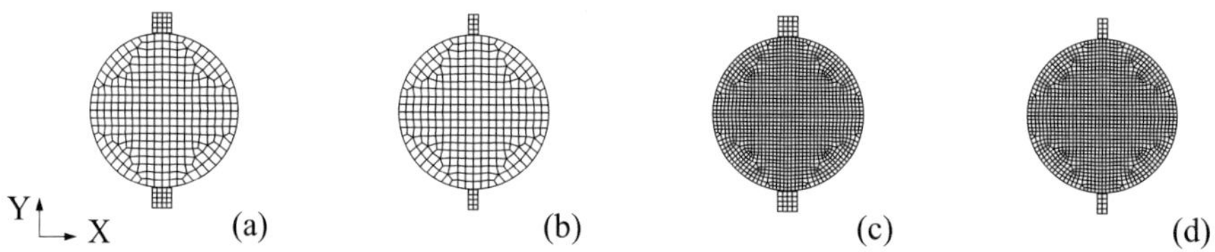

Abb. A3-2: FE-Netze für einen Probekörper mit einem Durchmesser D = 75 mm und Lastverteilungsstreifenbreite b = 5 (b, d) und 10 (a, c) mm; l_{el} = 3,75 mm (a, b), l_{el} = 1,875 mm (c, d)

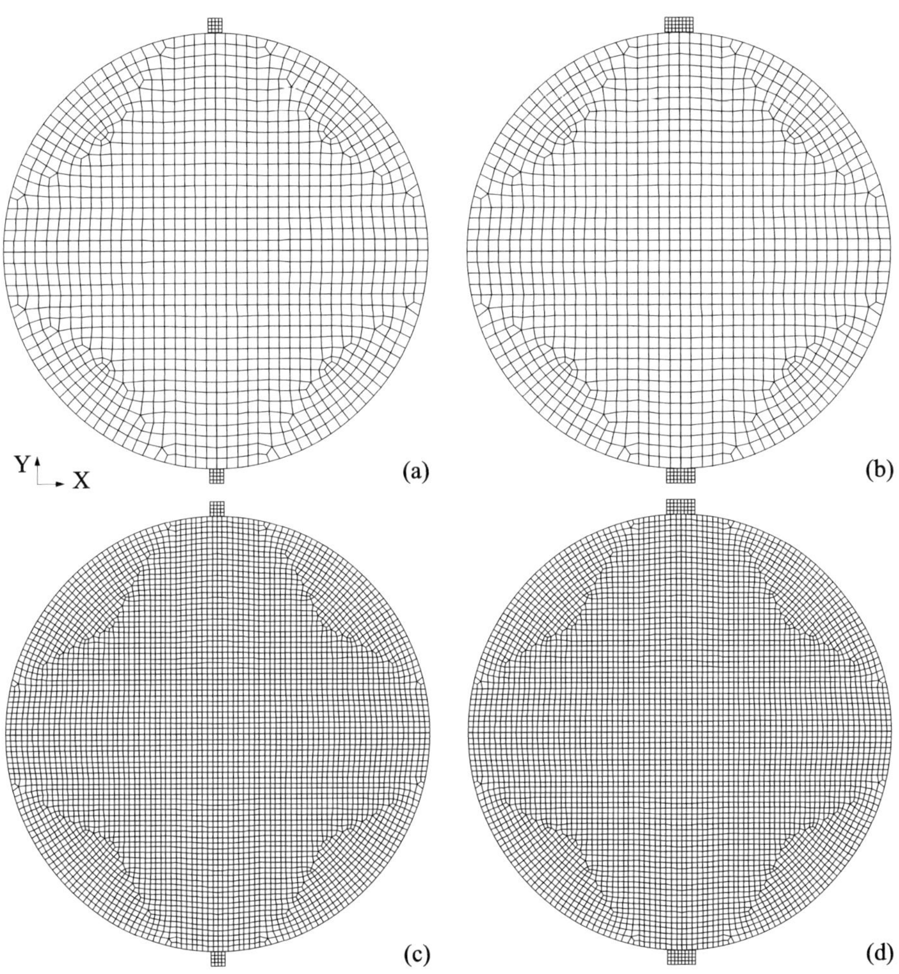

Abb. A3-3: FE-Netze für einen Probekörper mit einem Durchmesser $D = 300$ mm und Lastverteilungsstreifenbreite $b = 10$ (a, c) und 20 (b, d) mm; $l_{el} = 7,5$ mm (a, b), $l_{el} = 3,75$ mm (c, d)

A3.3 Ergebnisse der Konvergenzstudie

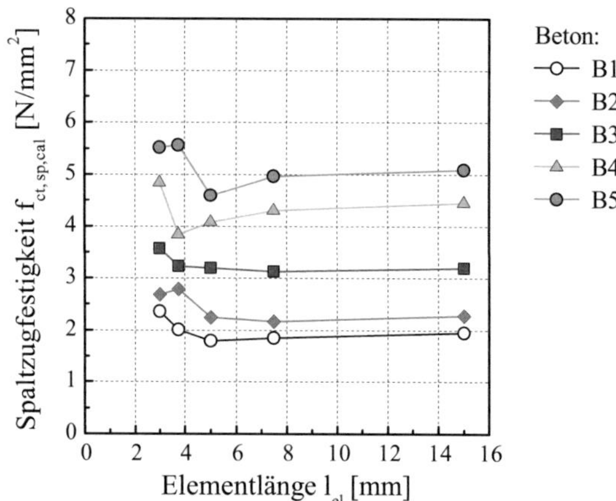

Abb. A3-4: Netzempfindlichkeit des Berechnungsmodells

A3.4 Ergebnisse der Parameterstudie

Tab. A3-1: Abhängigkeit der numerisch ermittelten Spaltzugfestigkeit $f_{ct,sp,cal}$ von der Wahl des Spannungszustands, der Probekörperlänge L sowie des Materials der Lasteinleitungs- bzw. Zwischenstreifen

Geometrie			D/L =150/300 mm			D/L =150/150 mm			D/L =150/75 mm		
Lastverteilungsstreifenbreite b [mm]			5	10	20	5	10	20	5	10	20
$f_{ct,sp,cal}$ [N/mm²]	b_s, EDZ	B1	1,98	1,98	1,98	1,98	1,99	1,99	1,98	1,99	1,99
		B2	2,32	2,33	2,33	2,32	2,33	2,33	2,32	2,33	2,32
		B3	3,31	3,44	3,42	3,31	3,42	3,42	3,31	3,43	3,43
		B4	5,09	5,04	5,02	5,09	5,04	5,04	5,09	5,04	5,03
		B5	5,81	5,83	5,83	5,83	5,83	5,83	5,83	5,83	5,83
	b_h, EDZ	B1	2,35	2,36	2,38	2,35	2,37	2,38	2,35	2,37	2,38
		B2	2,76	2,94	3,01	2,78	2,94	3,00	2,77	2,94	3,01
		B3	3,73	3,76	4,00	3,73	3,76	4,02	3,73	3,76	4,01
		B4	5,14	5,15	5,14	5,15	5,15	5,12	5,14	5,16	5,13
		B5	5,77	5,96	5,96	5,77	5,94	5,94	5,77	5,94	5,94
	b_s, ESZ	B1	2,12	2,02	1,84	2,12	2,02	1,85	2,03	2,03	1,84
		B2	2,41	2,42	2,46	2,40	2,41	2,46	2,40	2,42	2,47
		B3	3,34	3,40	3,40	3,34	3,40	3,40	3,34	3,40	3,40
		B4	5,05	5,01	5,02	5,04	5,01	5,04	5,04	5,01	5,03
		B5	5,81	5,76	5,76	5,80	5,74	5,74	5,83	5,77	5,77
	b_h, ESZ	B1	2,38	2,69	2,70	2,38	2,69	2,70	2,38	2,69	2,70
		B2	2,79	2,96	2,83	2,78	2,97	2,83	2,78	2,97	2,84
		B3	3,65	4,10	3,81	3,65	4,10	3,79	3,65	4,10	3,80
		B4	5,04	5,12	5,28	5,04	5,18	5,26	5,03	5,13	5,27
		B5	5,81	6,03	5,81	5,80	6,03	5,83	5,83	6,05	5,83

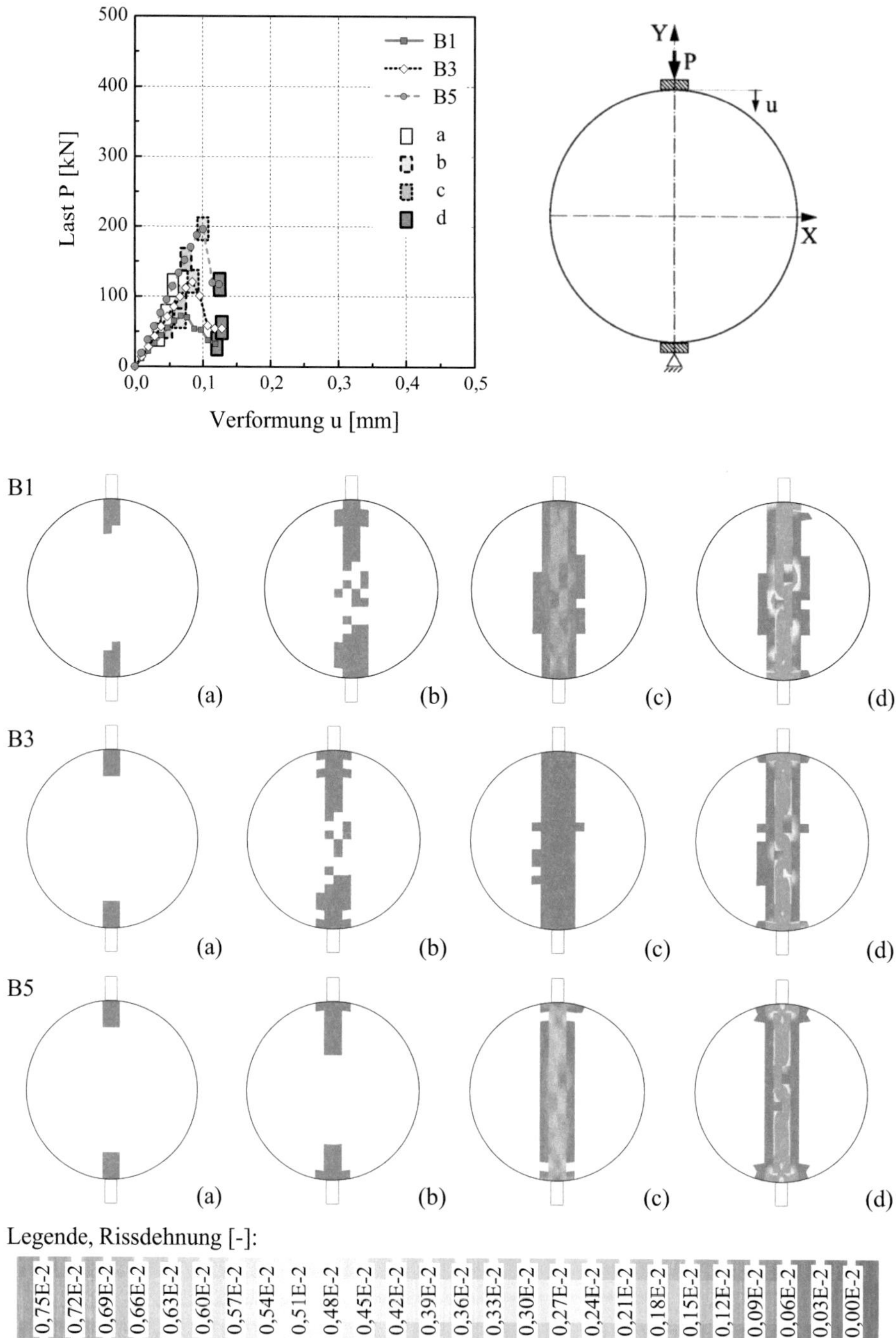

Legende, Rissdehnung [-]:

Abb. A3-5: Last-Verformungsbeziehung (oben) und Rissausbreitung im FE-Modell (unten); Annahme: D:75, b_s:5, l_{el}:3,75

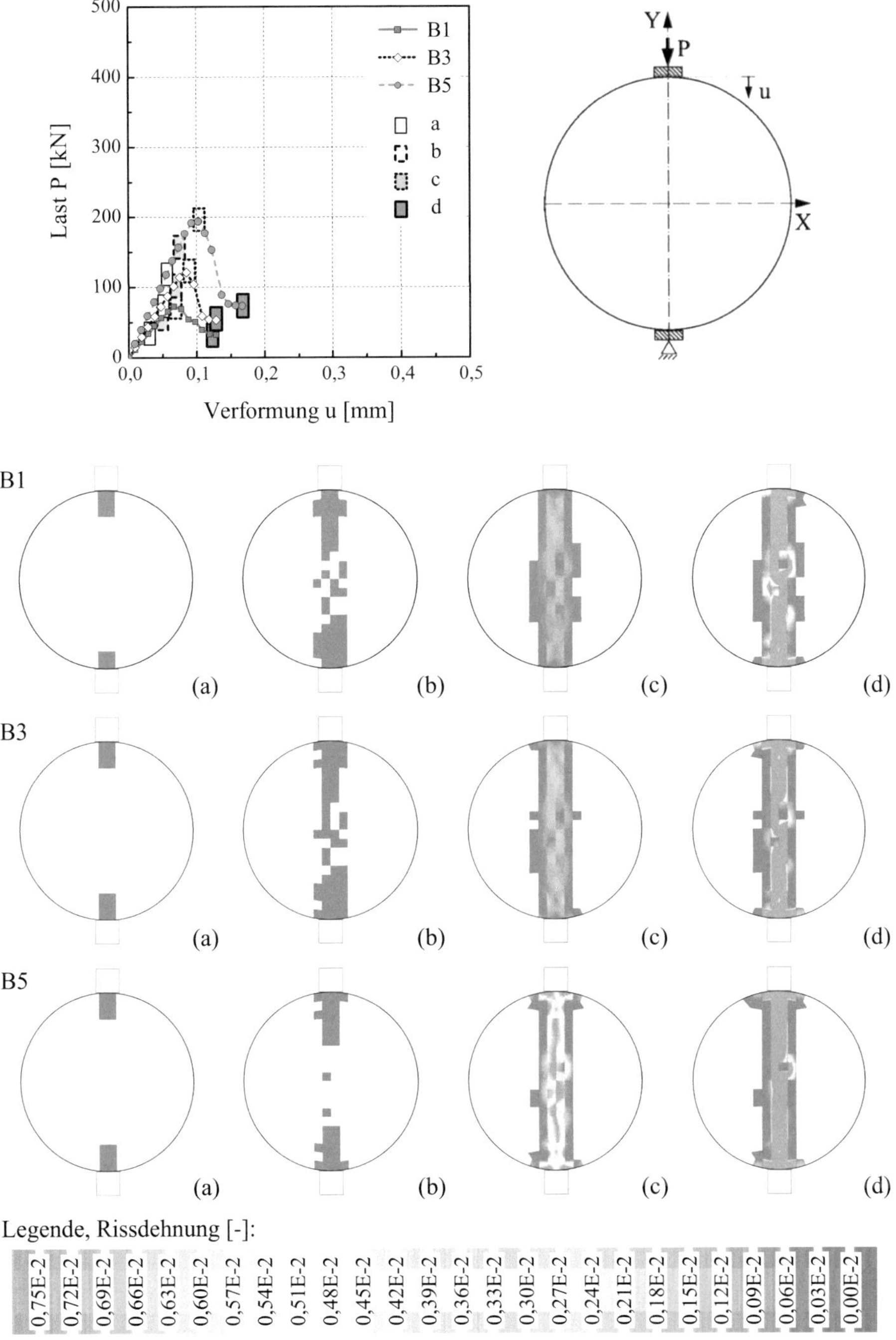

Abb. A3-6: Last-Verformungsbeziehung (oben) und Rissausbreitung im FE-Modell (unten); Annahme: D:75, b_s:10, l_{el}:3,75

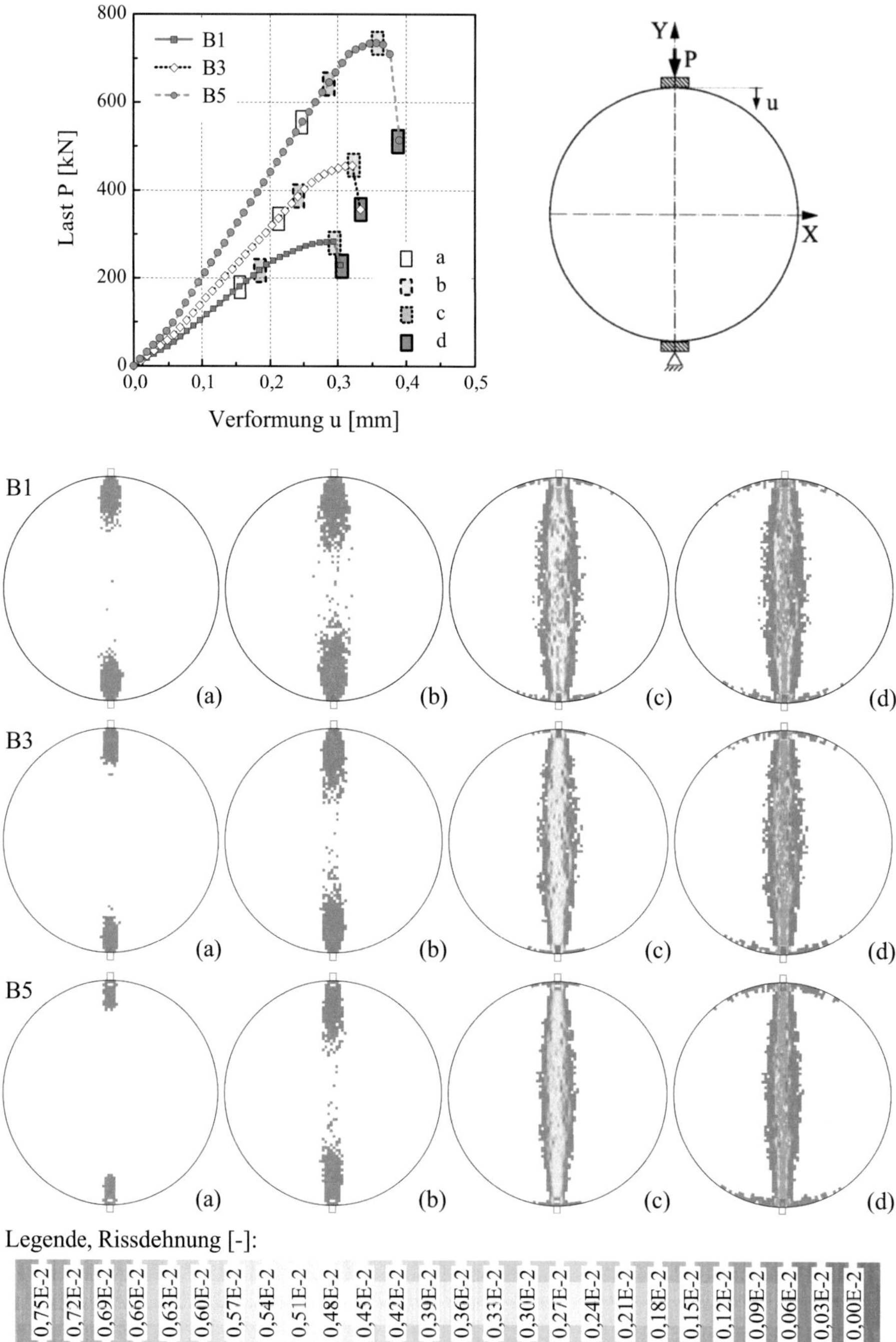

Abb. A3-7: Last-Verformungsbeziehung (oben) und Rissausbreitung im FE-Modell (unten); Annahme: D:300, b_s:10, l_{el}:3,75

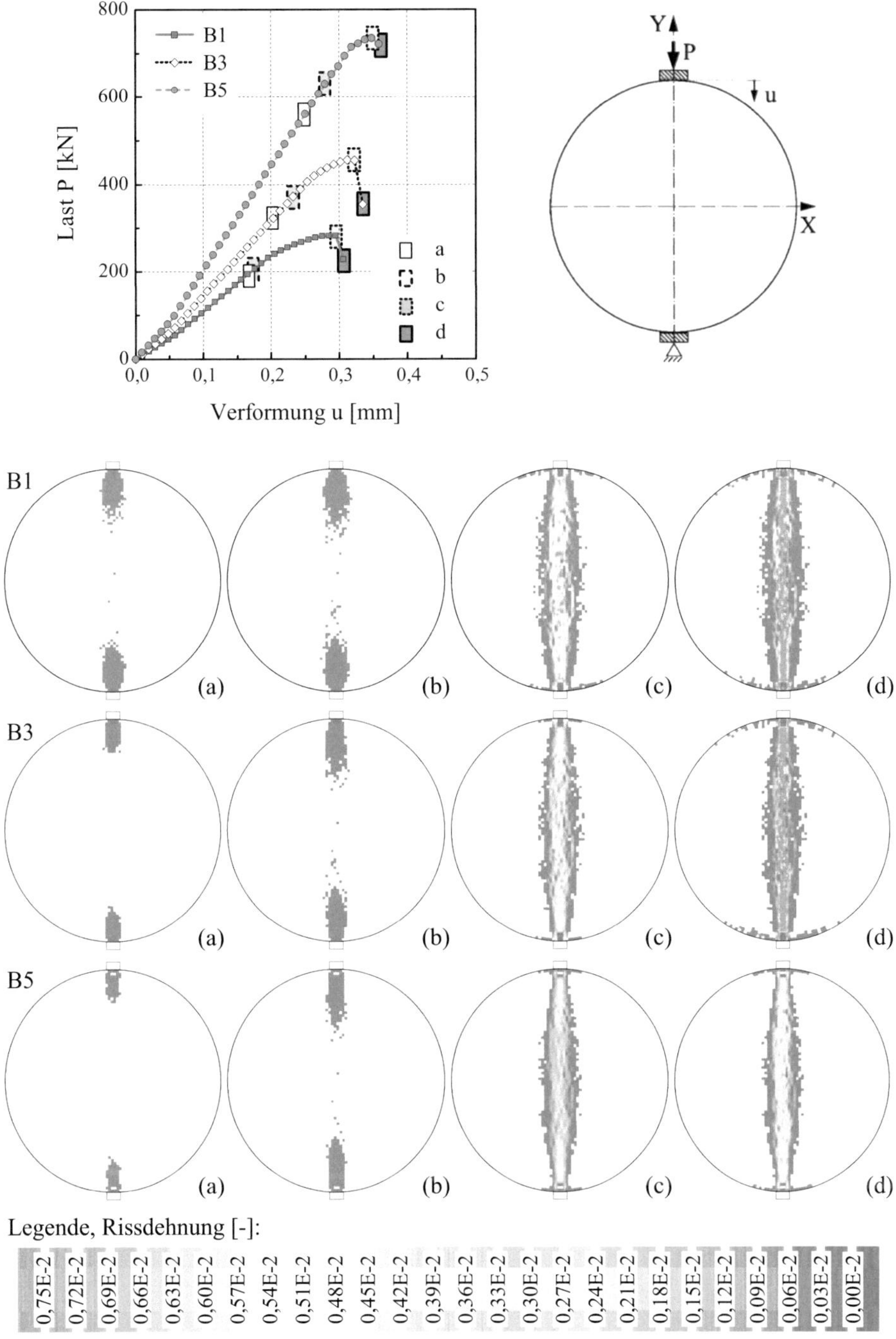

Abb. A3-8: Last-Verformungsbeziehung (oben) und Rissausbreitung im FE-Modell (unten); Annahme: D:300, b_s:20, l_{el}:3,75

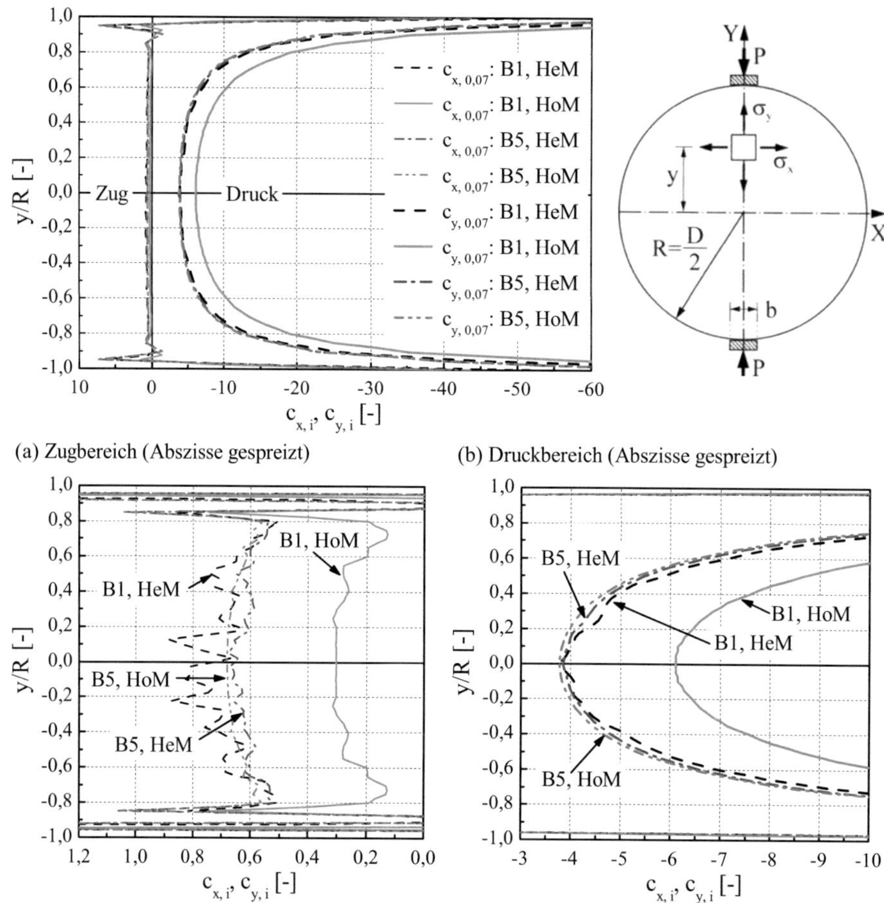

Abb. A3-9: Einfluss der Heterogenität auf die Verteilung der Formfunktionen $c_{x,i}$ und $c_{y,i}$, mit i = b/D = 0,07 in der Lastebene infolge Spaltzugbeanspruchung; Annahme: Grundparameter, HoM

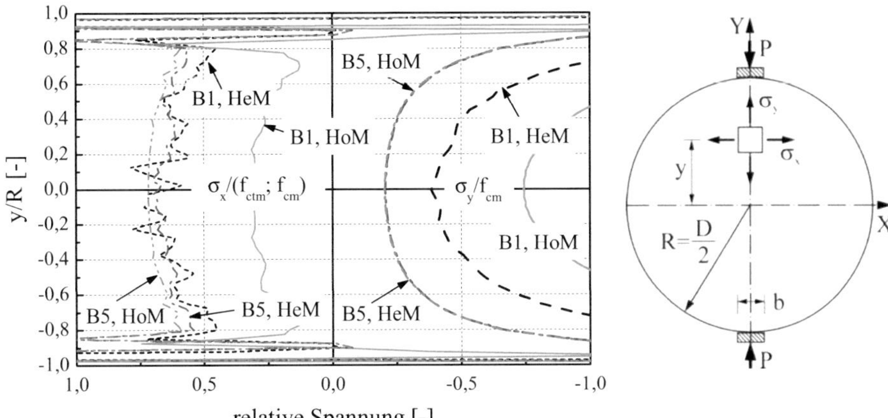

Abb. A3-10: Einfluss der Heterogenität auf die relativen Spannungsverteilungen in der Lastebene; Annahme: Grundparameter, HoM

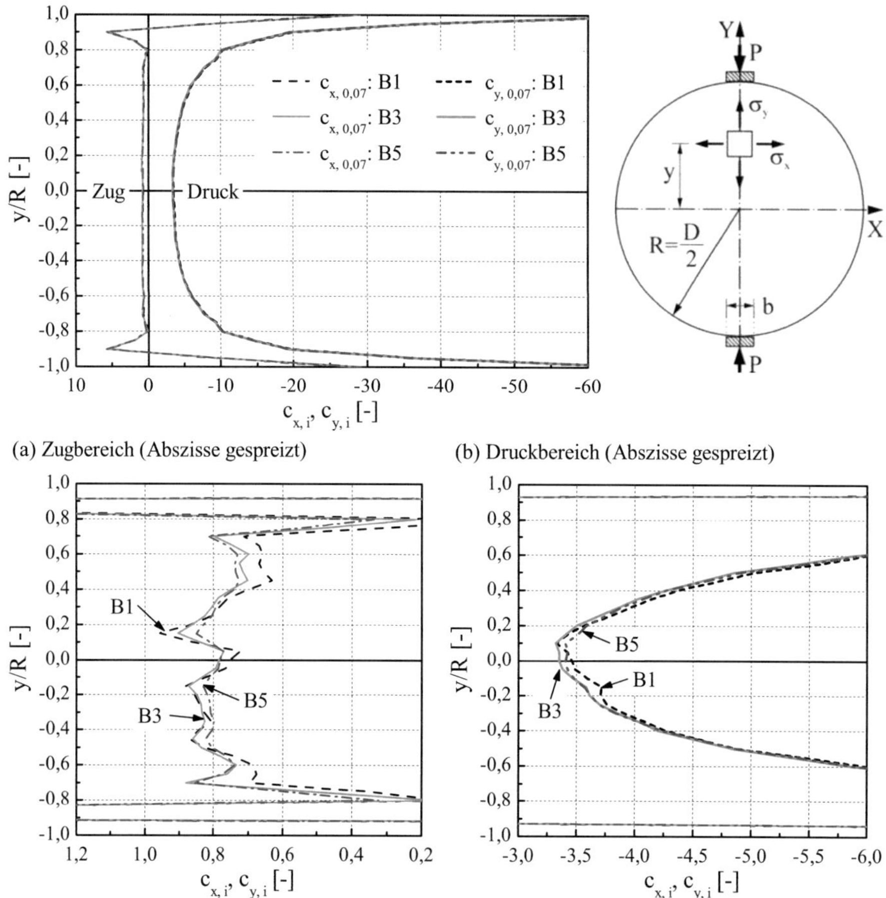

(a) Zugbereich (Abszisse gespreizt)   (b) Druckbereich (Abszisse gespreizt)

Abb. A3-11: Verteilung der Formfunktionen $c_{x,i}$ und $c_{y,i}$, mit $i = b/D = 0,07$ in der Lastebene infolge Spaltzugbeanspruchung; Annahme: $D:75$, $b_s:5$, $l_{el}:3,75$

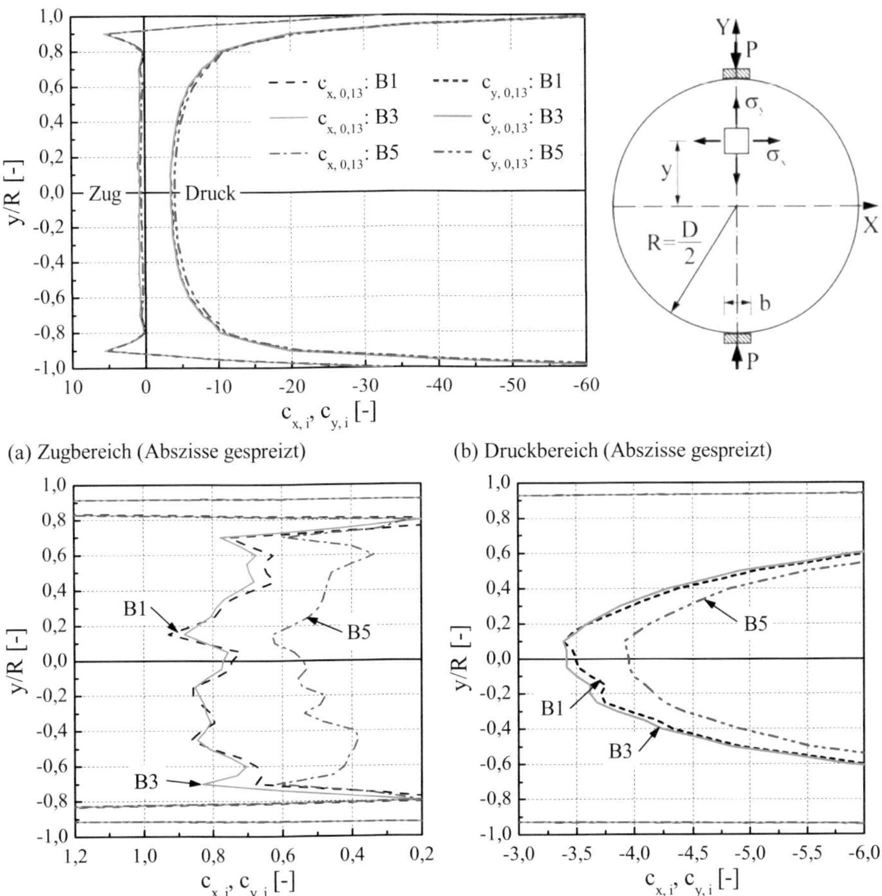

(a) Zugbereich (Abszisse gespreizt) (b) Druckbereich (Abszisse gespreizt)

Abb. A3-12: Verteilung der Formfunktionen $c_{x,i}$ und $c_{y,i}$, mit $i = b/D = 0{,}13$ in der Lastebene infolge Spaltzugbeanspruchung; Annahme: $D\colon75$, $b_s\colon10$, $l_{el}\colon3{,}75$

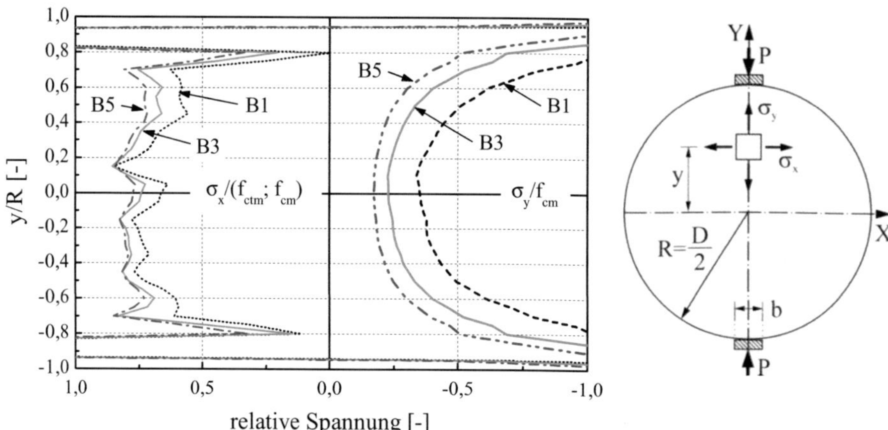

Abb. A3-13: Numerisch ermittelte relative Spannungsverteilungen; Annahme: D:75, b_s:5, l_{el}:3,75

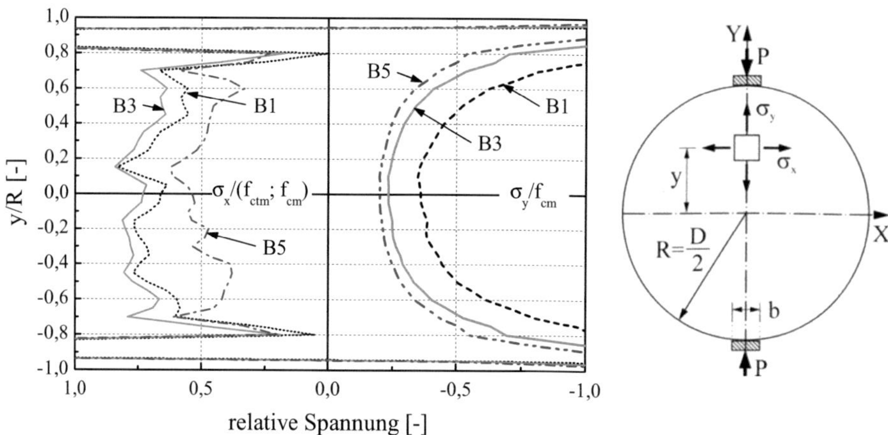

Abb. A3-14: Numerisch ermittelte relative Spannungsverteilungen; Annahme: D:75, b_s:10, l_{el}:3,75

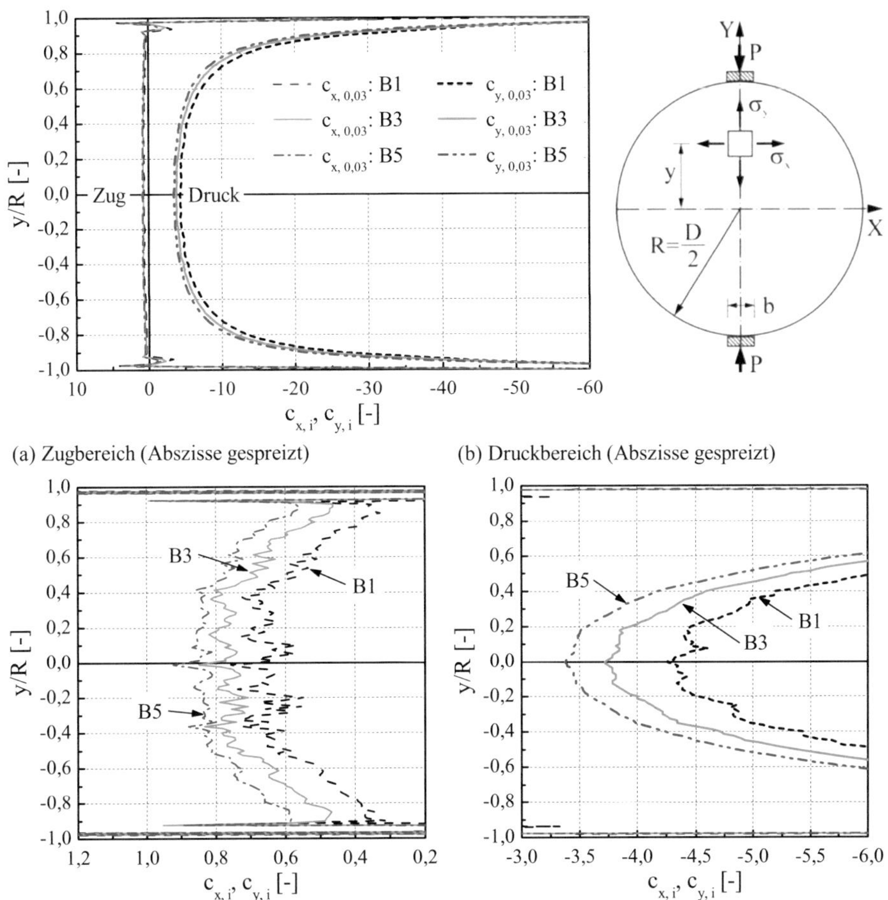

(a) Zugbereich (Abszisse gespreizt) (b) Druckbereich (Abszisse gespreizt)

Abb. A3-15: Verteilung der Formfunktionen $c_{x,i}$ und $c_{y,i}$, mit $i = b/D = 0,03$ in der Last-ebene infolge Spaltzugbeanspruchung; Annahme: $D:300$, $b_s:10$, $l_{el}:3,75$

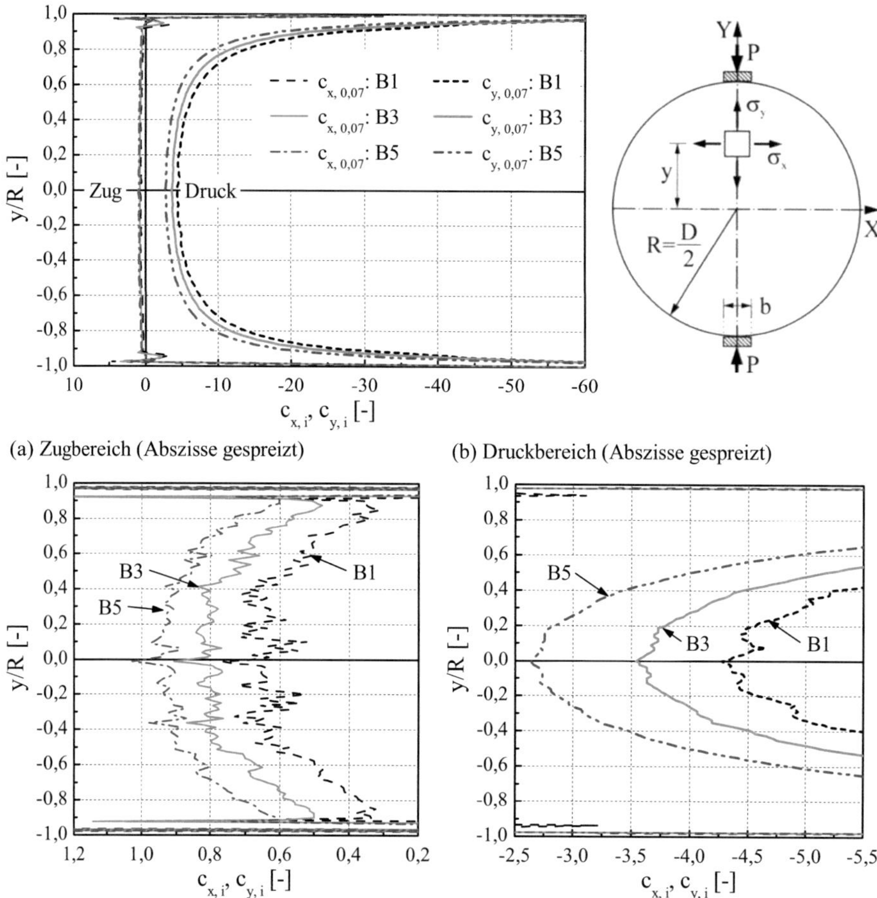

Abb. A3-16: Verteilung der Formfunktionen $c_{x,i}$ und $c_{y,i}$, mit $i = b/D = 0{,}07$ in der Lastebene infolge Spaltzugbeanspruchung; Annahme: D:300, b_s:20, l_{el}:3,75

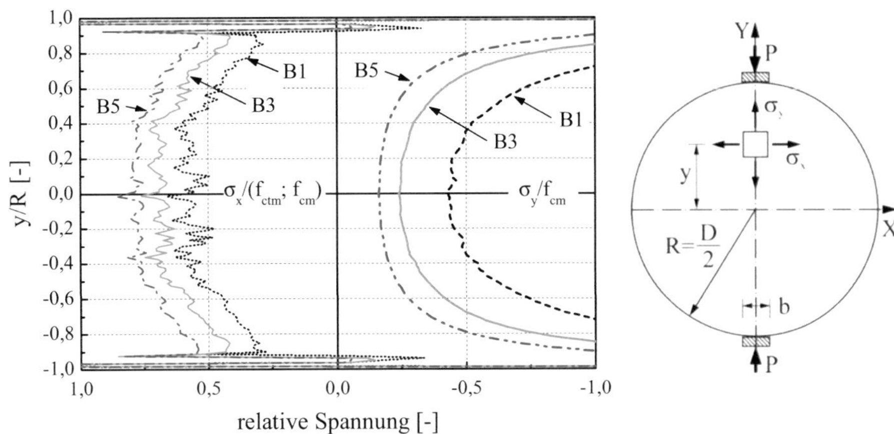

Abb. A3-17: Numerisch ermittelte relative Spannungsverteilungen; Annahme: D:300, b_s:10, l_{el}:3,75

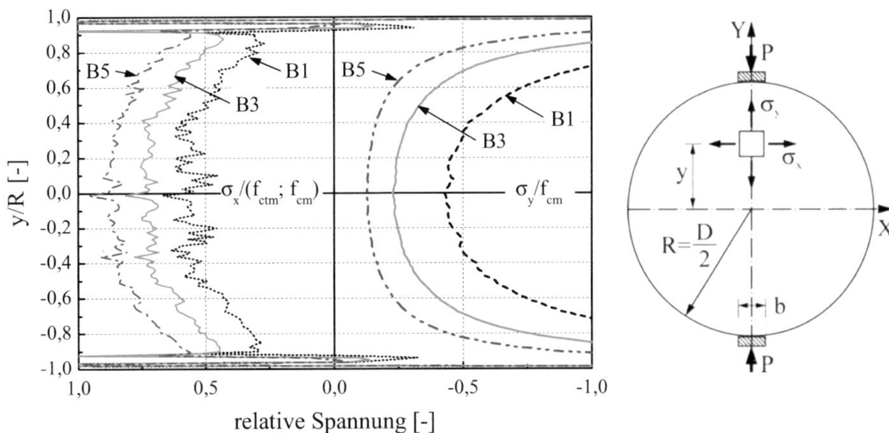

Abb. A3-18: Numerisch ermittelte relative Spannungsverteilungen; Annahme: D:300, b_s:20, l_{el}:3,75

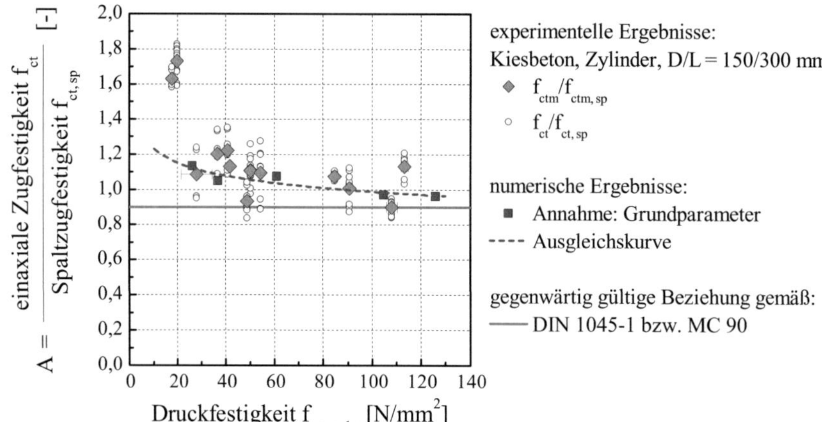

Abb. A3-19: Vergleich des numerisch ermittelten Verhältniswerts A mit den experimentellen Ergebnissen in Abhängigkeit der Würfeldruckfestigkeit; Literaturangabe nach [27]

Anhang 4
Anlagen zur Modellbildung

A4.1 Gegenüberstellung direkter und indirekter Bestimmung der Umrechnungsfunktionen

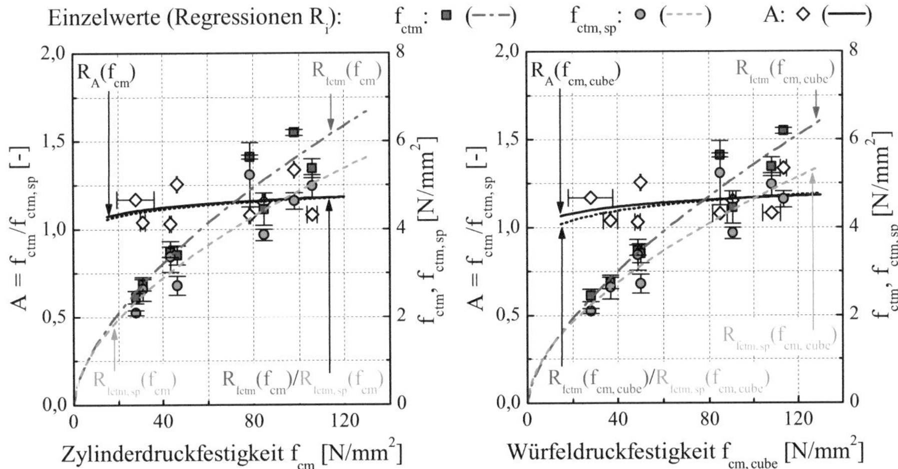

Abb. A4-1: Gegenüberstellung der direkt bzw. indirekt bestimmten Zusammenhänge zwischen dem Verhältnis A der einaxialen Zug- zur Spaltzugfestigkeit und der Zylinderdruckfestigkeit (links) bzw. der Würfeldruckfestigkeit (rechts); Angabe: Ki, BK; Parameter nach Tabelle A4-1

Tab. A4-1: Parameter $p_{p,i}$, mit $i = 1$ bis 4 bzw. A1 bis A4 sowie Standardschätzfehler $s_{y,x}$ der in Abbildung A4-1 verwendeten Regressionsbeziehungen

	$p_{p,1}$	$p_{p,2}$	$p_{p,3}$	$p_{p,4}$	$p_{p,A1}$	$p_{p,A2}$	$p_{p,A3}$	$p_{p,A4}$	$s_{y,x}$
$R_{f_{ctm}}(f_{cm})$	0,328	0,619	-	-	-	-	-	-	$0,19^a$
$R_{f_{ctm,sp}}(f_{cm})$	-	-	0,360	0,566	-	-	-	-	
$R_{f_{ctm}}(f_{cm,cube})$	0,282	0,642	-	-	-	-	-	-	$0,14^b$
$R_{f_{ctm,sp}}(f_{cm,cube})$	-	-	0,338	0,569	-	-	-	-	
$R_A(f_{cm})$	-	-	-	-	0,334	0,616	0,354	0,569	0,14
$R_A(f_{cm,cube})$	-	-	-	-	0,299	0,630	0,321	0,581	0,15

a) $R_{f_{ctm}}(f_{cm}) / R_{f_{ctm,sp}}(f_{cm})$

b) $R_{f_{ctm}}(f_{cm,cube}) / R_{f_{ctm,sp}}(f_{cm,cube})$

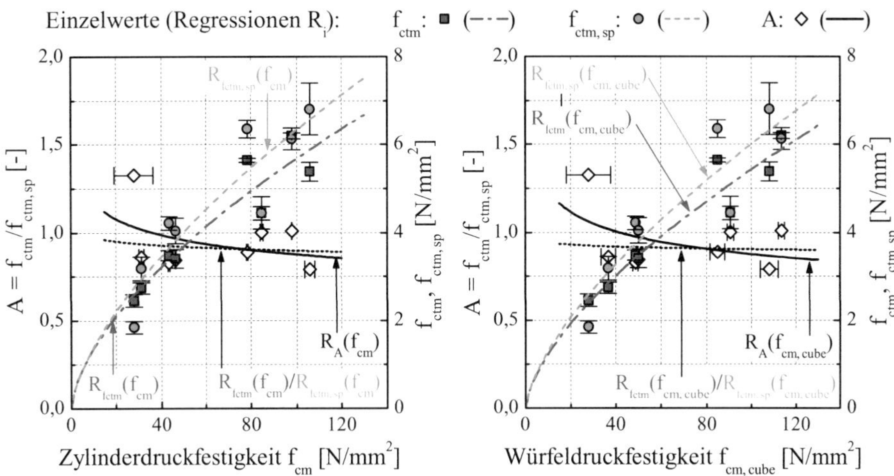

Abb. A4-2: Gegenüberstellung der direkt bzw. indirekt bestimmten Zusammenhänge zwischen dem Verhältnis A der einaxialen Zug- zur Spaltzugfestigkeit und der mittleren Zylinderdruckfestigkeit (links) bzw. der mittleren Würfeldruckfestigkeit (rechts); Angabe: Ki, bk; Parameter nach Tabelle A4-2

Tab. A4-2: Parameter $p_{p,i}$, mit i = 1 bis 4 bzw. A1 bis A4 sowie Standardschätzfehler $s_{y,x}$ der in Abbildung A4-2 verwendeten Regressionsbeziehungen

	$p_{p,1}$	$p_{p,2}$	$p_{p,3}$	$p_{p,4}$	$p_{p,A1}$	$p_{p,A2}$	$p_{p,A3}$	$p_{p,A4}$	$s_{y,x}$
$R_{f_{ctm}}(f_{cm})$	0,328	0,619	-	-	-	-	-	-	0,20[a]
$R_{f_{ctm,sp}}(f_{cm})$	-	-	0,309	0,656	-	-	-	-	
$R_{f_{ctm}}(f_{cm,cube})$	0,282	0,642	-	-	-	-	-	-	0,23[b]
$R_{f_{ctm,sp}}(f_{cm,cube})$	-	-	0,287	0,660	-	-	-	-	
$R_A(f_{cm})$	-	-	-	-	0,400	0,572	0,251	0,702	0,21
$R_A(f_{cm,cube})$	-	-	-	-	0,374	0,576	0,213	0,726	0,20

a) $R_{f_{ctm}}(f_{cm}) / R_{f_{ctm,sp}}(f_{cm})$

b) $R_{f_{ctm}}(f_{cm,cube}) / R_{f_{ctm,sp}}(f_{cm,cube})$

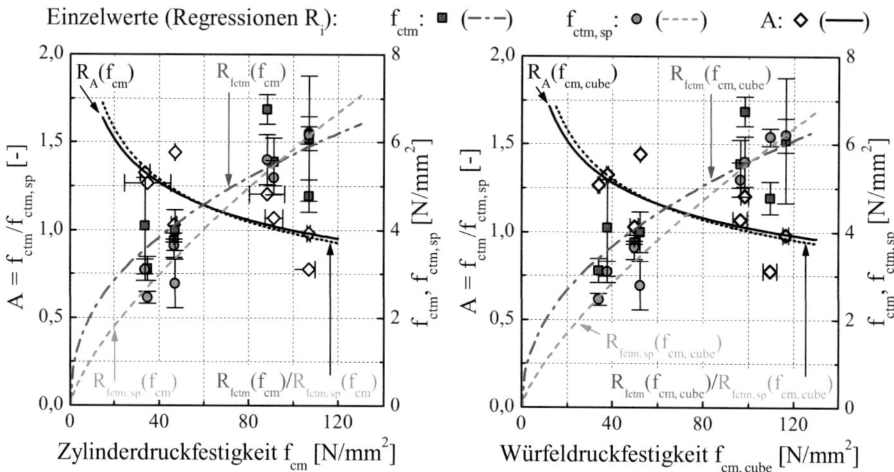

Abb. A4-3: Gegenüberstellung der direkt bzw. indirekt bestimmten Zusammenhänge zwischen dem Verhältnis A der einaxialen Zug- zur Spaltzugfestigkeit und der mittleren Zylinderdruckfestigkeit (links) bzw. der mittleren Würfeldruckfestigkeit (rechts); Angabe: Sp, Ge; Parameter nach Tabelle A4-3

Tab. A4-3: Parameter p$_{p,i}$, mit i = 1 bis 4 bzw. A1 bis A4 sowie Standardschätzfehler s$_{y,x}$ der in Abbildung A4-3 verwendeten Regressionsbeziehungen

	p$_{p,1}$	p$_{p,2}$	p$_{p,3}$	p$_{p,4}$	p$_{p,A1}$	p$_{p,A2}$	p$_{p,A3}$	p$_{p,A4}$	s$_{y,x}$
R$_{f_{ctm}}$(f$_{cm}$)	0,770	0,436	-	-	-	-	-	-	0,17[a]
R$_{f_{ctm,sp}}$(f$_{cm}$)	-	-	0,200	0,733	-	-	-	-	
R$_{f_{ctm}}$(f$_{cm,cube}$)	0,676	0,460	-	-	-	-	-	-	0,21[b]
R$_{f_{ctm,sp}}$(f$_{cm,cube}$)	-	-	0,185	0,740	-	-	-	-	
R$_A$(f$_{cm}$)	-	-	-	-	0,745	0,454	0,224	0,715	0,20
R$_A$(f$_{cm,cube}$)	-	-	-	-	0,654	0,477	0,208	0,720	0,21

a) $R_{f_{ctm}}(f_{cm})\,/\,R_{f_{ctm,sp}}(f_{cm})$

b) $R_{f_{ctm}}(f_{cm,cube})\,/\,R_{f_{ctm,sp}}(f_{cm,cube})$

A4.2 Umrechnungsfunktion auf der Basis der Beziehung zwischen einaxialer Zug- und Spaltzugfestigkeit

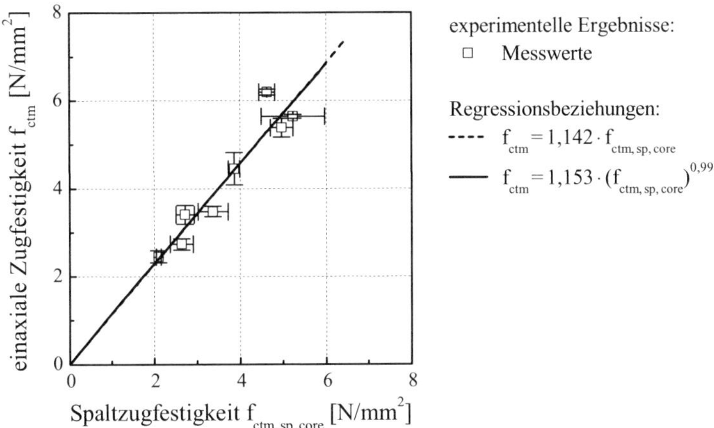

Abb. A4-4: Beziehung zwischen Spaltzugfestigkeit und einaxialer Zugfestigkeit anhand von Messergebnissen bzw. Regressionsfunktionen; Angabe: Ki, BK

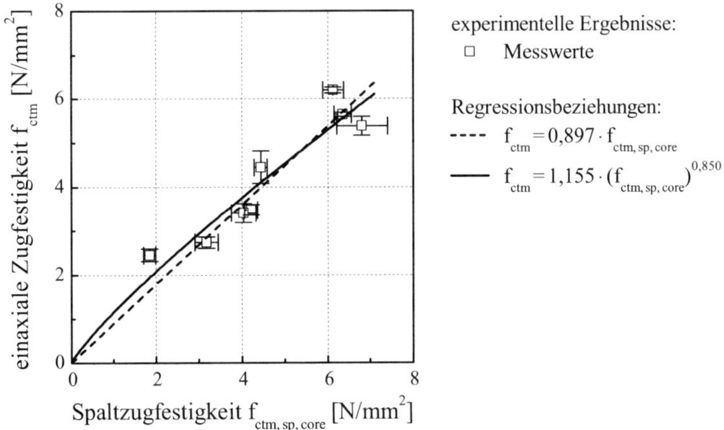

Abb. A4-5: Beziehung zwischen Spaltzugfestigkeit und einaxialer Zugfestigkeit anhand von Messergebnissen bzw. Regressionsfunktionen; Angabe: Ki, bk

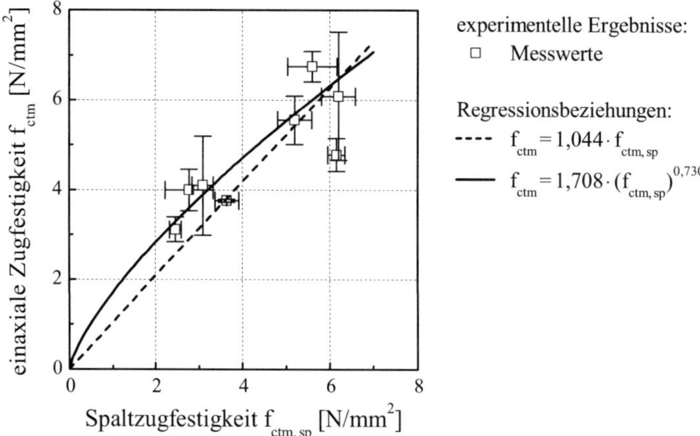

Abb. A4-6: Beziehung zwischen Spaltzugfestigkeit und einaxialer Zugfestigkeit anhand von Messergebnissen bzw. Regressionsfunktionen; Angabe: Sp, Ge

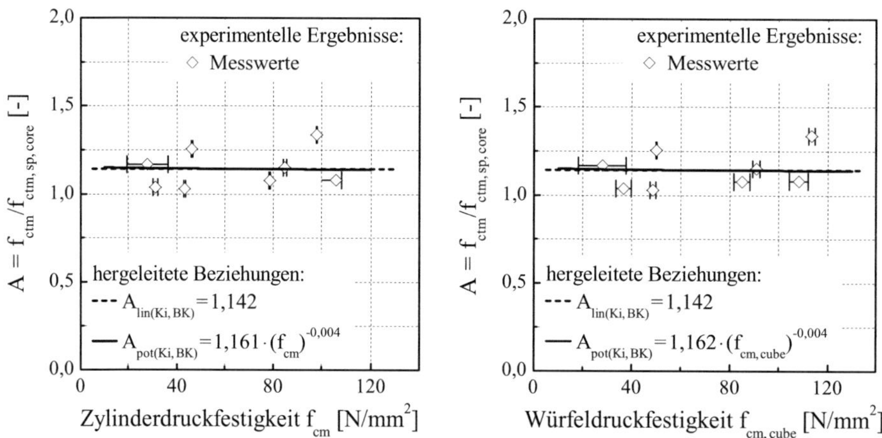

Abb. A4-7: Beziehung zwischen dem Verhältniswert A und der mittleren Zylinderdruckfestigkeit (links) bzw. der mittleren Würfeldruckfestigkeit (rechts); Angabe: Ki, BK

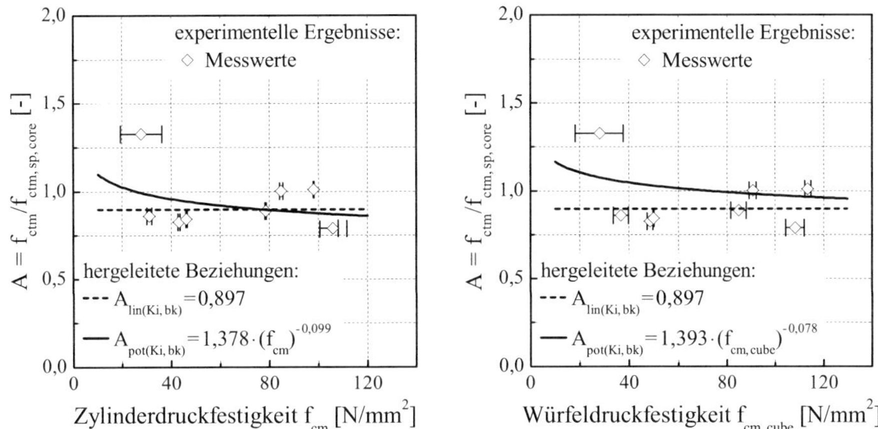

Abb. A4-8: Beziehung zwischen dem Verhältniswert A und der mittleren Zylinder-druckfestigkeit (links) bzw. der mittleren Würfeldruckfestigkeit (rechts); Angabe: Ki, bk

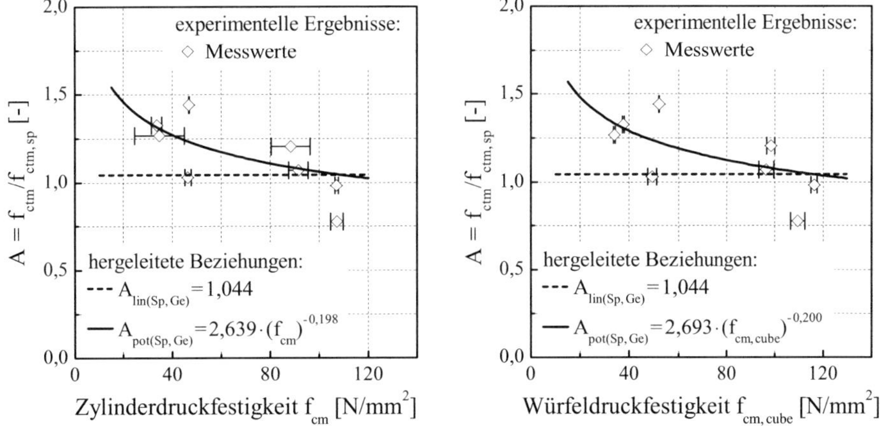

Abb. A4-9: Beziehung zwischen dem Verhältniswert A und der mittleren Zylinder-druckfestigkeit (links) bzw. der mittleren Würfeldruckfestigkeit (rechts); Angabe: Sp, Ge

A4.3 Erläuterung zu den durchgeführten Hypothesentests

Hypothesentests gehören zu jener Gruppe statistischer Methoden, welche mittels rechnerischer Verfahren eine Entscheidungsfindung objektivieren. Die Grundlage eines statistischen Tests ist eine Hypothese, die so genannte Nullhypothese H_0. Als Ergebnis des Hypothesentests wird diese zugunsten einer Alternativ- oder Gegenhypothese H_1 bestätigt oder abgelehnt; eine hunderprozentig sichere Aussage ist jedoch nicht möglich. Allerdings lässt sich das Risiko, eine falsche Entscheidung getroffen zu haben, anhand der Irrtumswahrscheinlichkeit, auch als Signifikanzniveau α bezeichnet, quantifizieren.

In der vorliegenden Arbeit wurden Hypothesentests in Anlehnung an MATTHÄUS [92] angewendet. Zum einen, um den Achsenabschnitt der Funktionsgeraden der Beziehung zwischen der einaxialen Zug- sowie der Spaltzugfestigkeit (siehe Abschnitt 5.3.1) und zum anderen, um die Steigung der Beziehungsgerade zwischen dem Quotienten $A = f_{ct}/f_{ct,sp}$ und der Druckfestigkeit (siehe Abschnitt 5.3.2) zu prüfen.

Der Ablauf der durchgeführten Hypothesentests bestand aus den nachfolgenden Schritten.

(1)   Definition der Nullhypothese H_0: Der Y-Achsenabschnitt der Funktionsgeraden der Beziehung zwischen der einaxialen Zugfestigkeit und der Spaltzugfestigkeit ist Null, $p_{lin,2} = 0$ (siehe Gleichung 5-15) bzw. die Steigung der Beziehungsgeraden zwischen dem Quotienten $A = f_{ct}/f_{ct,sp}$ und der Druckfestigkeit ist Null, $p_{lin,1} = 0$ (siehe Gleichung 5-16).

(2)   Formulierung der Gegenhypothese H_1: Der Y-Achsenabschnitt der Funktionsgeraden der Beziehung zwischen der einaxialen Zugfestigkeit und Spaltzugfestigkeit ist nicht Null, $p_{lin,2} \neq 0$ (siehe Gleichung 5-15) bzw. die Steigung der Beziehungskurve zwischen dem Quotienten $A = f_{ct}/f_{ct,sp}$ und der Druckfestigkeit ist nicht Null, $p_{lin,1} \neq 0$ (siehe Gleichung 5-16).

(3)   Wahl der Prüfstatistik: Aufgrund der geringen Anzahl der dem mathematischen Test zugrunde liegenden Datenpunkte ($n < 30$) musste die t-Verteilung als Stichprobenverteilung verwendet werden. Hieraus wurde der so genannte P-Wert, die zweiseitige Überschreitungswahrscheinlichkeit, berechnet.

(4)   Vergleich des ermittelten P-Werts mit dem Signifikanzniveau α:

   • Bei P-Wert $< \alpha$ wird die Nullhypothese abgelehnt. Die Funktionsgerade der Beziehung zwischen der einaxialen Zugfestigkeit und der Spaltzugfestigkeit verläuft demnach nicht durch den X-Y-Achsenschnittpunkt bzw. die Steigung der Beziehungsgeraden zwischen dem Quotienten $A = f_{ct}/f_{ct,sp}$ und der Druckfestigkeit ist nicht Null. Folglich hängt die Beziehung der einaxialen Zug- und der Spaltugfestigkeit signifikant von der Druckfestigkeit ab.

- Bei P-Wert > α wird die Nullhypothese angenommen. Folglich besteht zwischen der einaxialen Zugfestigkeit und der Spaltzugfestigkeit ein druckfestigkeitsunabhängiger Zusammenhang.

Die Hypothesentests der vorliegenden Arbeit wurden unter Annahme eines Signifikanzniveaus von $\alpha = 5\ \%$ durchgeführt.

Heft 1	Manfred Curbach: **Festigkeitssteigerung von Beton bei hohen Belastungsgeschwindigkeiten.** 1987
Heft 2	Franz-Hermann Schlüter: **Dicke Stahlbetonplatten unter stoßartiger Belastung - Flugzeugabsturz.** 1987
Heft 3	Marlies Schieferstein: **Der Zugflansch von Stahlbetonplattenbalken unter Längsschub und Querbiegung bei kritischer Druckbeanspruchung von Beton.** 1988
Heft 4	Thomas Bier: **Karbonatisierung und Realkalisierung von Zementstein und Beton.** 1988
Heft 5	Wolfgang Brameshuber: **Bruchmechanische Eigenschaften von jungem Beton.** 1988
Heft 6	Bericht DFG-Forschungsschwerpunkt: **Durability of Non-Metallic Inanorganic Building Materials.** 1988
Heft 7	Manfred Feyerabend: **Der harte Querstoß auf Stützen aus Stahl und Stahlbeton.** 1988
Heft 8	Klaus F. Schönlin: **Permeabilität als Kennwert der Dauerhaftigkeit von Beton.** 1989
Heft 9	Lothar Stempniewski: **Flüssigkeitsgefüllte Stahlbetonbehälter unter Erdbebeneinwirkung.** 1990
Heft 10	Jörg Weidner: **Vergleich von Stoffgesetzen granularer Schüttgüter zur Silodruckermittlung.** 1990

Heft 25	Frank Dahlhaus: **Stochastische Untersuchungen von Silobeanspruchungen.** 1995
Heft 26	Cornelius Ruckenbrod: **Statische und dynamische Phänomene bei der Entleerung von Silozellen.** 1995
Heft 27	Shishan Zheng: **Beton bei variierender Dehngeschwindigkeit, untersucht mit einer neuen modifizierten Split-Hopkinson-Bar-Technik.** 1996
Heft 28	Yong-zhi Lin: **Tragverhalten von Stahlfaserbeton.** 1996
Heft 29	DFG: **Korrosion nichtmetallischer anorganischer Werkstoffe im Bauwesen.** 1996
Heft 30	Jürgen Ockert: **Ein Stoffgesetz für die Schockwellenausbreitung in Beton.** 1997
Heft 31	Andreas Braun: **Schüttgutbeanspruchungen von Silozellen unter Erdbebeneinwirkung.** 1997
Heft 32	Martin Günter: **Beanspruchung und Beanspruchbarkeit des Verbundes zwischen Polymerbeschichtungen und Beton.** 1997
Heft 33	Gerhard Lohrmann: **Faserbeton unter hoher Dehngeschwindigkeit.** 1998
Heft 34	Klaus Idda: **Verbundverhalten von Betonrippenstäben bei Querzug.** 1999
Heft 35	Stephan Kranz: **Lokale Schwind- und Temperaturgradienten in bewehrten, oberflächennahen Zonen von Betonstrukturen.** 1999
Heft 36	Gunther Herold: **Korrosion zementgebundener Werkstoffe in mineralsauren Wässern.** 1999
Heft 37	Mostafa Mehrafza: **Entleerungsdrücke in Massefluss-Silos - Einflüsse der Geometrie und Randbedingungen.** 2000
Heft 38	Tarek Nasr: **Druckentlastung bei Staubexplosionen in Siloanlagen.** 2000
Heft 39	Jan Akkermann: **Rotationsverhalten von Stahlbeton-Rahmenecken.** 2000

Heft 54   Werner Hörenbaum:
Verwitterungsmechanismen und Dauerhaftigkeit von Sandsteinsichtmauenwerk. 2005

Heft 55   Seminar Februar 2006:
DIN 4149 - Aus der Praxis für die Praxis. 2006

Heft 56   Sam Foos:
Unbewehrte Betonfahrbahnplatten unter witterungsbedingten Beanspruchungen. 2006

Heft 57   Ramzi Maliha:
Untersuchungen zur Rissbildung in Fahrbahndecken aus Beton. 2006

Heft 58   Andreas Fäcke:
Numerische Simulation des Schädigungsverhaltens von Brückenpfeilern aus Stahlbeton unter Erdbebenlasten. 2006

Heft 59   Juliane Möller:
Rotationsverhalten von verbundlos vorgespannten Segmenttragwerken. 2006

Heft 60   Martin Larcher:
Numerische Simulation des Betonverhaltens unter Stoßwellen mit Hilfe des Elementfreien Galerkin-Verfahrens. 2007

Heft 61   Christoph Niklasch:
Numerische Untersuchungen zum Leckageverhalten von gerissenen Stahlbetonwänden. 2007

Heft 62   Halim Khbeis:
Experimentelle und numerische Untersuchungen von Topflagern. 2007

Heft 63   Sascha Schnepf:
Vereinfachte numerische Simulation des Tragverhaltens ebener mauerwerksausgefachter Stahlbetonrahmen unter zyklischer Belastung. 2007

Heft 64   Christian Wallner:
Erdbebengerechtes Verstärken von Mauerwerk durch Faserverbundwerkstoffe - experimentelle und numerische Untersuchungen. 2008

Heft 65   Niklas Puttendörfer:
Ein Beitrag zum Gleitverhalten und zur Sattelausbildung externer Spannglieder. 2008

Fortführung als: Karlsruher Reihe
Massivbau
Baustofftechnologie
Materialprüfung
bei KIT Scientific Publishing (ISSN 1869-912X)

Karlsruher Reihe
Massivbau
Baustofftechnologie
Materialprüfung

Herausgeber: **Univ.-Prof. Dr.-Ing. Harald S. Müller**
Univ.-Prof. Dr.-Ing. Lothar Stempniewski

Institut für Massivbau und Baustofftechnologie
Materialprüfungs- und Forschungsanstalt,
MPA Karlsruhe
Karlsruher Institut für Technologie (KIT)

KIT Scientific Publishing
ISSN 1869-912X

Heft 66 Michael Haist:
Zur Rheologie und den physikalischen Wechselwirkungen bei Zementsuspensionen. 2009
ISBN 978-3-86644-475-1

Heft 67 Stephan Steiner:
Beton unter Kontaktdetonation - neue experimentelle Methoden. 2009
(noch erschienen in der Schriftenreihe des Instituts für
Massivbau und Baustofftechnologie, ISSN 0933-0461)

Heft 68 Christian Münich:
Hybride Multidirektionaltextilien zur Erdbebenverstärkung von Mauerwerk - Experimente und numerische Untersuchungen mittels eines erweiterten Makromodells. 2011
ISBN 978-3-86644-734-9

Heft 69 Viktória Malárics:
Ermittlung der Betonzugfestigkeit aus dem Spaltzugversuch an zylindrischen Betonproben. 2011
ISBN 978-3-86644-735-6

Bezug der Hefte:

Hefte 1 bis 65
und 67: Institut für Massivbau und Baustofftechnologie,
Karlsruher Institut für Technologie (KIT),
Gotthard-Franz-Str. 3, 76131 Karlsruhe,
www.betoninstitut.de

ab Heft 66: KIT Scientific Publishing,
Straße am Forum 2, 76131 Karlsruhe,
www.ksp.kit.edu